普通高等教育电气电子类工程应用型“十二五”规划教材

运动控制系统

主编　吴贵文
参编　何红军

机 械 工 业 出 版 社

本书是针对应用型本科院校电气工程与自动化类专业编写的。随着电力电子技术、自动检测技术、计算机技术、智能控制技术和网络技术的快速发展，运动控制系统也日新月异。本书内容吸收了运动控制系统已在工程上应用得比较成熟的新技术，压缩了直流调速系统的部分内容，突出了交流异步电动机和同步电动机调速系统，并介绍了位置随动系统和数字式运动控制系统。为适应教学改革的需要，本书秉承“理论够用，注重应用”的理念，对基本原理讲透，对高深理论简略，特别强调运动控制系统在工程上的应用。在实践性内容的安排上，除将其有机融于各章外，还在第 8 章专门介绍了运动控制系统的 5 个应用实例。

本书可作为高等学校电气工程与自动化、电气工程及其自动化、自动化专业的教材，也适用于机电一体化、电子等专业，还可供有关工程技术人员阅读和参考。

图书在版编目（CIP）数据

运动控制系统/吴贵文主编. —北京：机械工业出版社，2014.7（2019.1 重印）
普通高等教育电气电子类工程应用型“十二五”规划教材
ISBN 978-7-111-46189-0

Ⅰ. ①运… Ⅱ. ①吴… Ⅲ. ①自动控制系统—高等学校—教材
Ⅳ. ①TP273

中国版本图书馆 CIP 数据核字（2014）第 054080 号

机械工业出版社（北京市百万庄大街 22 号 邮政编码 100037）
策划编辑：贡克勤 责任编辑：贡克勤 王 康
版式设计：常天培 责任校对：樊钟英
封面设计：张 静 责任印制：李 洋
北京瑞德印刷有限公司印刷（三河市胜利装订厂装订）
2019 年 1 月第 1 版第 4 次印刷
184mm×260mm · 15 印张 · 362 千字
标准书号：ISBN 978-7-111-46189-0
定价：32.00 元

凡购本书，如有缺页、倒页、脱页，由本社发行部调换
电话服务 网络服务
服务咨询热线：010-88379833 机 工 官 网：www.cmpbook.com
读者购书热线：010-88379649 机 工 官 博：weibo.com/cmp1952
教育服务网：www.cmpedu.com
金 书 网：www.golden-book.com

前　言

运动控制系统（电力拖动自动控制系统）课程作为电气工程和自动化类本科专业的一门专业必修课，已有多种版本的教材在各高校使用。其中，陈伯时教授主编的《自动控制系统》和后来的第2版、第3版，以及他与阮毅教授主编的第4版，一直是改革开放以来历届电气自动化专业学生选用的经典教材。自大学扩招以来，许多大学将自身定位于应用型本科院校，就读的学生普遍存在抽象思维和数理知识方面的欠缺，对理论性较强的教学内容理解困难，而且他们的就业方向主要是基层一线，面对自动控制系统的设计、安装、调试、维护和系统集成等电气技术工作，他们需要的是系统的思维能力、宽广的知识面、较强的动手实践能力和解决实际工程问题的能力，而对于电力传动设备内部的深奥原理以及具体电路，有所了解就可以了。基于以上认识，本书以必要的理论知识为基础，着重于应用，力图适合于应用型本科院校师生的教学。

全书内容安排如下：第1章绪论。除了介绍运动控制系统的发展历史外，主要介绍运动控制系统的3个类型，即液压传动系统、气压传动系统和电气传动系统。由于液压传动系统和气压传动系统仍在工业上大量使用且具有独特的优点，因此这方面内容将有助于扩展学生的知识面。本章最后介绍的转矩控制规律是后续学习的预备知识。第2章开环运动控制系统。首先介绍运动控制系统的要求和稳、动态性能指标，然后介绍常用的晶闸管整流器-电动机系统和直流PWM变换器-电动机系统，最后介绍广泛使用的一种开环运动控制系统——步进电动机运动控制系统，并给出一个步进驱动器的实例。第3章闭环控制的直流电动机调速系统。尽管直流调速系统已被交流调速系统逐步替代，但直流调速系统特别是双闭环控制系统仍是交流调速系统的基础，其工程设计和分析方法对工程技术人员有重要作用，所以本章循序渐进地讲解了单闭环直流调速系统、双闭环直流调速系统、可逆直流调速系统和弱磁控制的直流调速系统。第4章交流异步电动机调速系统。在提出异步电动机稳态数学模型的基础上，导出了交流调速的方法；在变压控制方面，除了介绍变压调速系统外，还介绍了软起动器和电动机节电器；在变频控制方面，重点介绍了变频调速的机械特性、SPWM和SVPWM控制方法、VVVF调速系统，对矢量控制系统和直接转矩控制系统只作一般介绍，省略了动态数学模型，还介绍了绕线转子异步电动机串级调速系统和双馈调速系统；最后对通用变频器的使用作了详细介绍。第5章同步电动机调速系统。介绍同步电动机的稳态数学模型及调速方法，重点关注无刷直流电动机控制系统和三相永磁同步伺服电动机控制系统，最后介绍一种交流伺服电动机驱动器。第6章位置随动系统。近年来随着各种数控机床和机器人技术的普遍应用，位置随动系统在工业上显得日益重要，本章在介绍位置随动系统的要求、组成、特点和性能指标后，着重介绍数控加工特别是轨迹控制原理，最后介绍随动系统校正方法。第7章数字式运动控制系统。数字化、智能化、网络化正在成为运动控制系统的主流，本章首先介绍数字控制的特点、系统组成及测速滤波方法，然后介绍数字PID调节器的算法实现，并讲述基于DSP的运动控制器，还详细介绍以Profibus为代表的现场总线，最后给出数字式运动控制系统的设计内容和流程。第8章运动控制系统应用实例。结合工程实际，列举了5个应用实例，涉及步进电动机的PLC控制、直流调速器的应用、变频器的应用、伺服电动机在机器人上的应用以及运动控制器的应用，以期学生从事工程实践时有所借鉴。

本书主要内容的理论教学时数约为48学时，建议安排第1章2学时、第2章6学时、第3章10学时、第4章8学时、第5章6学时、第6章6学时、第7章4学时、第8章6学时，各学校可根据各自教学大纲的要求选择内容和安排教学。本课程是一门实践性很强的课程，实验是学好本课程必不可少的环节，建议按课堂教学进程和实验设备条件安排相关实验。实验内容应突出设计性和综合性，注意运用理论分析解决实际问题。如条件许可，建议另外安排一次运动控制系统的课程设计或综合实践，以培养学生的工程实践能力。

全书由吴贵文担任主编，编写了第1~6章和第8章并负责统稿。作者本人从事本课程教学前后15年，中间又有15年时间在工业企业从事相关技术研发工作，有一定的经验，依托这些积累，作者力图在现有各种优秀教材的基础上，使本书在应用方面体现特色。何红军老师编写了本书的第7章并负责电子课件的制作。

本书在编写过程中得到温州大学城市学院……工程有限公司的大力支持，在此表示衷心的感谢。徐虎老师对本书内容和插图提出了宝贵意见，刘希真老师给予了许多帮助，在此一并致谢。

本书的成功出版需要特别感谢机械工业出版社责任编辑的努力，为本书的策划、申报、立项到编辑出版付出了大量辛勤的劳动。希望本书能对推动本课程的教学改革有所裨益，对培养高素质的应用型人才有所帮助。

本书配有免费电子课件，欢迎选用本书作为教材的老师登录 www. cmpedu. com 注册下载。

虽然在编写时倾注了大量心血，时时刻刻如履薄冰，唯恐失误，但因学识水平有限，书中仍会存在许多缺点和不足，恳请广大师生和读者批评指正。

吴贵文

目　　录

第1章　绪　　论

本章教学要求与目标

- 熟悉运动控制系统的组成和类型
- 了解运动控制系统的历史与发展
- 掌握运动控制系统转矩控制规律

1.1　运动控制系统的组成和类型

自动控制系统（Automatic Control Systems）是在无人直接参与下可使生产过程或其他过程按期望规律或预定程序进行的控制系统。自动控制系统是实现自动化的主要手段。

运动控制系统就是以运动机构作为控制对象的自动控制系统。运动控制系统组成框图如图1-1所示。

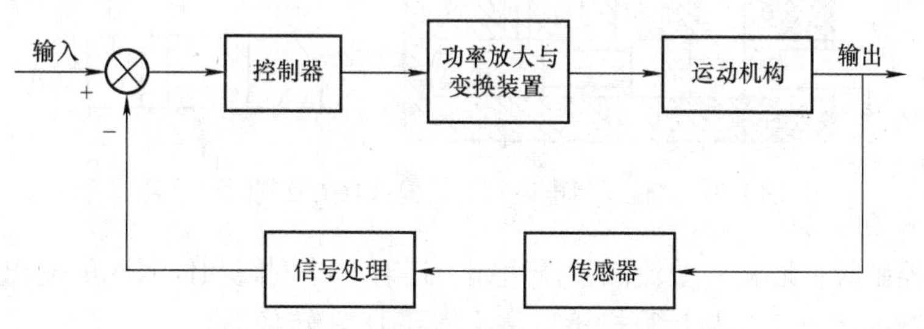

图1-1　运动控制系统组成框图

控制器产生使运动控制系统性能满足要求的控制策略和控制信号，功率放大与变换装置将控制信号放大到足以推动执行元件动作且进行所需的能量变换，传感器将系统输出的速度或位置信号检测出来经转换和处理（包括滤波、整形、电压匹配、极性转换、A/D转换等）后得到反馈信号，与给定输入信号比较后送给控制器决策运算。

运动控制系统从能量提供方式和传动方式来分类，主要有液压传动系统、气压传动系统和电气传动系统3种基本类型。

1.1.1　液压传动系统

液压传动是利用密封工作容积内液体的压力能完成由原动机向工作装置的能量或动力的传递、转换与控制。其主要的工作原理是流体力学的帕斯卡原理。

液压传动系统除了以液压油作为传动介质外，一般还包括动力元件、执行元件、控制元件以及一些辅助元件。典型液压传动系统的组成如图1-2所示。

液压传动的动力元件主要是指原动机和液压泵。原动机是指能够将液压油抽送到液压装置的动力机械，一般来讲主要以电动机为主。液压泵是将机械能转换为压力能，是整个系统的动力源泉。液压泵有柱塞泵、齿轮泵、叶片泵等多种类型。

液压传动的执行元件主要包括液压马达和液压缸，它们可以将液压能转化成机械能。

液压传动的控制元件用来对液压系统的压力、执行机构的运动速度和运动方向实行控制，分为以下3类：

1）方向控制阀：包括单向阀和换向阀。单向阀允许液体在管路中单方向流动，反向时不通。换向阀是一种利用阀芯和阀体相对运动来改变液压油液流动方向的控制阀，同时还兼有接通或关闭油路的作用。其中，电磁换向阀使用电气控制，信号传递方便，应用范围比较广泛。图1-3所示为一种二位三通电磁阀的结构示意图及其图形符号。

2）压力控制阀：主要包括溢流阀、减压阀和顺序阀。

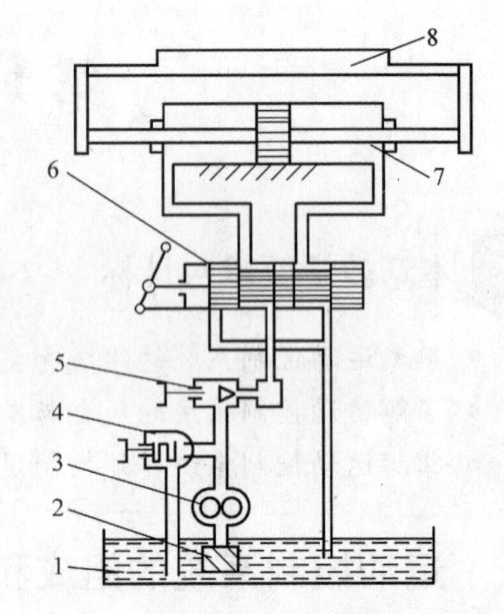

图1-2 典型液压传动系统的组成

1—油箱 2—过滤器 3—液压泵 4—溢流阀 5—节流阀 6—换向阀 7—液压缸 8—工作台

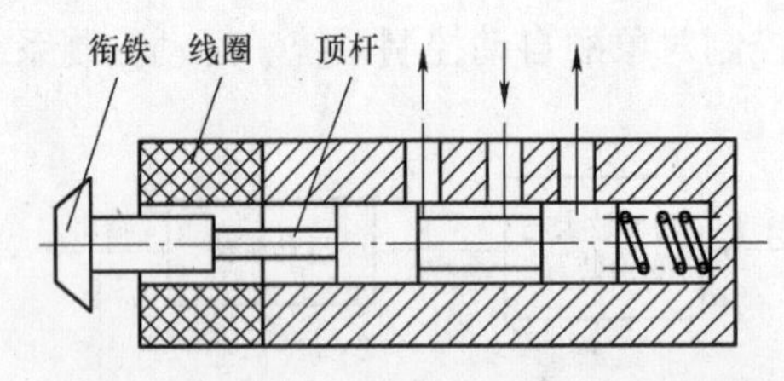

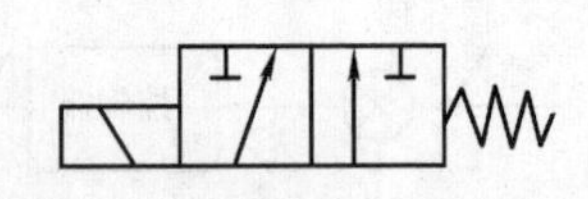

图1-3 二位三通电磁阀的结构示意图及其图形符号

3）流量控制阀：通常有节流阀和调速阀。还有，比例阀和伺服阀的输出流量可以受输入电流控制，数字阀可直接与计算机接口，不需要D/A转换器。

液压传动的辅助元件如油箱、滤油器、油管、密封装置等分别起储油、过滤、输送和防漏保压等作用。

液压传动的优点如下：

1）能方便地实现无级调速，调速范围大。

2）运动传递平稳、均匀。

3）易于获得很大的力和力矩。

4）单位功率的体积小，重量轻，结构紧凑，反应灵敏。

5）易于实现自动化。

6）易于实现过载保护，工作可靠。

7）自动润滑，元件寿命长。

8）液压元件易于实现通用化、标准化、系列化，便于设计制造和推广使用。

液压传动的缺点如下：

1）由于液压传动的工作介质是液压油，所以无法避免会有泄漏，效率降低，污染环境。

2）温度对液压系统的工作性能影响较大。

3）传动效率低。

4）空气的混入会引起工作不良。

5）为了防止泄漏以及满足某些性能上的要求，液压元件的制造精度要求高，使成本增加。

6）液压设备故障原因不易查找。

由于液压传动有许多突出的优点，因此它的应用非常广泛，如一般工业用的塑料加工机械、压力机械、机床等，行走机械中的工程机械、建筑机械、农业机械、汽车等，钢铁工业用的冶金机械、提升装置、轧辊调整装置等，土木水利工程用的防洪闸门及堤坝装置、河床升降装置、桥梁操纵机构等，发电厂涡轮机调速装置、核发电厂等，船舶用的甲板起重机械（绞车）、船头门、舱壁阀、船尾推进器等，特殊技术用的巨型天线控制装置、测量浮标、升降旋转舞台等，军事工业用的火炮操纵装置、船舶减摇装置、飞行器仿真、飞机起落架的收放装置和方向舵控制装置等。

随着机械制造技术、自动化技术、计算机技术的发展，液压技术也得到了很大的发展，并渗透到各个工业领域中去。当前液压技术正向高压、高速、大功率、高效、低噪声、经久耐用、高度集成化的方向发展。同时，新型液压元件和液压系统的计算机辅助设计、计算机辅助测试、计算机直接控制，以及计算机实时控制技术、机电一体化技术、计算机仿真和优化设计技术、可靠性技术、污染控制技术等方面，也是当前液压传动及控制技术发展和研究的方向。

1.1.2 气压传动系统

气压传动的工作原理是：把由电动机或其他原动机的机械能转换成有压气体的压力能，通过控制元件控制，输送给执行元件，再还原成机械能。

典型的气压传动系统由以下4个部分组成：

1）气压发生装置：简称气源装置，其作用是供给气动系统一定压力、一定流量、干净、干燥的压缩空气。主要设备有空气压缩机、冷却器、储气罐等。

2）控制元件：用于控制压缩空气的流量、压力、方向，以保证执行元件具有一定的输出力和速度，并按设计的程序正常工作。主要元件有压力阀、流量阀、方向阀等。

3）执行元件：起能量转换作用，把压缩空气的压力能转化为工作装置的机械能，如由气缸产生直线往复式运动，由摆动气缸和气马达产生回转摇摆式运动和旋转运动等。

4）辅助元件：用于辅助保证气动系统正常工作的一些装置，如过滤器、干燥器、油雾器、消声器、分水滤油器以及各种管路附件等。

气压传动系统的一般组成如图1-4所示。

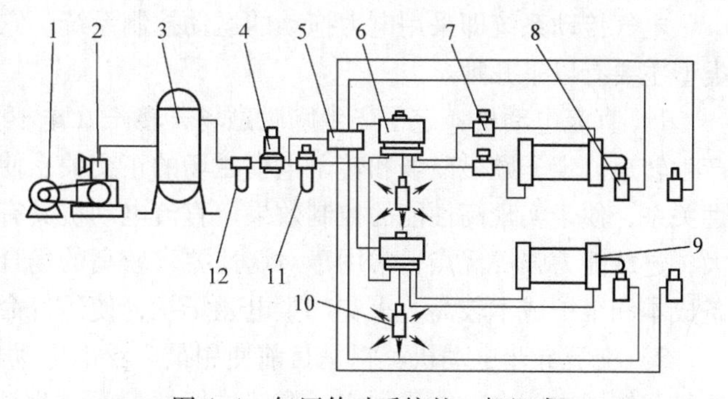

图1-4 气压传动系统的一般组成

1—电动机 2—空气压缩机 3—储气罐 4—压力控制阀 5—逻辑元件 6—方向控制器 7—流量控制阀 8—机控阀 9—气缸 10—消声器 11—油雾器 12—空气过滤器

气压传动的优点如下：

1）气动装置结构简单、轻便，

安装维护简单；压力等级低，故使用安全。

2）工作介质是空气，取之不尽、用之不竭，又不花钱。排气处理简单，不污染环境，成本低。

3）输出力及工作速度的调节非常容易。气缸工作速度一般为(50～500)mm/s，比液压和电气方式的动作速度快。

4）可靠性高，使用寿命长。电器元件的有效动作约为数百万次，而较好的电磁阀的寿命大于3000万次，小型阀超过2亿次。

5）利用空气的可压缩性，可储存能量，实现集中供气；可短时间释放能量，以获得间歇运动中的高速响应；可实现缓冲，对冲击负载和过负载有较强的适应能力。在一定条件下，可使气动装置有自保护能力。

6）全气动控制具有防火、防爆、耐潮的能力。与液压方式比较，气动方式可在高温场合使用。

7）由于空气流动压力损失小，压缩空气可集中供气，较远距离输送。

气压传动的缺点如下：

1）由于空气具有压缩性，气缸的动作速度易受负载的变化影响。当然，采用气液联动方式可以克服这一缺陷。

2）气缸在低速运动时，由于摩擦力占推力的比例比较大，气缸的低速稳定性不如液压缸。

3）虽然在许多应用场合气缸的输出力能满足工作要求，但其输出力比液压缸小。

气动系统的主要应用场合如下：

1）要求无异味、无油污的轻工业生产的场合，如食品、服装、制鞋、纸张、包装等。

2）粉尘较大、温度较高或较低以及潮湿的场合，如铸造、拌粉、玻璃、陶瓷、冷饮、灌酒等。

3）有一定的动作程序要求，但又不是非常复杂的专用动作程序场合，如注塑机自动取件机械手等。

4）凡要求功率不大、转速较高，又要瞬时反转的场合，如采用气马达的牙钻。

1.1.3　电气传动系统

电气传动系统即采用电力拖动的运动控制系统。它采用电动机作为执行元件。电动机的类型主要有以下几种。

1）直流电动机：定子产生励磁磁场，转子（电枢）绕组通过电刷和换向器引入直流电产生转矩。定子励磁磁场和转子电枢磁场的正交关系使得其输出转矩与输入电压有明确的线性关系，便于实现高性能的控制效果。直流电动机具有调速范围广且平滑，起动、制动转矩大，过载能力强等优点，常用于对调速要求较高的场合。但由于电刷换向器的存在，使得设备成本和维护成本较高，火花产生电磁干扰，使用寿命也受到影响。

2）交流异步电动机：它是目前使用最广泛的电动机。其定子绕组通入交流电产生旋转磁场，转子中闭合导体受到定子旋转磁场切割而产生感应电流和感应磁场，转子受到定子、转子合成磁场的电磁力作用而转动，转子速度小于定子旋转磁场的速度。异步电动机结构简单，维护方便，成本低，但以前调速困难。随着电力电子技术和自动控制技术的发展，现在交流调速技术已日臻成熟，变频调速器已大量应用。

3）同步电动机：其定子结构与异步电动机相似，转子结构则有隐极和凸极两种形式，有独立的直流励磁或用永久磁钢励磁，转子转速恒等于气隙旋转磁场的转速。它具有调速范围宽、功率因数高、动态响应快等优点，其失步与起动困难问题依靠变频技术也已解决。

4）步进电动机：它是一种将电脉冲转化为角位移的执行元件，它的旋转是以固定的角度（称为步距角）一步一步进行的，其特点是没有误差积累，广泛应用于各种开环控制系统。

5）开关磁阻电动机（SRD）：结构和原理与传统交直流电动机有着根本区别，转子没有绕组也没有永磁体，定子极具有集中绕组，每对定子极绕组分时分别通电励磁。其主要特点是电机结构紧凑牢固，适合于高速运行，并且驱动电路简单、成本低、性能可靠，在宽广的转速范围内效率都比较高，而且可以方便地实现四象限控制。开关磁阻电动机的最大缺点是转矩脉动大，噪声大。

各种电动机均需相应的驱动器提供要求的电源，还要有控制器根据指令的要求产生控制策略，使运动控制系统的稳、动态指标满足规定要求。

电气传动系统由于具有控制方便、体积紧凑、噪声小、节能，容易实现自动化、智能化、网络化等优点，已成为运动控制系统的主流。

现代运动控制系统以各类电动机及所拖动的机构为控制对象，以计算机和其他电子装置为控制手段，以电力电子装置为弱电控制强电的纽带，以自动控制原理和信息处理理论为理论基础，以计算机数字仿真和计算机辅助设计（CAD）为研究和开发的工具。由此可见，现代运动控制技术已成为电机学、电力电子技术、微电子技术、计算机控制技术、控制理论、信号检测与处理技术等多门学科相互交叉的综合性学科。

本课程主要研究电气传动运动控制系统的原理，介绍运动控制系统的设计方法和工程应用实例。

1.2 运动控制系统的发展历史

液压传动的运动控制系统历史比较悠久。如果从17世纪中叶帕斯卡提出静压的传递原理算起，液压传动已有三百多年的历史，但真正用于工业生产是在19世纪。20世纪初，美国人Janney将矿物油引入液体传动作为传动介质，并设计制造了第一台轴向柱塞泵及其液压驱动装置，改善了液压元件的摩擦、润滑和泄漏问题，提高了液压系统工作效率。在第二次世界大战期间，由于武器工业的需要，机械制造工业得到很大的发展，在车辆、舰船、飞行器、兵器设备上，很多都采用了反应快、动作准、功率大的液压传动的运动控制装置，推动了液压元件功率密度和控制性能的提高以及液压传动运动控制系统的发展。战后，液压传动技术迅速转向民用领域，在机床、工程机械、汽车等行业逐步推广，并得到了长足的发展。

气压传动技术出现在19世纪初，1829年出现了多级空气压缩机，为气压传动的发展创造了条件，使气压传动的运动控制系统有了实现的基础。1871年，气压风镐在采矿业上开始应用。美国人G. 威斯汀豪斯在1868年发明了气动制动装置并于1872年应用于铁路车辆的制动，收到很好的效果。进入20世纪后，随着武器、机械、化工等工业的发展，气动元件和气压传动的运动控制系统得到广泛的应用。在1930年出现了低压气动调节器，20世纪50年代研制成功用于导弹尾翼控制的高压气动伺服机构。20世纪60年代，射流和气动逻辑元件的发明使气压传动更加如虎添翼，在工程上有了很大发展。

电气传动（电力拖动）的运动控制系统是在电机发明之后发展起来的。从1831年法拉第发现电磁感应定律、1832年斯特金发明直流电动机到1886年特斯拉发明两相交流电动机、1888年多里沃·多勃罗沃尔斯基制成三相感应电动机，电力拖动的运动控制系统开始提上日程并不断得到发展。由于直流电动机出现较早，所以19世纪80年代以前，直流电动机作为执行元件的电气传动是唯一的电气传动方式。在出现了交流感应电动机后，交流电气传动在工业上逐步展开。但是由于对交流电动机的运动控制的相应理论还没有进行深入的研究，因此在工业领域形成了直流调速和伺服系统一统天下的局面，而交流电动机只是用在大功率驱动场合。在这个阶段，直流电机的运动控制系统不断发展：由最早的旋转变流机组控制发展为静止变流装置（汞整流器），采用磁放大器控制；到用晶闸管可控整流装置；采用模拟调节器；再到后来的全控开关型PWM电路；采用数字控制。对调节器的设计也有了一套实用的工程设计方法，整个系统性能不断得到提高。不过，直流电动机存在制造工艺复杂、成本高、维护麻烦等固有弱点。相比较而言交流电动机具有结构简单、成本低等诸多优点，但其动态数学模型具有非线性多变量强耦合的性质，比直流电动机复杂得多。早期交流调速系统的控制方法是基于交流电动机稳态数学模型的，其动态性能无法与直流调速系统相比。20世纪70年代，德国工程师F. Blaschke和W. Flöter等人提出"感应电机磁场定向控制原理"，美国P. C. Custman和A. A. Clark提出"定子电压坐标变换控制"，这形成了矢量控制的基本设想。1980年日本难波江章教授等人提出转差型矢量控制，进一步简化了系统结构。1980年，德国W. Leonhard教授用微机实现矢量控制系统的数字化，大大简化了系统的硬件结构，经过不断改进和完善，形成了现在的高性能矢量控制系统。1985年，德国鲁尔大学Depenbrock教授提出直接转矩控制，并于1987年把它推广到弱磁调速范围，其控制结构简单，是一种高动态响应的交流调速系统。目前，随着电力电子技术、交流电机理论和控制理论的快速发展，交流电动机运动控制系统的成本逐步降低，性能逐步提高，直流调速系统正在被其取代。另外，其他类型的电气传动运动控制系统也崭露头角，步进电动机和开关磁阻电动机的运动控制系统在中小功率场合占有一定的份额，同步电动机运动控制系统在大中功率场合也有相当的优势，这些都已成为引人注目的新技术。

另一方面，以上3种传动方式相互配合、取长补短，形成了很多混合式的运动控制系统。电-液伺服系统兼有液压传动的输出功率大、反应速度快的优点和电气控制的操作性控制性良好、自动化程度高的优点；电-气开关/伺服系统成本低、对环境要求不高且易于计算机控制，在实现气缸在目标位置定位等方面的控制上显示了特有的控制效果和功能；气-液混合的控制系统可以在很大程度上改善气-液系统的性能。

当前，随着控制理论的不断发展和数字、网络技术的广泛应用，运动控制技术与信息技术相互融合，新型的控制方法和手段正在不断被应用到运动控制系统的各个方面，如模糊控制、滑模控制、鲁棒控制、专家系统、神经网络控制、远程网络控制等。另一方面，先进的运动控制系统除在传统工业生产上得到普遍应用外，正进入新能源（如风力发电、电动汽车）等各个领域。

1.3 运动控制系统的转矩控制规律

运动控制系统的任务就是控制电动机的转速或转角，对于直线电动机则是控制速度或位移。根据牛顿力学定律，运动控制系统的旋转运动基本方程式为

$$T_e - T_L - D\omega_m - K\theta_m = J\frac{d\omega_m}{dt}$$

$$\omega_m = \frac{d\theta_m}{dt} \tag{1-1}$$

式中 T_e——电磁转矩（N·m）；

T_L——负载转矩（N·m）；

D——阻转矩阻尼系数；

K——扭转弹性转矩系数；

ω_m——转子的机械角速度（rad/s）；

θ_m——转子的机械转角（rad）；

J——机械转动惯量（kg·m²）。

若忽略阻尼转矩和扭转弹性转矩，则此运动方程式可简化为

$$T_e - T_L = J\frac{d\omega_m}{dt}$$

$$\omega_m = \frac{d\theta_m}{dt} \tag{1-2}$$

在工程计算中，通常用式（1-3）代替式（1-2）的第一行：

$$T_e - T_L = \frac{GD^2}{375}\frac{dn}{dt} \tag{1-3}$$

式中 GD^2——飞轮矩（N·m²），$GD^2 = 4gJ$；

n——转子的机械转速（r/min），$n = \frac{60\omega_m}{2\pi}$。

式（1-3）表明，运动控制系统的转速变化（即加速度）由电动机的电磁转矩与生产机械的负载转矩之间的关系决定。

1）当 $T_e = T_L$ 时，$\frac{dn}{dt}=0$，电动机以恒定转速旋转或静止不动，即系统处于静态或稳态。

2）当 $T_e > T_L$ 时，$\frac{dn}{dt}>0$，系统处于加速状态。

3）当 $T_e < T_L$ 时，$\frac{dn}{dt}<0$，系统处于减速状态。

可见，要控制转速和转角，唯一的途径就是控制电动机的电磁转矩 T_e，转矩控制是运动控制的根本问题。

为了有效地控制电动机的电磁转矩，应充分利用铁心，在一定的电流作用下尽可能产生最大的电磁转矩，以加快系统的过渡过程，必须在控制转矩的同时也控制磁通（或磁链）。

因为当磁通（或磁链）很小时，即使电枢电流（或交流电动机定子电流的转矩分量）很大，实际转矩仍然很小。何况由于受电动机额定参数限制，电枢电流（或定子电流）总是有限的。因此，电气传动运动控制系统应当同时重视磁链控制与转矩控制。通常，在基速（额定转速）以下采用恒磁通（或磁链）控制，而在基速以上采用弱磁控制。

本章小结

本章作为学习运动控制系统的预备知识，首先介绍了运动控制系统的 3 种类型：液压传动系统、气压传动系统和电气传动系统，并分析了它们各自的优缺点；然后介绍了运动控制系统的发展历史，使大家对本学科的来源、现状和未来趋势有所了解；最后阐述了动力学转矩控制规律，指明了运动控制的本质和方法。

思考题与习题

1-1 简述运动控制系统的类型及其优缺点。

1-2 常用的液压元件有哪些?

1-3 常用的气动元件有哪些?

1-4 试写出旋转运动的动力学方程式。

第 2 章　开环运动控制系统

本章教学要求与目标

- 掌握调速方法和性能指标
- 了解各种可控直流电源
- 掌握开环直流调速系统的组成原理和分析方法

2.1　直流电动机拖动的运动控制系统的基本问题

2.1.1　直流调速的主要方法

根据直流电动机的基础知识可知，直流电动机的稳态转速与电机其他参量的关系为

$$n = \frac{U - IR}{K_e \Phi} \tag{2-1}$$

式中　n——转速（r/min）；

U——电枢电压（V）；

I——电枢电流（A）；

R——电枢回路总电阻（Ω）；

Φ——励磁磁通（Wb）；

K_e——由电动机结构决定的电动势常数。

从式（2-1）可以看出，直流电动机的调速方法有以下 3 种：

1）改变电枢回路的电阻 R——电枢回路串电阻调速。只能有级调速，且不易构成自动控制系统，当电动机低速运行时，电枢外串电阻上的功耗大，系统效率低，较少采用。

2）调节电枢电压 U——降压调速。可以构成无级调速，且调速范围大、控制性能好。

3）减弱励磁磁通 Φ——弱磁调速。可以构成无级调速，但只能在电动机额定转速以上做小范围升速，一般只是配合调压方案。

由于现代电力电子技术的发展，使得直流电源输出电压能够非常容易地实现连续可调，因此降压调速是直流调速系统的主导方案。

2.1.2　转速控制的要求和调速性能指标

运动控制系统在对转速进行控制时，一般来讲主要有以下 3 个方面要求。

1）调速：在一定的转速范围内，可以连续地调节转速快慢。

2）稳速：可以在系统所要求的转速精度上稳定运行，在各种扰动作用下不允许有过大的转速波动。

3）加、减速：经常起、制动或频繁正、反转的设备要求过渡过程尽量短，以满足系统快速性的要求。

能否满足以上3个方面的要求反映了调速系统性能的好坏。前两个要求是反映系统稳态性能的，可以用“调速范围”和“静差率”两个稳态性能指标来衡量；第三个要求是系统对过渡过程的要求，要用动态性能指标来衡量。

1. 稳态性能指标

(1) 调速范围

生产机械要求电动机在额定负载下能达到的最高转速 $n_{\max}$ 和最低转速 $n_{\min}$ 之比称为调速范围，用 D 表示，即

$$D=\frac{n_{\max}}{n_{\min}} \tag{2-2}$$

对于少数长期工作于轻载的机械，$n_{\max}$ 和 $n_{\min}$ 也可用实际负载时的最高和最低转速来表示。

(2) 静差率

当系统在某一转速下运行时，负载由理想空载增加到额定值时所对应的转速降落 Δn_{N} 与理想空载转速 n_0 之比，称为静差率 s，即

$$s=\frac{\Delta n_{\mathrm{N}}}{n_0} \tag{2-3}$$

或用百分数表示，即

$$s=\frac{\Delta n_{\mathrm{N}}}{n_0}\times 100\% \tag{2-4}$$

静差率用来衡量调速系统在负载变化时转速的稳定度，它与机械特性的硬度有关，在同一理想空载转速下，特性越硬，静差率越小，转速的稳定度就越高。

一般变压调速系统在不同转速下的机械特性是互相平行的，如图2-1所示的特性 a 和 b，两者的硬度相同，额定速降 $\Delta n_{\mathrm{N}a}=\Delta n_{\mathrm{N}b}$，但它们的静差率却不同，因为理想空载转速不一样。由于 $n_{0a}>n_{0b}$，所以 $s_a<s_b$。

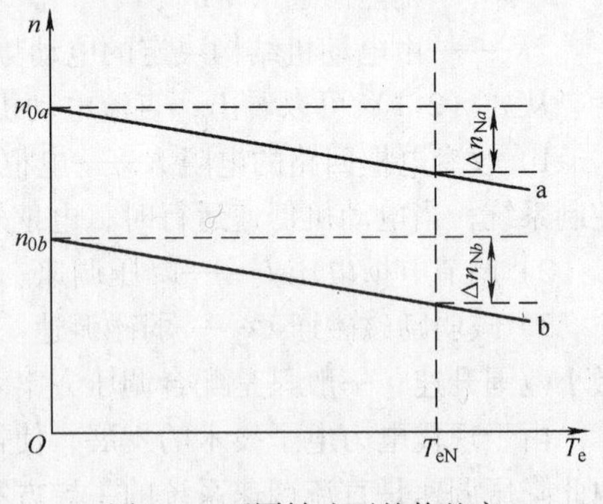

图2-1　不同转速下的静差率

由此可见，对于同样硬度的特性，理想空载转速越低，静差率越大，转速的相对稳定度也越差。如果低速时的静差率能满足设计要求，则高速时的静差率就必定满足。因此，调速系统的静差率指标应以最低转速时所能达到的数值为准。

(3) 调速范围、静差率和额定速降之间的关系

在直流电动机变压调速系统中，一般以电动机的额定转速 n_{N} 作为最高转速，若额定负载下的转速降落为 Δn_{N}，则按照上面分析的结果，该系统的静差率应该是最低转速时的静差率，即

$$s = \frac{\Delta n_{\mathrm{N}}}{n_{0\min}} = \frac{\Delta n_{\mathrm{N}}}{n_{\min} + \Delta n_{\mathrm{N}}} \tag{2-5}$$

于是，最低转速为

$$n_{\min} = \frac{\Delta n_{\mathrm{N}}}{s} - \Delta n_{\mathrm{N}} = \frac{(1-s)\Delta n_{\mathrm{N}}}{s} \tag{2-6}$$

根据式（2-2）可知调速范围为

$$D = \frac{n_{\mathrm{N}}}{n_{\min}}$$

将式（2-6）代入上式，得

$$D = \frac{n_{\mathrm{N}} s}{\Delta n_{\mathrm{N}}(1-s)} \tag{2-7}$$

这就是调速范围、静差率和额定速降三者之间的关系。对于同一个调速系统，Δn_{N} 值一定，所以如果对静差率要求越严，即要求 s 值越小时，系统允许的调速范围也越小。一个调速系统的调速范围，是指在最低转速时还能满足所需静差率的转速可调范围。

例 2-1　某直流调速系统电动机额定转速 $n_{\mathrm{N}} = 1430\mathrm{r/min}$，额定速降 $\Delta n_{\mathrm{N}} = 115\mathrm{r/min}$，当要求静差率 $s \leqslant 30\%$ 时，允许多大的调速范围？如果要求静差率 $s \leqslant 20\%$，则调速范围是多少？如果希望调速范围达到 10，所能满足的静差率是多少？

解　在要求 $s \leqslant 30\%$ 时，允许的调速范围为

$$D = \frac{n_{\mathrm{N}} s}{\Delta n_{\mathrm{N}}(1-s)} = \frac{1430 \times 0.3}{115 \times (1-0.3)} \approx 5.3$$

若要求 $s \leqslant 20\%$，则允许的调速范围只有

$$D = \frac{1430 \times 0.2}{115 \times (1-0.2)} \approx 3.1$$

若调速范围达到 10，则静差率只能是

$$s = \frac{D\Delta n_{\mathrm{N}}}{n_{\mathrm{N}} + D\Delta n_{\mathrm{N}}} = \frac{10 \times 115}{1430 + 10 \times 115} \approx 0.446 = 44.6\%$$

2. 动态性能指标

稳定的调速系统在静止状态输入起动信号或在稳态运行时输入信号发生变化或系统受到扰动，经历一段动态过程后，能达到新的稳态。除了稳态指标外，在动态过程中输出量如何变化？在多长时间内能恢复稳定运行？这些都要用动态性能指标来衡量。具体指标有以下几个方面：

（1）跟随性能指标

从自动控制原理可知，系统的输出除了系统结构参数外还与输入信号有关。通常以输出量的初始值为零，给定信号阶跃变化下的过渡过程作为典型的跟随过程，此跟随过程的输出量动态响应称为阶跃响应。图 2-2 所示为典型的阶跃响应过程和跟随指标。

常用的阶跃响应跟随性能指标有上升时间、超调量和调节时间。

1）上升时间 t_{r}：在典型的阶跃响应跟随过程中，输出量从零起第一次上升到稳态值所需的时间。它表示动态响应的快速性。

2）超调量 σ 与峰值时间 t_p：阶跃响应在 t_p 时达到最大值 C_{max}，然后回落。t_p 称为峰值时间，C_{max} 超过稳态值 C_∞ 的百分数称为超调量，即

$$\sigma = \frac{C_{max} - C_\infty}{C_\infty} \times 100\% \qquad (2\text{-}8)$$

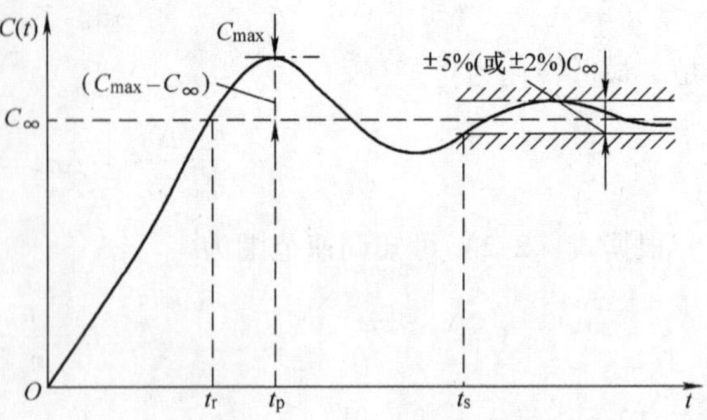

图 2-2　典型的阶跃响应过程和跟随指标

超调量反映系统的相对稳定性。超调量越小，相对稳定性越好。

3）调节时间 t_s：又称为过渡过程时间，指从加输入量的时刻起，到输出量进入偏离稳态值允许误差带内并从此不再超出该误差带所需的时间。允许误差带一般取稳态值的 ±5% 或 ±2%。

调节时间既反映了系统的快速性，也包含着它的稳定性。

（2）抗扰性能指标

控制系统中，扰动量的作用点通常不同于给定量（参考输入量）的作用点，因此系统的抗扰动态性能也不同于跟随动态性能。在调速系统稳定运行时突加一个扰动量 F 后，输出量由降低（或上升）到恢复到稳态值的过渡过程就是一个抗扰过程。典型的抗扰响应曲线如图 2-3 所示。

常用的抗扰性能指标为动态降落和恢复时间。

1）动态降落 ΔC_{max}：系统稳定运行时，突加一个约定的标准扰动量（一般为阶跃信号），所引起的输出量最大降落值 ΔC_{max}，称作动态降落。一般用 ΔC_{max} 占输出量原稳态值 $C_{\infty 1}$ 的百分数（$\Delta C_{max}/C_{\infty 1}$）×100% 来表示［或用某基准值 C_b 的百分数（$\Delta C_{max}/C_b$）×100% 来表示］。输出量在动态降落后逐渐恢复，最后达到新的稳态值 $C_{\infty 2}$。$C_{\infty 2} - C_{\infty 1}$ 是系统在该扰动作用下的稳态误差，即静差。调速系统中的动态降落也写作动态速降 Δn_{max}。突加扰动的动态过程和抗扰性能指标如图 2-3 所示。

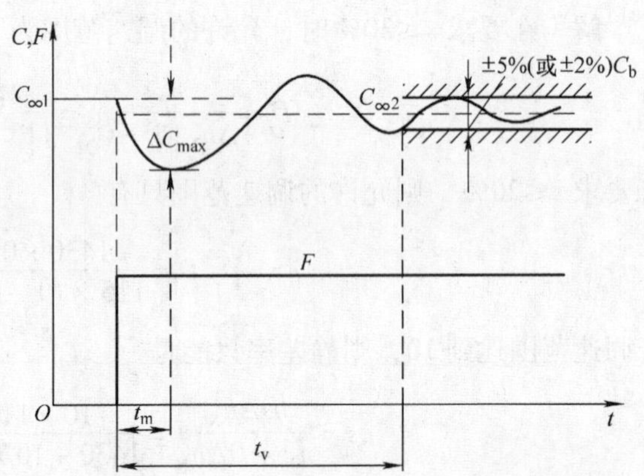

图 2-3　突加扰动的动态过程和抗扰性能指标

2）恢复时间 t_v：从阶跃扰动作用开始，到输出量进入新稳态值的误差带并不再超出所需的时间。误差带的计算为基准值 C_b 的 ±5%（或取 ±2%），其中 C_b 称为抗扰指标中输出量的基准值，视具体情况选定。如果允许的动态降落较大，可以用新稳态值 $C_{\infty 2}$ 作为基准值。如果允许的动态降落较小，譬如小于 5%，则按 5% 定义的误差带计算的恢复时间就为零了，那是没有意义的，所以选择一个比稳态值更小的 C_b 作为基准值才是合理的。

2.1.3　直流调速系统使用的 3 种可控直流电源

直流调速系统中无论是调节直流电动机电枢电压还是调节励磁电流，均需要专门的可控

直流电源。常用的可控直流电源有以下3种。

1）旋转变流机组：用交流电动机和直流发电机组成机组，电动机以恒速拖动发电机发电，通过改变发电机励磁电流大小和方向就可以改变输出直流电压的大小和极性。由于设备多、体积大、费用高、效率低、运行有噪声、维护不方便等缺点，除了仍在使用的少数老旧机器外，新设计的系统已不再采用这种方案。

2）静止式可控整流器：用晶闸管组成整流电路，通过改变触发延迟角来调节输出直流电压大小。

3）直流脉宽调制（PWM）变换器：用恒定直流电源或不可控整流电源供电，利用电力电子开关器件斩波或进行脉宽调制，产生可变的直流电压。

2.2　开环控制的直流电动机调速系统

开环运动控制系统是一种简单的运动控制系统，具有结构简单、稳定性好的特点。开环直流调速系统主要有晶闸管整流器-电动机系统（简称V-M系统）和直流PWM变换器-电动机系统。

2.2.1　晶闸管整流器-电动机系统

开环V-M系统原理图如图2-4所示。图中，VT为晶闸管整流器，GT为移相触发器，L为平波电抗器。给定值用一个电位器调整，电位器的滑动表示给定输入量U_c的逐步变化。通过调节U_c来移动触发脉冲的相位，改变可控整流器平均输出直流电压U_d，从而实现直流电动机的平滑调速。

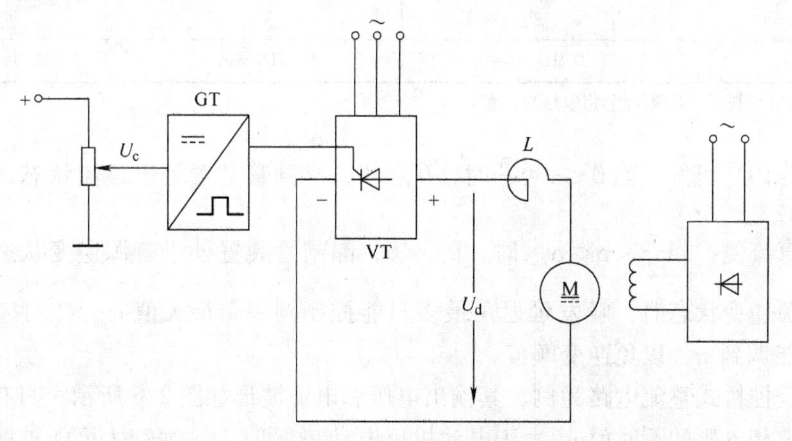

图2-4　开环V-M系统原理图

V-M系统的优点是：功率放大倍数在10^4以上，响应时间为毫秒级，具有快速的控制作用，运行损耗小，效率高，噪声小。主要缺点是：功率因数低，电源电流谐波大；特别是当容量较大时，已成为不可忽视的“电力公害”，需要进行无功补偿和谐波治理。

下面对V-M系统的机械特性和数学模型进行分析。

1. V-M系统的机械特性

u_{d0}和U_{d0}分别表示理想空载整流电压瞬时值和平均值，i_d和I_d分别表示整流电流（即电枢回路电流）的瞬时值和平均值，V-M 系统的主电路可以用图 2-5 所示的等效电路来代替。从自然换相点到下一个自然换相点为一个周期，对 u_{d0} 在一个周期内进行积分，再取平均值，就得到理想空载整流电压的平均值 U_{d0}。

瞬时电压平衡方程式为

$$u_{d0} = E + i_d R + L\frac{\mathrm{d}i_d}{\mathrm{d}t} \tag{2-9}$$

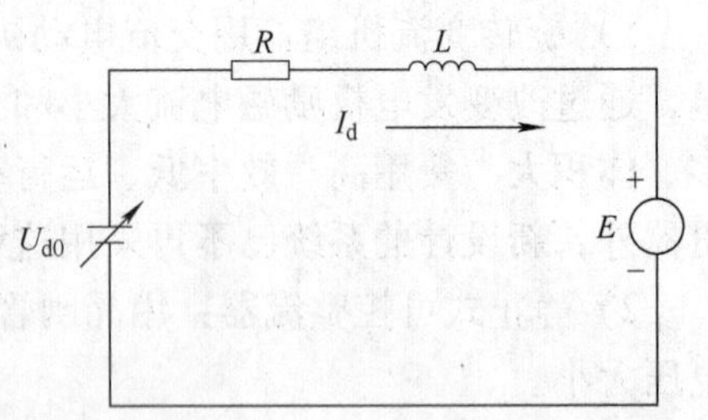

图 2-5 V-M 系统主电路的等效电路

U_{d0} 与触发脉冲触发延迟角 α 的关系因整流电路的形式不同而不同，对于一般的全控整流电路，当电流波形连续时，其关系如下：

$$U_{d0} = \frac{m}{\pi}U_m \sin\frac{\pi}{m}\cos\alpha \tag{2-10}$$

式中 α——触发脉冲触发延迟角；

U_m——$\alpha = 0$ 时的整流电压波形峰值；

m——交流电源一周内的整流电压脉波数。

当电流波形连续时，不同整流电路的整流电压波峰值、脉波数及平均整流电压见表 2-1。

表 2-1 不同整流电路的整流电压波峰值、脉波数及平均整流电压

整流电路	单相全波	三相半波	三相桥式（全波）
U_m	$\sqrt{2}U_2$	$\sqrt{2}U_2$	$\sqrt{6}U_2$
m	2	3	6
U_{d0}	$0.9U_2\cos\alpha$	$1.17U_2\cos\alpha$	$2.34U_2\cos\alpha$

注：U_2 为整流变压器二次侧额定相电压有效值。

由式（2-10）可知，当 $0 \leqslant \alpha \leqslant \frac{\pi}{2}$ 时，$U_{d0} \geqslant 0$，晶闸管装置处于整流状态，电功率从交流侧输送到直流侧；当 $\frac{\pi}{2} < \alpha \leqslant \alpha_{max}$ 时，$U_{d0} < 0$，晶闸管装置处于有源逆变状态，电功率反向传送。有源逆变状态时，触发延迟角最多只能控制到一个最大值 α_{max}（对应最小逆变角 β_{min}），而不能调到 π，以免逆变颠覆。

以单相全控桥式整流电路为例，其输出电压和电流波形如图 2-6 所示。只有在整流变压器二次侧额定相电压的瞬时值 u_2 大于电动机反电动势 E 时，晶闸管才可能被触发导通。导通后如果 u_2 降到 E 以下，电感释放储能可以维持电流 i_d 继续流通。由于电压波形的脉动，使得电流波形也会脉动。

脉动的电流波形使 V-M 系统主电路可能出现电流连续和断续两种情况。当 V-M 系统主电路有足够大的电感量，而且电动机的负载电流也足够大时，即电感储能足够大时，整流电路会具有连续的脉动波形。当电感量较小或电动机负载电流较小时，在瞬时电流 i_d 上升阶段，电感储能但所存储的能量不够大；到 i_d 下降时，电感中的能量释放出来不足以维持到下一相触发之前，i_d 已衰减到零，于是造成电流波形的断续。两种情况下的 V-M 系统的电流波形如图 2-7 所示。

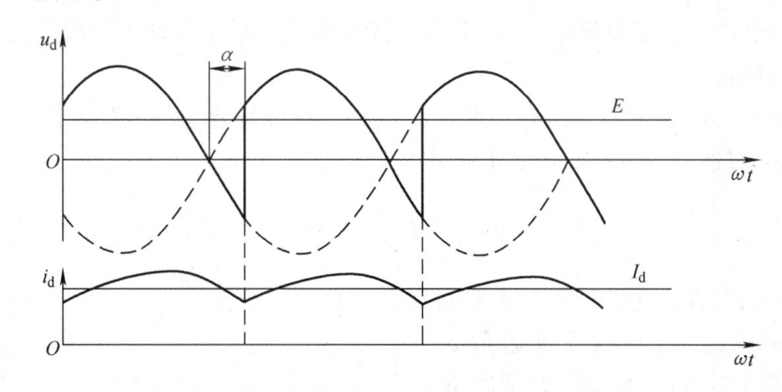

图 2-6　带反电动势负载的单相全控桥式整流电路的输出电压和电流波形

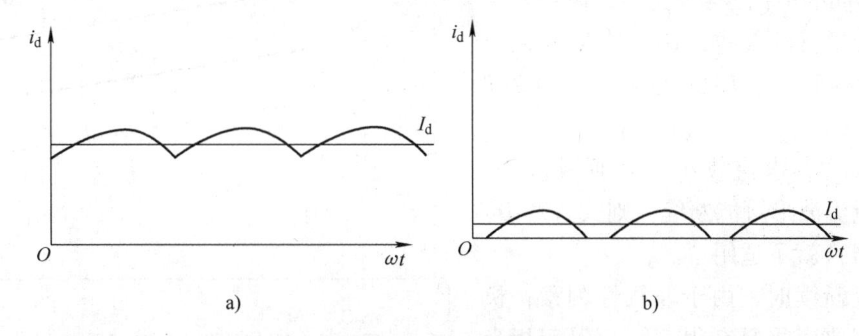

图 2-7　V-M 系统的电流波形
a）电流连续时波形　b）电流断续时波形

在 V-M 系统中，脉动电流会增加电动机的发热，同时也产生脉动转矩，对生产机械是不利的。电流断续带来的非线性因素会影响系统的运行性能，因此，实际应用中应尽量避免发生电流断续。

为了减轻或避免电流脉动的影响，需要采用的主要抑制电流脉动的措施如下：

1）增加整流电路相数，或采用多重化技术。

2）设置电感量足够大的平波电抗器。

平波电抗器的电感量一般按低速轻载时保证电流连续的条件来选择，通常首先给定最小电流 I_{dmin}（以 A 为单位），再利用它计算所需的总电感量（以 mH 为单位），然后减去电枢电感量，即得平波电抗器应有的电感值。总电感量的计算公式如下：

对于单相桥式全控整流电路

$$L = 2.87\frac{U_2}{I_{dmin}} \tag{2-11}$$

对于三相半波整流电路

$$L = 1.46\frac{U_2}{I_{dmin}} \tag{2-12}$$

对于三相桥式全控整流电路

$$L = 0.693\frac{U_2}{I_{dmin}} \tag{2-13}$$

式（2-11）~式（2-13）中，2.87，1.46，0.693 后的单位均为$10^{-3}\Omega/(\text{rad}\cdot\text{s}^{-1})$。

一般I_{dmin}取电动机额定电流的5%~10%。如果取I_{dmin}小于电动机空载电流I_0，则算出的电感值总能保证电流连续。

设计平波电抗器时，为避免磁路饱和，在铁心上应设置合适的气隙。

当电流波形连续时，V-M 系统的机械特性方程式为

$$n=\frac{1}{C_{\text{e}}}(U_{\text{d0}}-I_{\text{d}}R) \tag{2-14}$$

式中　C_{e}——电动机在额定磁通下的电动势系数，$C_{\text{e}}=K_{\text{e}}\Phi_{\text{N}}$。

整流电压平均值U_{d0}与触发延迟角α的关系已列于式（2-10），改变触发延迟角α可得到不同的U_{d0}，结合式（2-14）就可以画出一族平行的直线，这就是 V-M 系统的机械特性即n与I_{d}的关系，如图 2-8 所示。

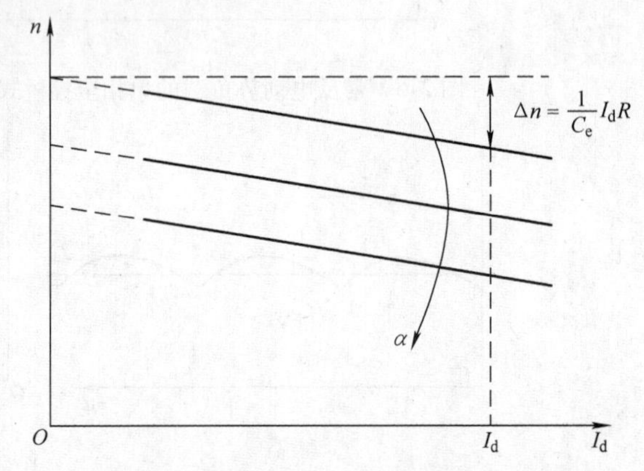

图 2-8　电流连续时 V-M 系统机械特性

图 2-8 中，电流较小部分画成虚线，表明此时电流波形可能断续，则式（2-10）和式（2-14）就不适用了。

当电流断续时，由于非线性因素，机械特性方程要变得复杂得多[1]。以三相半波整流电路构成的 V-M 系统为例，电流断续时的机械特性可用下列方程组表示：

$$n=\frac{\sqrt{2}U_2\cos\left[\sin\left(\frac{\pi}{6}+\alpha+\theta-\varphi\right)-\sin\left(\frac{\pi}{6}+\alpha-\varphi\right)\text{e}^{-\theta\cot\varphi}\right]}{C_{\text{e}}(1-\text{e}^{-\theta\cot\varphi})} \tag{2-15}$$

$$I_{\text{d}}=\frac{3\sqrt{2}U_2}{2\pi R}\left[\cos\left(\frac{\pi}{6}+\alpha\right)-\cos\left(\frac{\pi}{6}+\alpha+\theta\right)-\frac{C_{\text{e}}}{\sqrt{2}U_2}\theta n\right] \tag{2-16}$$

式中　φ——阻抗角，$\varphi=\arctan\frac{\omega L}{R}$；

θ——一个电流脉波的导通角。

当阻抗角φ一定时，对于不同的触发延迟角α，可用数值解法求出一族电流断续时的机械特性。对于每一条特性，求解过程都计算到$\theta=\frac{2\pi}{3}$为止，因为θ角再大时，电流变连续了。对应于$\theta=\frac{2\pi}{3}$的曲线是电流断续区与连续区的分界线。

图 2-9 绘出了完整的 V-M 系统机械特性，其中包括整流状态和逆变状态、电流连续区和断续区。由图 2-9 可见，当电流连续时，特性还比较硬；而断续区特性则很软，且呈显著的非线性上翘，使电动机的理想空载转速升高。电流连续时，晶闸管可控整流器可以看成是一个线性受控电压源。

2. V-M 系统的数学模型

如果可以将运动控制系统看成是由几个环节组成的，然后建立各个环节的数学模型，那么就可以按照自动控制原理进行稳、动态性能分析。

（1）晶闸管触发和整流装置的传递函数

在进行调速系统的分析和设计时，可以把晶闸管触发和整流装置当做系统中的一个环节来看待。

从晶闸管的工作特点可知，它一旦导通后触发电路的控制电压 U_c 的变化在该器件关断以前就不再起作用，要等到下一个自然换相点以后，下一相触发脉冲来到时才能使输出整流电压 U_{d0} 发生变化，这就造成整流电压变化滞后于控制电压的状况。该滞后时间称为失控时间。

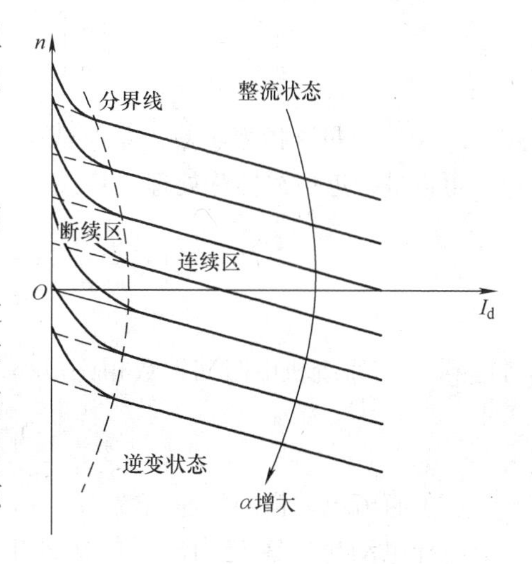

图 2-9　V-M 系统机械特性

最大失控时间 T_{smax} 是两个相邻自然换相点之间的时间，它与交流电源频率和晶闸管整流器的类型有关，即

$$T_{smax}=\frac{1}{mf} \tag{2-17}$$

式中　f——交流电源频率（Hz）；

m——一周内整流电压脉波数。

如果按最严重情况考虑，$T_s=T_{smax}$。一般采用 $T_s=\frac{1}{2}T_{smax}$。表 2-2 列出了不同整流电路的失控时间。

表 2-2　不同整流电路的失控时间（$f=50\text{Hz}$）

整流电路形式	最大失控时间 T_{smax}/ms	平均失控时间 T_s/ms
单相半波	20	10
单相桥式（全波）	10	5
三相半波	6.67	3.33
三相桥式	3.33	1.67

可见，晶闸管触发和整流装置为一个滞后环节，其输入输出数学关系为

$$U_{d0}=K_sU_c\times 1(t-T_s) \tag{2-18}$$

式中　K_s——晶闸管触发和整流装置的放大系数。

晶闸管触发电路和整流电路的输入输出特性是非线性的，在设计调速系统时，只能在一定的工作范围内近似为线性。K_s 可由工作范围内的特性斜率决定，计算公式为

$$K_s=\frac{\Delta U_{d0}}{\Delta U_c} \tag{2-19}$$

该输入输出特性可以通过实验测试得到。如果没有实测特性，也可以根据装置的参数近似估算。例如，当触发电路控制电压 U_c 的调节范围是 0～10V，对应的整流电压 U_{d0} 变化范围是 0～198V 时，则 $K_s=198/10=19.8$。

利用位移定理，对式（2-18）两边求拉普拉斯变换，得到该环节的传递函数为

$$W_{s}(s)=\frac{U_{d0}(s)}{U_{c}(s)}=K_{s}e^{-T_{s}s} \tag{2-20}$$

式（2-20）中包含指数函数，系统成为非最小相位系统，分析和设计都比较麻烦。为了简化，可以进行近似线性化处理。将式（2-20）按泰勒级数展开，可得

$$W_{s}(s)=\frac{K_{s}}{e^{T_{s}s}}=\frac{K_{s}}{1+T_{s}s+\frac{1}{2!}T_{s}^{2}s^{2}+\frac{1}{3!}T_{s}^{3}s^{3}+\cdots} \tag{2-21}$$

考虑到 T_s 与系统机电时间常数相比很小，可忽略高次项，把它看做一阶惯性环节，则

$$W_{s}(s)\approx\frac{K_{s}}{T_{s}s+1} \tag{2-22}$$

（2）直流电动机的传递函数

直流电动机在额定励磁下的等效电路如图2-10所示，其中电枢回路总电阻 R 和电感 L 包括回路内所有电阻和电感。

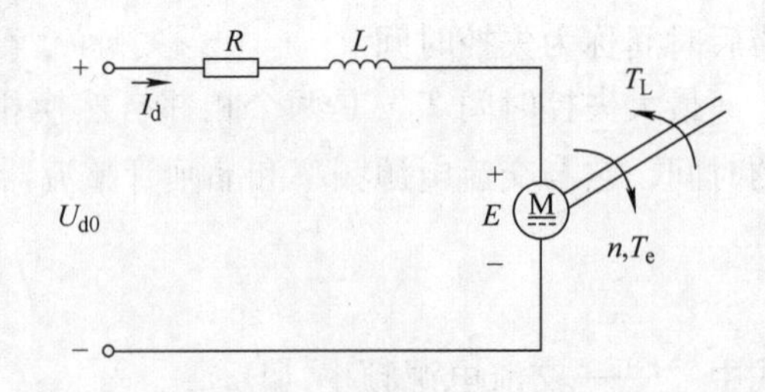

图2-10　直流电动机在额定励磁下的等效电路

由前述已知，直流电动机动态电压方程为

$$U_{d0}=RI_{d}+L\frac{dI_{d}}{dt}+E$$

电动机轴上的动力学方程为

$$T_{e}-T_{L}=\frac{GD^{2}}{375}\frac{dn}{dt}$$

额定励磁下的感应电动势和电磁转矩分别为

$$E=C_{e}n$$

$$T_{e}=C_{m}I_{d}$$

式中　C_m——电动机额定励磁下的转矩系数(N·m/A)，$C_{m}=\frac{30}{\pi}C_{e}$。

再定义以下时间常数：

电枢回路电磁时间常数 T_l(s)

$$T_{l}=\frac{L}{R}$$

机电时间常数 T_m(s)

$$T_{m}=\frac{GD^{2}R}{375C_{e}C_{m}}$$

整理后得

$$U_{d0}-E=R\left(I_{d}+T_{l}\frac{dI_{d}}{dt}\right) \tag{2-23}$$

$$I_{d}-I_{dL}=\frac{T_{m}}{R}\frac{dE}{dt} \tag{2-24}$$

式中　I_{dL}——负载电流（A），$I_{dL}=\frac{T_L}{C_m}$。

对式（2-23）和式（2-24）两边取拉普拉斯变换，得

$$\frac{I_d(s)}{U_{d0}(s)-E(s)}=\frac{1}{R(T_l s+1)} \tag{2-25}$$

$$\frac{E(s)}{I_d(s)-I_{dL}(s)}=\frac{R}{T_m s} \tag{2-26}$$

按式（2-25）可以画出电流与电压间的动态结构图，如图2-11a所示，按式（2-26）可以画出电动势与电流间的动态结构图，如图2-11b所示，将两图合在一起，并考虑到E和n的关系，就得到额定励磁下直流电动机的动态结构图，如图2-11c所示。

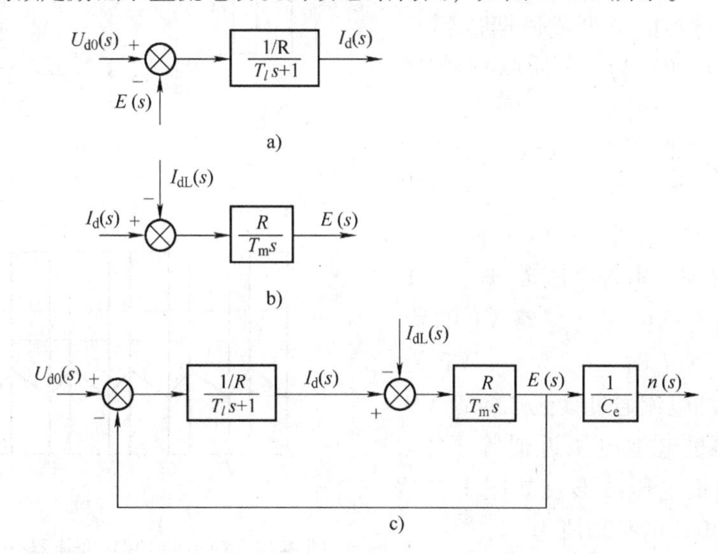

图2-11　额定励磁下直流电动机的动态结构图

由图2-11c可见，直流电动机有两个输入量：一个是理想空载电压U_{d0}；另一个是负载电流I_{dL}。前者是控制输入量，后者是扰动输入量。如果不需要在动态结构图中显示中间变量I_d，可将施加扰动量I_{dL}的信号综合点前移，等效变换后的动态结构图如图2-12所示。

由图2-12可以看出，额定励磁下的直流电动机是一个二阶线性环节。若$T_m>4T_l$，则该传递函数可以分解成两个惯性环节，突加输入电压时，转速呈单调上升；若$T_m<4T_l$，则直流电动机是一个二阶振荡环节，机械和电磁能量互相转换，使电动机的动态过渡过程带有衰减振荡的性质。

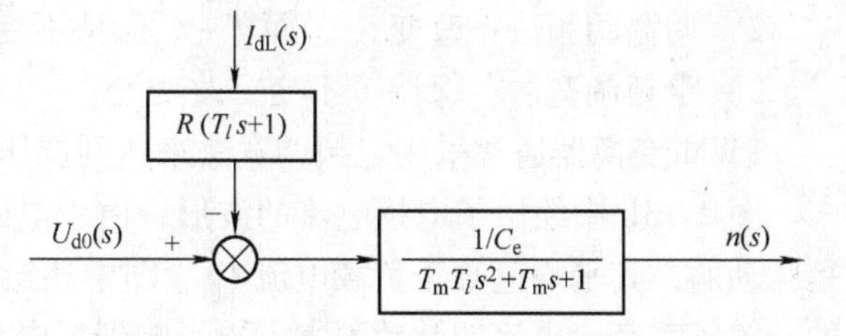

图2-12　变换后的直流电动机动态结构图

2.2.2　直流PWM变换器-电动机系统

V-M调速系统如前所述，存在功率因数低、对电网谐波污染大等缺点，虽然采用不可

控整流电路就能大大改善，但得到的直流电是不可调的。另外，有些场合只采用直流供电，如电动汽车、地铁等，这些都需要采用合适的 DC/DC 变换器来驱动直流电动机。自从全控型电力电子器件问世以后，出现了采用脉冲宽度调制的高频开关控制方式，形成了脉宽调制变换器-直流电动机调速系统，简称直流脉宽调速系统，或直流 PWM 调速系统。

直流 PWM 变换器的主开关器件要求具备自关断能力和较高的开关频率。目前常用的器件有 GTR、MOSFET、IGBT（小容量）；IGBT（中、大容量）；GTO（大容量）。

1. 脉宽调制的基本原理

脉宽调制（Pulse Width Modulation，PWM）技术，是利用电力电子开关器件的导通与关断，将直流电压变成直流脉冲序列，并通过控制脉冲的宽度或周期达到变压的目的。图 2-13所示为一个简单的 PWM 变换器（直流降压斩波器）-电动机系统。

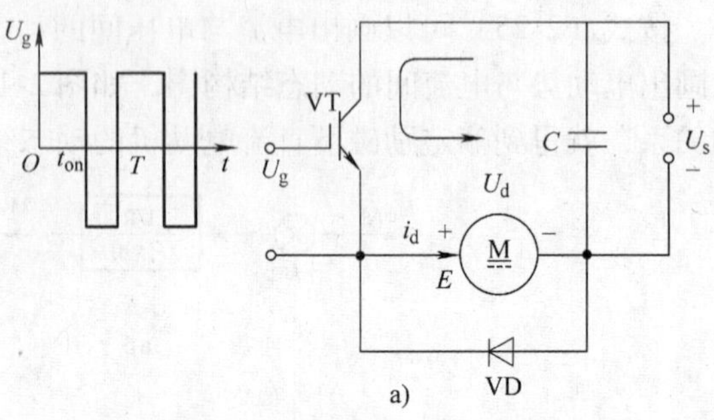

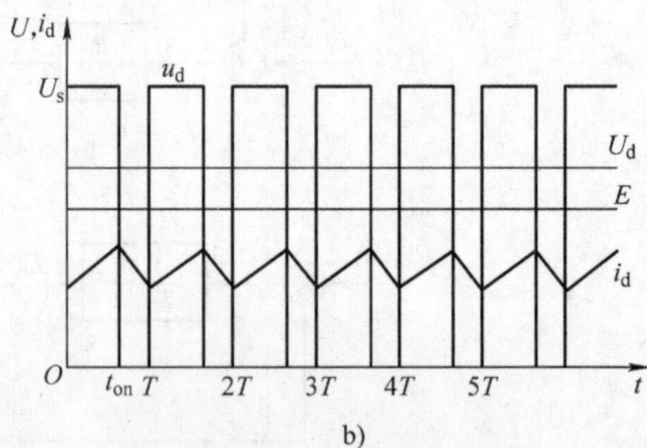

图 2-13　简单的 PWM 变换器-电动机系统
a）原理图　b）电压和电流波形

图 2-13 中，VT 为全控型开关器件，其控制极由脉宽可调的脉冲电压 U_g 驱动，在一个开关周期 T 内，当 $0 \leqslant t < t_{on}$ 时，U_g 为正，VT 饱和导通，电源电压 U_s 通过 VT 加到直流电动机电枢两端（忽略 VT 的管压降）。当 $t_{on} \leqslant t < T$ 时，U_g 为负，VT 关断，电枢电路中的电流通过续流二极管 VD 续流，直流电动机电枢电压近似等于零。如此反复，则电枢电压波形就如图 2-13b 所示。电枢两端电压的平均值为

$$U_d = \frac{t_{on}}{T} U_s = \rho U_s \qquad (2\text{-}27)$$

式中　ρ——占空比。

改变 ρ 的值，就可以改变电枢电压 U_d。改变 ρ 值的方法有以下 3 种：

1）定宽调频法：保持 t_{on} 不变，改变 T。

2）调宽调频法：改变 t_{on}，而 $T - t_{on}$ 保持不变。

3）定频调宽法：保持 T 不变，改变 t_{on}。

PWM 变换器通常采用定频调宽法来达到调压的目的。

图 2-13b 中绘出了电枢电流的波形，由于电磁惯性的原因其波动比电压波形小，但仍旧是脉动的，其平均值等于负载电流 I_{dL}。图中还绘出了电动机的反电动势，由于 PWM 变换器的开关频率高，电流的脉动不大，再影响到反电动势和转速，其波动就更小，一般可以忽略不计。

2. 不可逆 PWM 变换器

图 2-14 所示是具有制动电流通路的不可逆 PWM 变换器-直流电动机系统。它由两个开关器件 VT_1 和 VT_2，两个二极管 VD_1 和 VD_2 组成的。VT_1 是主控管，起调制作用；VT_2 是辅助管，用于构成电动机的制动电路；二极管的作用是在开关器件关断时为电枢回路提供释放

电感储能的续流回路。VT_1 和 VT_2 的驱动电压大小相等，方向相反，即 $U_{g1}=U_{g2}$。图 2-14a 中的箭头方向表示电枢电流 i_d 的流向，存在 4 条可能的通路。这种 PWM 变换器具有制动作用，组成的调速系统可以在一、二象限运行，在减速和停车时具有较好的动态性能。

下面说明图 2-14a 中 4 条通路的工作状态。

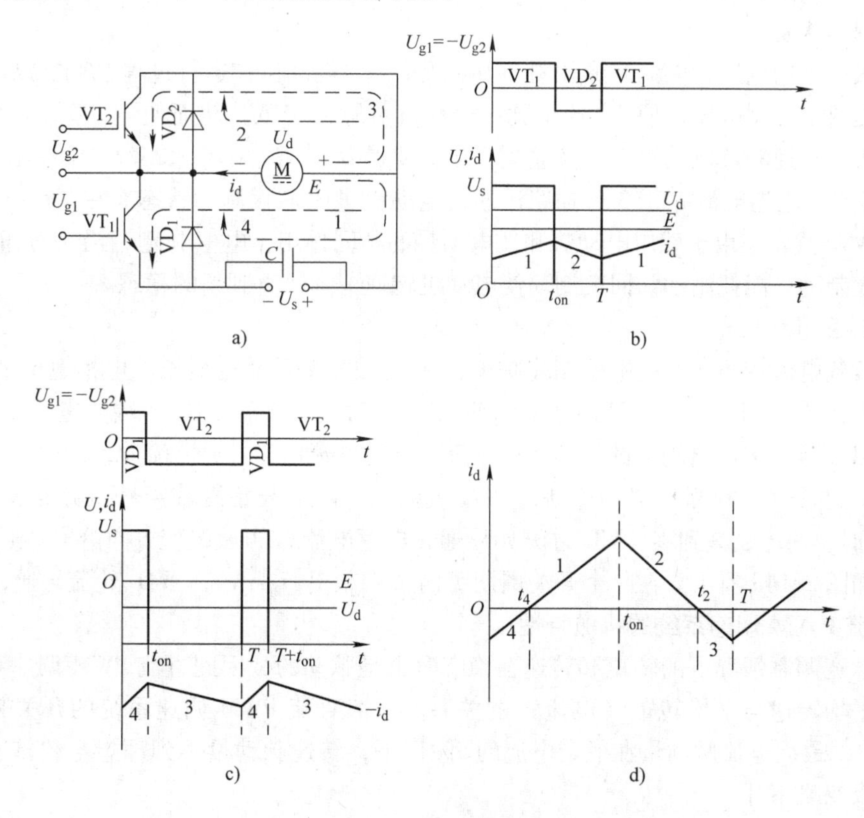

图 2-14 不可逆 PWM 变换器-直流电动机系统

a）原理图 b）一般电动状态的电压、电流波形 c）制动状态的电压、电流波形 d）轻载电动状态的电流波形

1 号通路：电流经 U_s“+”极→电动机电枢→VT_1→U_s“-”极，电流的方向为正方向，电动机工作于电动状态；

2 号通路：电流经电动机电枢→VD_2→电动机电枢，构成回路，电流方向为正方向，电动机工作在电动状态；

3 号通路：电流经电动机电枢→VT_2→电动机电枢，构成回路，电流方向为反方向，由于电能消耗在回路电阻上，故电动机工作在能耗制动状态；

4 号通路：电流经电动机电枢→U_s“+”极→U_s“-”极→VD_1→电动机电枢，电流方向为反方向，由电枢流向电源正端，电动机工作在回馈制动状态。

（1）电动状态

当电动机运行在电动状态时，电枢电流的方向均为“正”，即平均电流 I_d 应为正值，如图 2-14b 所示，一个周期内分两段变化。在 $0 \leqslant t < t_{on}$ 期间，U_{g1} 为正，VT_1 饱和导通；U_{g2} 为负，VT_2 截止，电源电压 U_s 加在电枢两端，电动机运行在电动状态，电流 i_d 沿 1 号通路流通。在 $t_{on} \leqslant t < T$ 期间，U_{g1} 和 U_{g2} 极性调换，VT_1 截止。由于电枢电感的作用，维持电枢电流

i_d 方向不变，流通路径为 2 号通路。此时，虽然 U_{g2} 为正，但二极管 VD_2 的正向压降给 VT_2 施加反压，使它不能导通。

可以看出，电动状态时，电动机的平均电枢电压 $U_{d0} > E$。改变占空比，电压值按式（2-27）变化，即可实现调速。

（2）制动状态

制动状态下的电压、电流波形如图 2-14c 所示。当电动机在运行过程中需要减速或停车时，则应先减小控制电压，使 U_{g1} 的正脉冲变窄，负脉冲变宽，从而使 U_{d0} 降低。但由于惯性，电动机的转速和反电动势来不及立刻变化，使得 $U_{d0} < E$。在 $t_{on} \leqslant t < T$ 期间，由于 U_{g2} 为正，VT_2 导通，电枢电流 i_d 沿 3 号通路流通，电动机进入能耗制动状态。在 $0 \leqslant t < t_{on}$ 期间，U_{g2} 为负，VT_2 截止，由于感应电动势和反电动势的共同作用，电枢电流 i_d 沿 4 号通路流通，对电源回馈制动。能耗制动和回馈制动使电动机转速下降，直到新的稳态。

（3）轻载电动状态

如果负载电流较小，回路电感储能减少，在 VT_1 关断后经过续流的电枢电流 i_d 很快衰减到零，如在图 2-14d 中 $t_{on} \sim T$ 期间的 t_2 时刻。此时，二极管 VD_2 两端的电压也降为零，使 VT_2 得以导通，在反电动势的作用下产生反向电枢电流沿 3 号通路流通，产生局部时间的能耗制动。到 $t = T$（相当于 $T = 0$）后，VT_2 关断，$-i_d$ 又开始沿着 4 号通路经 VD_1 续流，直到 $t = t_4$ 时，$-i_d$ 衰减到零，VT_1 才开始导通，电枢电流 i_d 再次改变方向沿 1 号通路流通。电流波形如图 2-14d 所示。在一个开关周期 T 内，VT_1、VD_2、VT_2、VD_1 轮流导通。

3. 直流 PWM 调速系统的机械特性

由于脉宽调制情况下的转矩和转速在稳态时也是脉动的，因此直流 PWM 调速系统的机械特性是平均转速与平均转矩（电流）的关系。一般直流 PWM 调速系统的开关频率都在 10kHz 以上，最大电流脉动量在额定电流的 5% 以下，转速脉动量不到理想空载转速的万分之一，可以忽略不计。

采用不同形式的 PWM 变换器，系统的机械特性也不一样，主要看电流波形是否连续。对于带制动电流通路的不可逆电路，电流方向可逆，无论是重载还是轻载，电流波形都是连续的，其机械特性比较简单。下面就分析这种情况。

根据式（2-27），电枢两端在一个周期内的平均电压是 $U_d = \rho U_s$，平均值方程可写成

$$\rho U_s = RI_d + E = RI_d + C_e n \tag{2-28}$$

则机械特性方程式为

$$n = \frac{\rho U_s}{C_e} - \frac{R}{C_e}I_d = n_0 - \frac{R}{C_e}I_d \tag{2-29}$$

或用转矩表示为

$$n = n_0 - \frac{R}{C_e C_m}T_e \tag{2-30}$$

式中　n_0——理想空载转速，与电压系数 $\gamma = \rho$ 成正比，$n_0 = \frac{\rho U_s}{C_e}$。

对于带制动作用的不可逆电路，$0 \leqslant \rho \leqslant 1$，可以得到图 2-15 所示的机械特性。

对于电动机在同一方向旋转时电流不能反向的电路，轻载时会出现电流断续现象，机械

特性方程要复杂得多。

4. PWM控制器与变换器的动态数学模型

PWM控制器的作用是产生控制极的脉宽调制信号。其实现方法有硬件和软件两种，前者由运算放大器和逻辑电路组成或采用专用集成电路，后者采用微处理器编程实现。

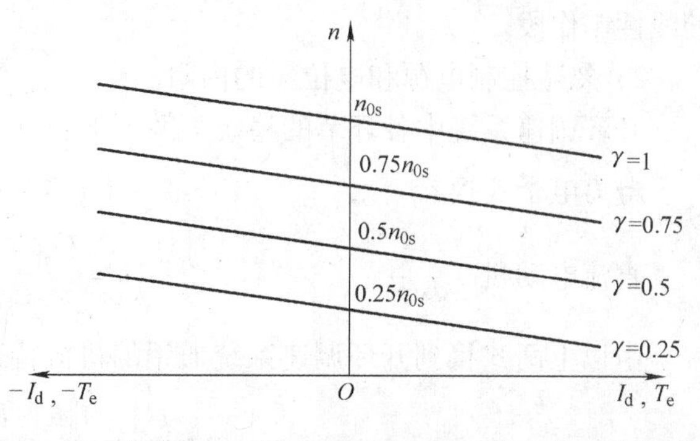

图2-15　直流PWM调速系统（电流连续）的机械特性

按照上述对PWM变换器工作原理和波形的分析，不难看出，当控制电压U_c改变时，电压系数即占空比ρ随之改变，PWM变换器输出平均电压U_d按线性规律变化，但其响应会有延迟，最大的时延是一个开关周期T。因此，PWM装置也可以看成是一个滞后环节，其传递函数可以写成

$$W_s(s)=\frac{U_d(s)}{U_c(s)}=K_s e^{-T_s s} \tag{2-31}$$

式中　K_s——PWM装置的放大系数；

T_s——PWM装置的延迟时间，$T_s \leqslant T$。

当开关频率为10kHz时，$T_s=0.1$ms，在一般的运动控制系统中，时间常数这么小的滞后环节可以近似为一个一阶惯性环节，即

$$W_s(s)\approx\frac{K_s}{T_s s+1} \tag{2-32}$$

显然，式（2-32）与晶闸管装置传递函数完全一致。当然，它是近似的传递函数，实际上PWM变换器不是一个线性环节，而是具有继电特性的非线性环节。

2.2.3　开环直流调速系统的稳态分析

图2-16所示为通用开环直流调速系统的原理图。其中，UPE用来统一表示可控直流电源即电力电子变换器。

现作如下假定：

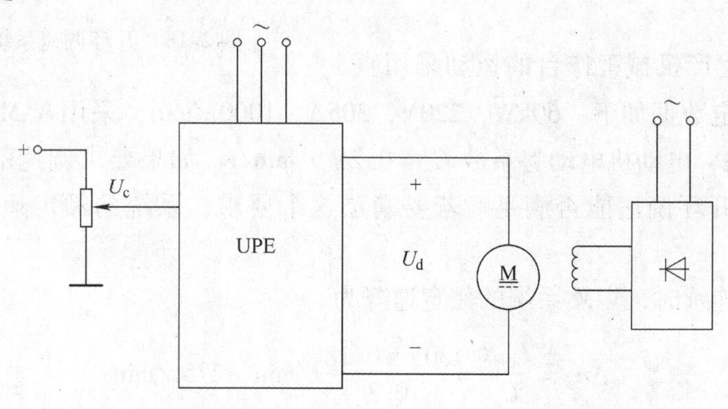

图2-16　通用开环直流调速系统的原理图

1）忽略各种非线性因素，假定系统中各环节的输入/输出关系都是线性的，或者只取其线性工作段。

2）忽略控制电源和电位器的内阻。

开环调速系统中各环节的稳态关系如下：

电力电子变换器 $$U_{d0}=K_sU_c$$

直流电动机 $$n=\frac{U_{d0}-I_dR}{C_e}$$

由以上两式得到开环调速系统通用的机械特性为

$$n=\frac{U_{d0}-I_dR}{C_e}=\frac{K_sU_c}{C_e}-\frac{I_dR}{C_e} \tag{2-33}$$

开环调速系统的稳态结构图如图2-17所示。

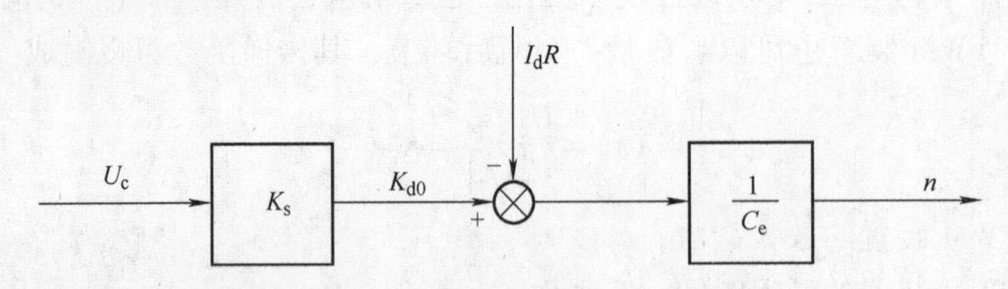

图2-17 开环调速系统的稳态结构图

由于给定电压 U_c 可以线性平滑地调节，所以UPE的输出电压 U_{d0} 也可以平滑调节，能实现直流电动机的平滑调速，当不计UPE在电动势负载下引起的轻载工作电流断续现象时，随着给定电压 U_c 的变化，可获得一族平行的机械特性，如图2-18所示。其中，电动机在额定电压和额定励磁下的机械特性称为电动机固有机械特性。由图2-18可以看出，这些机械特性都有较大的由于负载引起的转速降落，它制约了开环调速系统的指标调速范围 D 和静差率 s。

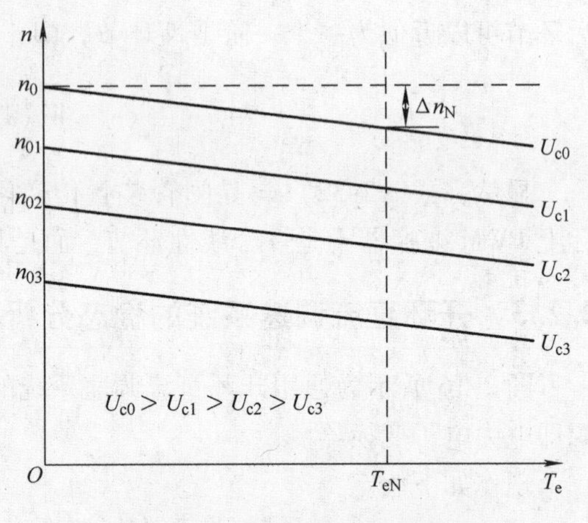

图2-18 开环调速系统机械特性

例2-2 某生产机械工作台的拖动采用直流电动机，其额定数据如下：60kW，220V，305A，1000r/min，采用V-M系统，电枢回路总电阻 $R=0.18\Omega$，电动机电动势系数 $C_e=0.2\text{V}\cdot\text{min/r}$。如果要求调速范围 $D=20$，静差率 $s\leqslant5\%$，采用开环调速能否满足？若要满足这个要求，系统的额定速降 Δn_N 最多能有多少？

解 当电流连续时，V-M系统的额定速降为

$$\Delta n_N=\frac{I_{dN}R}{C_e}=\frac{305\times0.18}{0.2}\text{r/min}\approx275\text{r/min}$$

开环系统在额定转速时的静差率为

$$s_N = \frac{\Delta n_N}{n_N + \Delta n_N} = \frac{275}{1000 + 275} \approx 0.216 = 21.6\%$$

可见，在额定转速时已不满足 $s \leqslant 5\%$ 的要求，更不要说最低速了。

如要求 $D = 20$，$s \leqslant 5\%$，即要求

$$\Delta n_N = \frac{n_N s}{D(1-s)} \leqslant \frac{1000 \times 0.05}{20 \times (1 - 0.05)} \text{r/min} \approx 2.63 \text{r/min}$$

可见，本开环调速系统的额定速降太大，无法满足稳态指标的要求。

小结：根据自动控制原理，开环控制系统的稳态精度完全取决于各环节元件参数的精密度。开环运动控制系统如果元件精度不够，是难以满足性能指标要求的。解决的办法有两个：

1）采用精密元件如步进电动机等。

2）构建闭环控制的运动控制系统。

2.3　步进电动机运动控制系统

2.3.1　步进电动机简介

步进电动机是一种非常重要的控制电机。步进电动机不像一般的电动机那样是连续运转的，而是一步一步转动的，每输入一个电脉冲信号，它就转动一个固定的角度，即前进“一步”，因此称之为步进电动机。步进电动机以具有低转子惯量、无漂移和无累积定位误差为特征，而且其控制电路经济、简单，不需反馈编码器和相应的电子电路，特别是它不需要 A/D 转换，能够直接将数字脉冲信号转化为角位移，容易和现代数字控制技术相结合，因此在数控机床、绘图仪、打印机等位置和速度控制系统中得到广泛应用。

步进电动机在构造上有 3 种主要类型：反应式（Variable Reluctance，VR）、永磁式（Permanent Magnet，PM）和混合式（Hybrid Stepping，HS）。

反应式步进电动机定子上有绕组，转子由软磁材料组成，结构简单、成本低、步距角小（可达 1.2°），但动态性能差、效率低、发热大，可靠性难保证。

永磁式步进电动机的转子用永磁材料制成，转子的极数与定子的极数相同。其特点是动态性能好、输出力矩大，但这种电动机精度差，步距角大（一般为 7.5°或 15°）。

混合式步进电动机综合了反应式和永磁式的优点，其定子上有多相绕组，转子上采用永磁材料，转子和定子上均有多个小齿以提高步距精度。其特点是输出力矩大、动态性能好，步距角小，但结构复杂，成本相对较高。

按定子上绕组来分，步进电动机有二相、三相和五相等系列。最受欢迎的是两相混合式步进电动机，约占 97% 以上的市场份额，其原因是性价比高，配上细分驱动器后效果良好。该种电动机的基本步距角为 1.8°/步，配上半步驱动器后，步距角减少为 0.9°，配上细分驱动器后其步距角可细分达 256 倍（0.007°/微步）。由于摩擦力和制造精度等原因，实际控制精度略低。

步进电动机的规格选择主要应该考虑：安装规格（如外径为 57mm、86mm、110mm 等），励磁方式（反应式、混合式等），额定电压（如 12V、27V、60/12V、130/30V 等），

额定电流（静态相电流，如0.5～8A等），以及相数。

除上述规格参数外，步进电动机的主要技术指标如下：

1）步距角：对应一个脉冲信号，电动机转子转过的角位移，用θ表示。

2）最大静态转矩T_m：在额定静态电作用下，不作旋转运动时，电动机转轴的锁定力矩。此力矩是步进电动机可能驱动的最大的负载转矩。

3）起动频率f_{st}：起动频率是指步进电动机不失步起动的最高脉冲频率。这通常指空载起动频率，起动频率越高表明步进电动机的响应速度越快。但实际上步进电动机大多是在带负载情况下起动的。带载时，负载转矩越大，则起动频率就越低，因此还有一个“负载起动频率”指标，它是指一定负载转矩下的起动频率，如2.5N·m/1500步·s^{-1}。

4）步距角精度：步进电动机每转过一个步距角的实际值与理论值的误差，也可以用相对误差（$\Delta\theta/\theta$)%来表示。不同运行拍数其值不同，四拍运行时应在5%之内，八拍运行时应在15%以内。

步进电动机的缺点是在大负载和速度较高的情况下容易失步，而且能耗较大，外表温度较高，噪声和振动较大。

2.3.2　步进电动机的控制方式

为了分析方便起见，以三相反应式步进电动机为例，假定转子上只有4个齿，则齿距角为90°；并设定子的6个磁极上没有小齿。

当步进电动机工作时，驱动电源将电脉冲信号按一定的顺序轮流加到定子的三相绕组上。按通电顺序的不同，三相反应式步进电动机又有单三拍控制、双三拍控制和六拍控制等3种控制方式。从一相通电改换成另一相通电，即通电方式改变一次叫“一拍”。“单”是指每次切换前后只有一相绕组通电；“双”就是指每次有两相绕组通电。

1. 单三拍控制

三相单三拍控制方式是每次只有一相绕组通电。当A相绕组单独通入电脉冲时，由于磁力线总是力图从磁阻最小的路径通过，即要使1、3两个齿与定子磁极A、A′轴线对齐，如图2-19a所示，因此若转子的齿未对齐，则定子磁场对磁化了的转子产生磁拉力，形成反应转矩，使转子转向磁路磁阻最小的位置。当A相脉冲结束，B相通入电脉冲，又会建立以B、B′为轴线的磁场，它将使靠近B相的磁极2、4齿转到与B、B′磁极对齐的位置，如图2-19b所示。同理，当B相脉冲结束，C相通入电脉冲后，靠近C、C′磁极的1、3齿有将会转到与其对齐的位置，如图2-19c所示。

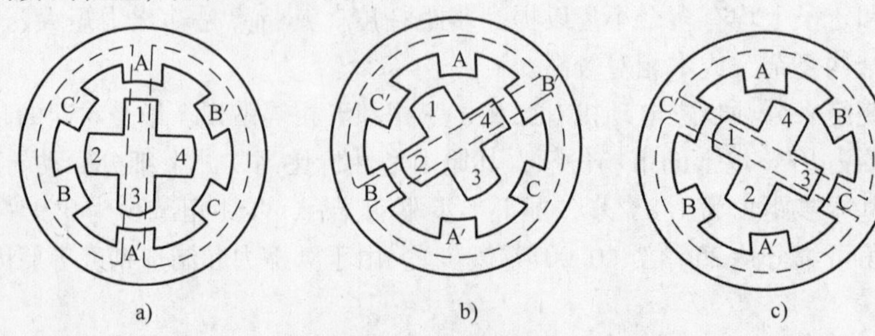

图2-19　三相单三拍控制时步进电动机工作原理
a）A相通电　b）B相通电　c）C相通电

综上所述，当三相定子绕组按 A→B→C→A……顺序依次通电，步进电动机将按逆时针方向一步一步地转动，每次转动 30°（即步距角 $\theta=30°$）。若通电经过一个循环（通电换接 3 次），则定子磁场就旋转一周，而转子却只转动了 90°，即只转动一个齿距角。

如果通电顺序在三相绕组中任意两相互换，则步进电动机反向转动。

单三拍控制方式每次只有一相控制绕组通电吸引转子，容易使转子在平衡位置附近产生振荡，运行稳定性较差。另外，在切换时一相控制绕组断电而另一相控制绕组开始通电，容易造成失步，因而实际上很少采用这种控制方式。

2. 双三拍控制方式

三相双三拍控制方式是每次有两组绕组同时通电，即按照（A、B）→（B、C）→（C、A）→（A、B）……的顺序依次通电。当两相绕组同时通电时，由于两相的磁极都对转子齿有同等的吸引力，转子处于受力平衡状态，即转子相邻两个齿处于与相对的两个通电磁极前后错开相同角度的位置。它的步距角也是 30°。

若通电顺序改为（A、C）→（C、B）→（B、A）→（A、C）……,则步进电动机反转。

这种控制方式由两相同时通电，转子受到的感应力矩大，静态误差小，定位精度高。另外，转换时始终有一相的控制绕组通电，所以工作稳定，不易失步。

3. 三相六拍控制

三相六拍控制是上述两种控制方式的混合，先是 A 相绕组通电，而后是 A、B 两相绕组同时通电，接着是 B 相通电，然后是 B、C 两相同时通电……，即通电顺序为 A→（A、B）→B→（B、C）→C→（C、A）→A……。显然，这种方式的步距角为 15°。

由于定子三相绕组需经 6 次换接才能完成一个循环，所以称为六拍控制。

如果通电顺序反过来，即变为 A→（A、C）→C→（C、B）→B→（B、A）→A……，则步进电动机反转。

由于这种控制方式也保证了在换接过程中始终有至少一相维持在通电状态，因而工作也比较可靠。

上述步进电动机的步距角太大，没有实用价值。实际应用中，定子磁极和转子都是多齿结构，例如每个磁极上有 5 个小齿，齿中心距为 9°，齿宽与齿间隔大小一样，转子上外圆周有 40 个小齿，齿中心距也为 9°，齿宽与齿间隔大小一样，这种步进电动机的步距角为 3°。

由以上分析可知，无论采用何种控制方式，每一个循环，转子转动一个齿距，因此，若转子的齿数 z 越多，控制的拍数 m 越多，则步距角 θ 越小。它们的关系式为

$$\theta=\frac{360°}{zm} \tag{2-34}$$

可见，每一拍转子转动了 1/（zm）圈，若脉冲频率（即换接频率）为 f，则转子每分钟的转数（即转速）为

$$n=\frac{60f}{zm} \tag{2-35}$$

式（2-35）说明脉冲频率 f 越高，步进电动机转速也越快。但实际上频率不能太高，否则会造成失步。

例 2-3　一台三相反应式步进电动机，采用三相六拍控制方式，转子有 40 个齿，脉冲频

率为600Hz，求：1）写出一个循环的通电顺序；2）步进电动机步距角；3）步进电动机转速。

解 1）根据不同转向，通电顺序有两种：A→（A、B）→B→（B、C）→C→（C、A）→A……或A→（A、C）→C→（C、B）→B→（B、A）→A……。

2）步距角
$$\theta=\frac{360°}{zm}=\frac{360°}{40\times6}=1.5°$$

3）转速
$$n=\frac{60f}{zm}=\frac{60\times600}{40\times6}\text{r/min}=150\text{r/min}$$

还有一种细分控制电路可以将步进电动机的实际步距角进一步减小。将上级装置发出的每个脉冲按设定的细分系数分成系数个脉冲输出，比如步进电动机每转一圈需240个脉冲，现在细分4倍，那么需要960个脉冲步进电动机才转一圈。换句话说，采用四细分电路后，在进给速度不变的情况下，可使脉冲当量缩小到原来的1/4。自然，这时相对于最高移动速度的进给脉冲频率也要提高4倍。

通常细分系数N有2、4、8、16、32、64、128、256、…。

在国外，对于步进系统，主要采用二相混合式步进电动机及相应的细分驱动器。但在国内，广大用户对“细分”还不是特别了解，有的人认为，细分只是为了提高精度，其实不然，细分主要是改善步进电动机的运行性能。现说明如下：步进电动机的细分控制是由精确控制步进电动机的相电流来实现的，没细分时，绕组相电流是由零跃升到额定值的，相电流的巨大变化，必然会引起电动机运行的振动和噪声。如果使用细分电路，在细分的状态下驱动电动机，电动机每运行一微步，其绕组内的电流变化只有额定值的$1/N$，且电流是以正弦曲线规律变化，这样就大大地改善了电动机的振动和噪声，因此，在性能上的优点才是细分的真正优点。由于细分电路要精确控制电动机的相电流，所以有相当高的技术要求和工艺要求，成本也会较高。

2.3.3 步进电动机控制系统

步进电动机的驱动需要采用专门的装置来供给，传统的驱动装置一般通过采用环形分配器来对定子绕组电压进行换接控制。环形分配器的主要功能就是把来源于控制器的脉冲串按一定的规律（即控制方式）分配给步进电动机驱动器的各相输入端。环形分配器的输出既是周期性的，又是可逆的。环形分配器可以用硬件或软件实现。硬件环形分配器种类很多，可以由D触发器或J-K触发器所组成，也可以采用专用集成电路。目前市场上有很多可靠性高、尺寸小、使用方便的集成脉冲分配器供选择。按其电路结构不同可分为TTL集成电路和CMOS集成电路。例如，国产TTL脉冲分配器有三相（YBO13）、四相（YBO14）、五相（YBO15）和六相（YBO16），均为18个引脚的直插式封装；CMOS集成脉冲分配器也有不同型号，如CH250是专为三相反应式步进电动机设计的环形分配器，封装形式为16引脚直插式，图2-20所示为其三相六拍工作时的接线图。在环形分配器之后通常还需要有功率放大器，传统的功率放大器使用分立元器件组成。一种典型的高低压切换型驱动电路如图2-21所示。当一相绕组需要通电时，高压输入信号和低压输入信号同时加在VT_1和VT_2两个晶体管上，两个晶体管均处于导通状态，但此时二极管VD_1反偏截止，高压+80V电源加在绕组上而低压+12V电源不能输入绕组。这样，该绕组的电流迅速上升，当电流超过额定值时，去掉高压输入信号，VT_1 截止，切断 +80V 电压，接着二极管 VD_1 导通，+12V 电压加到绕组上，维持电流在额定值附近。目前有一种高效率的恒流斩波型功率放大驱动电路被普遍应用，有兴趣者可参阅相关文献。

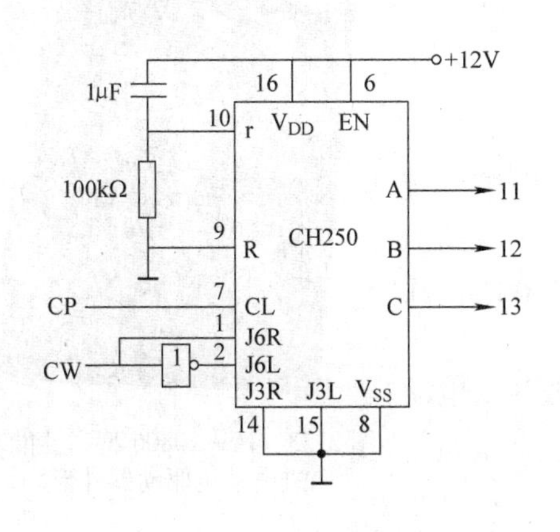

图 2-20　CH250 三相六拍工作时的接线图

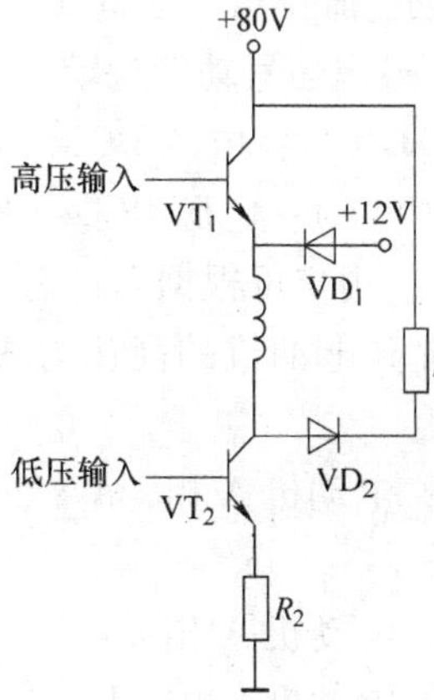

图 2-21　高低压切换型驱动电路

由于步进电动机是一种由一定频率的脉冲控制的电动机，因此非常适于采用计算机来进行控制。图 2-22 所示为典型的开环步进电动机控制系统组成框图。

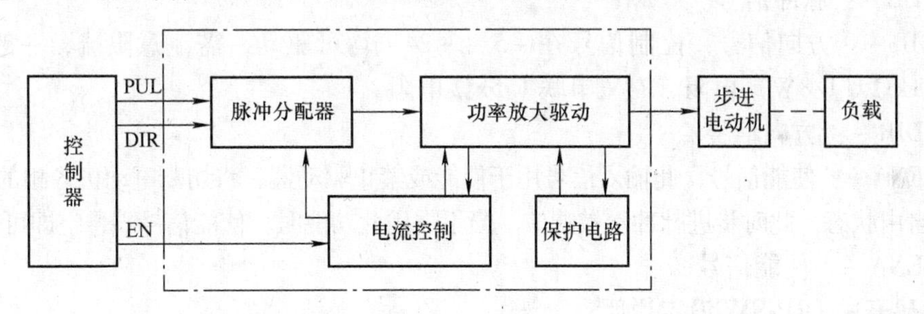

图 2-22　典型的开环步进电动机控制系统组成框图

图 2-22 中，控制器可以是单片机、PLC 或工控机，它给出脉冲信号 PUL、方向信号 DIR 和使能信号 EN。点画线框中的部分现在都做在一起成为独立产品，叫做步进电动机驱动器，包括脉冲环形分配器、细分电路、功率开关管及其驱动电路，还有一些电流反馈控制和限流、限压、过热保护等辅助电路。

HSM20806 型高性能步进电动机驱动器外形如图 2-23 所示。

1. 特性及指标特点

AC20 ~ 60V 或 DC24 ~ 80V 电源供电；

高性价比，超低噪声；

采用电流闭环控制技术；

光电隔离差分信号输入；

脉冲响应频率高达 200kHz；

多达 16 种细分可选；

最大可达 6.0A 相电流输出；

具备脱机（ENA）控制信号；

具备双脉冲信号模式功能；

精确正弦电流输出，使电动机运行更加平稳。

2. 输入/输出信号功能说明

1）AC（GND）：电源 DC24～80V、AC20～60V。

2）AC（V+）：电源 DC24～80V、AC20～60V 电源（直流无正负极），用户可根据各自需要选择。一般来说，较高的电压有利于提高电动机的高速力矩，但会加大驱动器的损耗和发热。

3）A+：电动机 A 相，A+、A-互调，可更改一次电动机运转方向。

图 2-23　HSM20806 型高性能步进电动机驱动器外形

4）A-：电动机 A 相。

5）B+：电动机 B 相，B+、B-互调，可更改一次电动机运转方向。

6）B-：电动机 B 相。

7）PUL+：脉冲信号，上升沿有效。控制信号在 +5～+24V 均可驱动，需注意限流，一般情况下，12V 串联 1kΩ（1/8W）电阻，24V 串联 1.5kΩ 电阻。

8）PUL-：脉冲信号。

9）DIR+：方向信号：控制信号在 +5～+24V 均可驱动，需注意限流，一般情况下，12V 串联 1kΩ（1/8W）电阻，24V 串联 1.5kΩ 电阻。

10）DIR-：方向信号。

11）ENA+：使能信号，此输入信号用于使能或禁止驱动器，将切断电动机各相的电流使电动机处于自由状态，此时步进脉冲不被响应。当不需用此功能时，使能信号端悬空即可。

12）ENA-：使能信号。

3. 拨码开关 DIP-SW 设定说明

HSM20806 驱动器采用 8 位拨码开关设定单/双脉冲、动态电流和步距角。详细描述如下：

1）工作（动态）电流设定：用 3 位拨码开关 SW1、SW2、SW3 一共可设定 8 个电流级别，见表 2-3。

表 2-3　HSM20806 驱动器的电流设定

输出峰值电流/A	SW1	SW2	SW3
2.2	off	off	off
2.7	off	off	on
3.6	off	on	off
4.0	off	on	on
4.5	on	off	off
4.9	on	off	on
5.5	on	on	off
6.0	on	on	on

2）脉冲方式设置：用两位拨码开关 SW4、SW5 可设置两种脉冲方式。SW4 设置静态锁定电流，on 为全流，off 为半流。SW5 设置脉冲状态，on 为单脉冲，off 为双脉冲。

3）步距角（细分）设定：由 SW6 ~ SW9 四位拨码开关可设定 16 种步距角，见表 2-4。

表 2-4　HSM20806 驱动器的步距角设定

步/r	SW6	SW7	SW8	SW9
200	on	on	on	on
400	off	on	on	on
600	on	on	on	off
800	on	off	on	on
1000	on	on	off	off
1200	off	on	on	off
1600	off	off	on	on
1800	on	off	on	off
2000	off	on	off	off
3200	on	on	off	on
3600	off	off	on	off
4000	on	off	off	off
6400	off	on	off	on
8000	off	off	off	off
12800	on	off	off	on
25600	off	off	off	on

驱动器控制输入端的接线有差动式、共阳、共阴 3 种接法，视控制器的输出形式而定。

8031 系列单片机至少有两个定时器 T0 和 T1，可以利用其中一个定时地产生溢出中断，在中断服务程序中通过改变 PUL 端和 DIR 端的输出电平，实现这两个信号的形成。而定时中断时间常数的改变则导致 PUL 频率的改变，体现为步进电动机转速的改变。除了单片机外，也可以使用 PLC（可编程序控制器）对步进电动机及其驱动器进行控制。如西门子 S7-200 系列的晶体管输出型 PLC 就比较适合。S7-200 的 CPU 有两个 PTO/PWM（脉冲串/脉宽调制）发生器，分别通过数字量输出点 Q0.0 或 Q0.1 输出高速脉冲串或脉冲宽度可调的波形，先设定好有关的特殊寄存器，再使用 PLS 指令就可以输出指定频率的一串脉冲。DIR 信号则可以通过任何其他数字量输出点输出。

步进电动机控制系统还需考虑加减速问题。对于点位控制系统，从起点到终点的运行速度都有一定要求。如果要求的运行速度小于电动机的极限起动频率，则系统可以按要求的速度直接起动，运行至终点后可以立即停发脉冲串而令其停止。系统在这种情况下速度可认为是恒定的。但实际上一般系统的极限起动频率是比较低的，而要求的运行速度往往较高，如果系统以要求的速度直接起动，则可能发生丢步或根本不运行的情况。而且如果系统运行起来后到达终点时突然停发脉冲串，则也会因为系统的惯性发生冲过终点的现象，使点位控制发生偏差。因此，在点位控制过程中，运行速度需要一个加速、恒速、减速、低恒速、停止的过程。升降速规律一般可有两种选择：一是按照直线规律；二是按照指数规律。按直线规律升速时，加速度为恒定，但实际上电动机转速升高时输出转矩会有所下降。按指数规律升速时，加速度是逐渐下降的，接近于电动机输出转矩随转速变化的规律。在单片机进行加减速控制时，实际上就是改变输出脉冲的时间间隔，升速时使脉冲串逐渐加密，减速时使脉冲串逐渐稀疏。方法是不断改变定时器装载值的大小，一般用离散办法来逼近理想的升降速曲线。为了减少每步计算装载值的时间，把各离散点的速度所需的装载值固化在 ROM 中，系统运行中用查表的方法查出对应的装载值，从而大大减少占用 CPU 的时间，提高系统响应速度。如果采用 PLC 控制，S7-200 的多段管线作业能方便地实现升降速，它可以定义一个最多包含 255 个段的脉冲包络 PTO，每个段与一个加速、恒速或减速操作相对应。

步进电动机开环控制系统由于具有结构简单、使用维护方便、可靠性高、制造成本低等一系列优点，在中小型机床和速度、精度要求不十分高的场合，得到了广泛的应用，并适合用于经济型数控机床和对现有的机床进行数字化技术改造。但是，由于开环系统只接收数控装置的指令脉冲，至于执行情况的好坏系统则无法监控，有时还会影响加工质量，因此步进电动机开环控制系统的性能受到了一定的限制，若进一步提高其性能则需要采用闭环控制和各种智能控制方法。

本章小结

本章介绍了运动控制系统的最简单形式——开环控制系统。直流电动机可以采用调电枢电压、弱磁和电枢回路串电阻 3 种方法来改变速度。运动控制系统对转速控制的要求有调速、稳速和加减速 3 个方面，其性能分别用稳态性能指标和动态性能指标来衡量。常用的直流电动机开环控制系统有晶闸管整流器-电动机系统和直流 PWM 变换器-电动机系统。步进电动机控制系统也是一种工业上广泛使用的开环运动控制系统。本章介绍了这些系统的组成原理，分析了各自的优缺点。开环运动控制系统的精度取决于元器件，性能要求更高的系统必须采用闭环控制。

思考题与习题

2-1 简述直流调速方法。

2-2 调速性能指标有哪些？

2-3 调速范围与额定速降和最小静差率有什么关系？为什么必须同时讨论才有意义？

2-4 为什么直流 PWM 变换器-电动机系统比晶闸管整流器-电动机系统能够获得更好的动态性能？

2-5 在晶闸管整流器-电动机开环调速系统中，为什么转速随负载增加而降低？

2-6 在直流 PWM 变换器-电动机系统中，当电动机停止不动时，电枢两端是否还有电压？电路中是否还有电流？为什么？

2-7 步进电动机有哪些控制方式？

2-8 步进电动机驱动器应满足哪些要求？

2-9 某调速系统，在额定负载下，最高转速为 $n_{max}=1500\text{r/min}$，最低转速为 $n_{min}=200\text{r/min}$，带额定负载时的速度降落 $\Delta n_N=20\text{r/min}$，且在不同转速下额定速降 Δn_N 不变，试问系统调速范围有多大？系统静差率是多少？

2-10 某机床工作台采用晶闸管整流器-电动机调速系统。已知直流电动机额定参数 $P_N=60\text{kW}$、$U_N=220\text{V}$、$I_N=300\text{A}$、$n_N=1000\text{r/min}$，电枢回路总电阻 $R=0.19\Omega$，$C_e=0.2\text{V}\cdot\text{min/r}$，求：

（1）当电流连续时，在额定负载下的转速降落 Δn_N 为多少？

（2）开环系统机械特性连续段在额定转速时的静差率 s_N 为多少？

（3）额定负载下的转速降落 Δn_N 为多少时，才能满足 $D=20$、$s\leqslant5\%$ 的要求？

2-11　试分析有制动电流通路的不可逆 PWM 变换器-电动机系统进行制动时，两个 VT 是如何工作的？

2-12　步进电动机的细分控制是什么意思？有什么作用？

第3章　闭环控制的直流电动机调速系统

本章教学要求与目标

- 掌握单闭环直流调速系统的组成和稳、动态性能
- 了解其他形式的单闭环系统的基本原理
- 掌握双闭环直流调速系统的组成、动态分析和设计方法
- 了解可逆直流调速系统和弱磁控制的直流调速系统

3.1　单闭环直流调速系统

3.1.1　单闭环直流调速系统的组成

前述开环系统不能满足生产工艺要求的主要表现是转速降落过大，并且随着负载的增大转速降落会更大。那么如何使转速尽可能不随负载大小变化呢？

根据自动控制原理，将系统的被调节量作为反馈量引到系统比较环节，与给定量进行比较，用比较后的偏差值对系统进行控制，可以有效地抑制甚至消除扰动造成的影响，而维持被调节量很少变化或不变，这就是反馈控制的基本规律。在直流调速系统中，被调节量是转速，通常采用测速发电机来实现转速反馈。测速发电机的输入量是转速，输出是直流电压或交流电压（依测速发电机类型而定）。

图3-1所示为具有转速负反馈的单闭环直流调速系统的原理图。被调量是转速 n，给定量是给定电压 U_n^*，在电动机轴上安装测速发电机用以得到与被测转速成正比的反馈电压 U_n。U_n^* 与 U_n 相比较后，得到转速偏差电压 ΔU_n，经过比例放大器A（又称比例调节器，P调节器），产生电力电子变换器（UPE）所需的控制电压 U_c。从 U_c 开始一直到直流电动机，系统的结构与开环调速系统相同，而闭环控制系统和开环控制系统的区别就在于转速是否反馈到输入端参与控制。

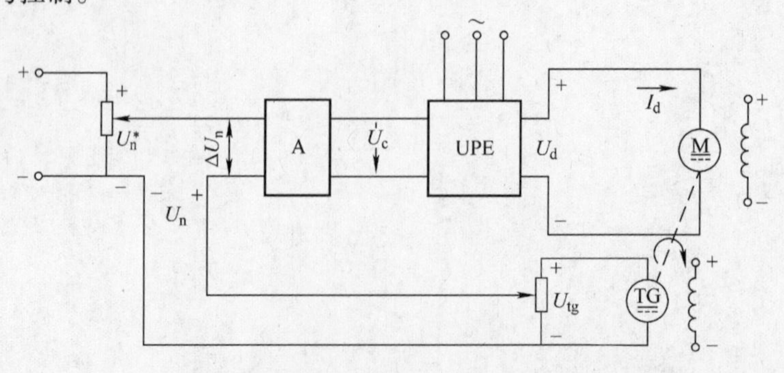

图3-1　具有转速负反馈的单闭环直流调速系统的原理图

3.1.2　单闭环直流调速系统的稳、动态性能分析

在第 2 章分析开环系统的机械特性时，已经得到开环调速系统中各环节的稳态关系如下：

电力电子变换器　$U_{d0} = K_s U_c$

直流电动机　$n = \dfrac{U_{d0} - I_d R}{C_e}$

在图 3-1 中又增加了以下环节：

电压比较环节　$\Delta U_n = U_n^* - U_n$

比例调节器　$U_c = K_p \Delta U_n$

测速反馈环节　$U_n = \alpha n$

式中　K_p——比例放大器的比例放大系数；

α——转速反馈系数（V · min/r）。

据以上稳态关系式可以画出转速负反馈单闭环直流调速系统稳态结构图如图 3-2 所示。

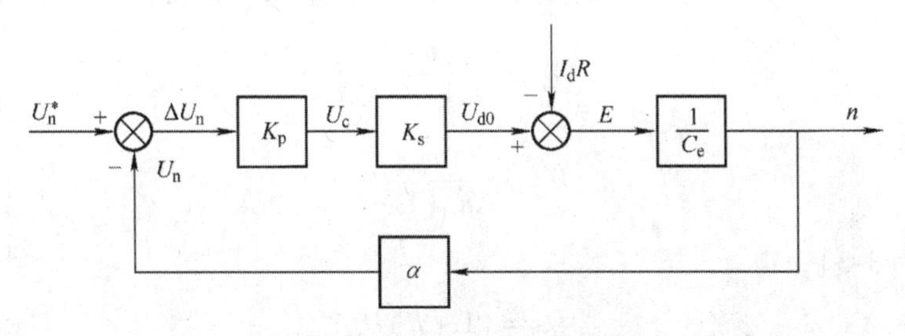

图 3-2　转速负反馈单闭环直流调速系统稳态结构图

从上述 5 个关系式中消去中间变量并整理后，即得到转速负反馈单闭环直流调速系统的稳态特性方程式

$$n = \frac{K_p K_s U_n^* - I_d R}{C_e(1 + K_p K_s \alpha / C_e)} = \frac{K_p K_s U_n^*}{C_e(1+K)} - \frac{R I_d}{C_e(1+K)} = n_{0cl} - \Delta n_{cl} \tag{3-1}$$

式中　K——闭环系统的开环放大系数，$K = \dfrac{K_p K_s \alpha}{C_e}$；

n_{0cl}——闭环系统的理想空载转速；

Δn_{cl}——闭环系统的稳态速降。

运用稳态结构图（见图 3-2）和叠加原理，同样可以推出式（3-1）。

如果把图 3-2 中的反馈回路断开，则该系统的开环机械特性为

$$n = \frac{K_p K_s U_n^*}{C_e} - \frac{I_d R}{C_e} = n_{0op} - \Delta n_{op} \tag{3-2}$$

式中　n_{0op}——开环系统的理想空载转速；

Δn_{op}——开环系统的稳态速降。

比较式（3-1）和式（3-2）得到

$$\Delta n_{cl} = \frac{\Delta n_{op}}{1+K} \tag{3-3}$$

因为 K_p 能任意取值，所以 K 能任意取值。根据生产工艺要求，总能找出一个 K 值，使得下面的不等式成立：

$$\Delta n_{cl} \leqslant \Delta n_{要求}$$

1. 开环系统机械特性与比例控制闭环系统稳态特性的关系

1）闭环系统稳态特性比开环系统机械特性硬得多。由式（3-3），在同样的负载扰动下，当 K 值较大时，Δn_{cl} 比 Δn_{op} 小得多，也就是说，闭环系统的稳态特性要硬得多。

2）闭环系统的静差率要比开环系统小得多。闭环系统和开环系统的静差率分别为

$$s_{cl} = \frac{\Delta n_{cl}}{n_{0cl}} \text{和} \ s_{op} = \frac{\Delta n_{op}}{n_{0op}}$$

设理想空载转速相同，即当 $n_{0cl} = n_{0op}$ 时

$$s_{cl} = \frac{s_{op}}{1+K} \tag{3-4}$$

3）如果所要求的静差率一定，则闭环系统可以大大提高调速范围。如果电动机的最高转速都是 n_N，而对最低速静差率的要求相同，那么由式（2-7）可得

开环时
$$D_{op} = \frac{n_N s}{\Delta n_{op}(1-s)}$$

闭环时
$$D_{cl} = \frac{n_N s}{\Delta n_{cl}(1-s)}$$

再考虑式（3-3），得

$$D_{cl} = (1+K) D_{op} \tag{3-5}$$

在此需要说明，式（3-5）的条件是开环和闭环系统的 n_N 相同，而式（3-4）的条件是两者的 n_0 相同。应用式（3-4）和式（3-5）计算时若采用同一条件，结果会略有差异。

4）闭环系统需设置放大器后，才能获得好的性能。从上面的分析可以看出，当 K 足够大时，闭环系统的静差率才小，调速范围才大，因此必须设置放大器。因为引入了转速负反馈的闭环系统中，要使转速偏差小，ΔU_n 就必须压得很低，只有设置放大器，才能获得足够的控制电压 U_c。从理论上讲，根据式（3-3），只有 $K=\infty$ 才能使 $\Delta n_{cl}=0$，而这是不可能的。因此，这样的系统是有静差调速系统。

在闭环直流调速系统中，直流电动机的额定速降仍旧是 Δn_N，与开环调速系统相比，电枢回路电阻 R，额定负载电流 I_N 和电动机的反电势系数 C_e 并没有发生变化，那么，闭环系统稳态速降减少的实质从电路原理上分析是什么呢?

在开环系统中，当负载电流增大时，电枢回路压降也增大，转速只能无奈地降下来。闭环系统稳态特性和开环系统机械特性的关系如图 3-3 所示。在图 3-3 中，设原始工作点为 A，负载电流为 I_{d1}，当负载增大到 I_{d2}时，开环系统的转速必然降到 A'点所对应的数值。而闭环系统设有反馈装置，转速稍有降落，反馈电压就感觉出来，通过比较和放大，控制电压 U_c 增大，使电力电子装置的输出电压 U_{d0}上升，以补偿电阻降落部分的影响，使系统工作在新的机械特性上，因而转速又有所回升。如当负载增大到 I_{d2}时，闭环系统的输出电压 U_{d0} 由 U_{d01}变为 U_{d02}，工作点在 B 处，稳态速降比开环系统要小得多。这样，在闭环系统中，每增加一点负载，就会相应提高一点电枢电压，使电动机在新的机械特性上工作。同理，负载降

低时电枢电压跟着降低。所以，闭环系统的稳态特性就是在许多开环机械特性上各取相应的工作点，如图 3-3 中的 A、B、C、D、…，再由这些工作点连接而成的。

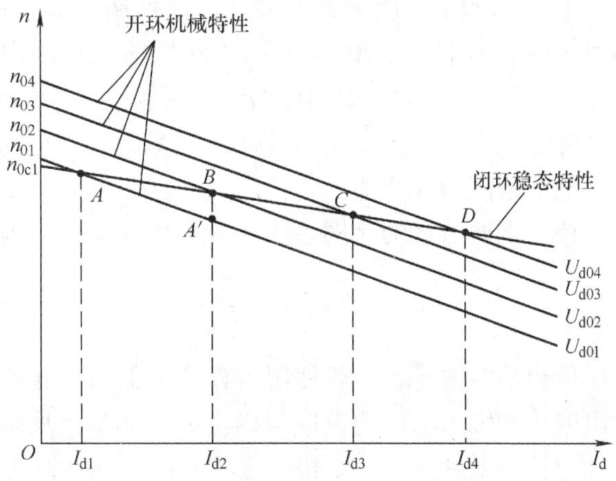

图 3-3　闭环系统稳态特性和开环系统机械特性的关系

2. 单闭环调速系统的抗干扰能力

除给定信号外，作用在控制系统各环节上的一切会引起输出量变化的因素都叫做“扰动作用”，在分析系统稳态特性时，只讨论了负载变化这一种扰动。除此之外，交流电源电压的波动（相当于 K_s 发生变化）、电动机励磁的变化（造成 C_e 变化）、放大器输出电压的漂移（相当于 K_p 变化）、由温升引起电枢回路电阻 R 的增大等，所有这些因素都要影响到转速。在转速负反馈系统中，转速的变化都会被测速装置检测出来，再通过反馈控制的作用，减少它们对稳态转速的影响。在扰动作用下的稳态结构图如图 3-4 所示。

根据自动控制原理，反馈控制系统能够抑制所有被反馈环包围的前向通道上的扰动，抗扰性能正是反馈控制系统最突出的特征之一。也正因为这一特征，在设计闭环系统时，可以只考虑一种主要扰动的影响，如在调速系统中只考虑负载扰动，按照克服负载扰动的要求设计的系统，其他扰动也就自然受到了抑制。

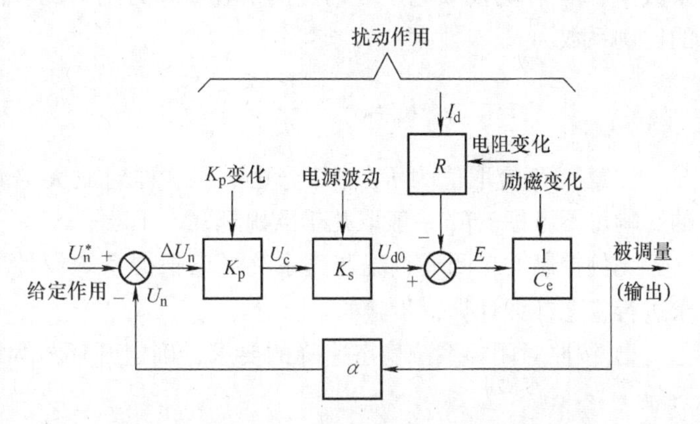

图 3-4　闭环调速系统在扰动作用下的稳态结构图

需要注意的是，系统精度依赖于给定和反馈检测的精度，如果产生给定电压的电源发生波动，则反馈控制系统无法鉴别是对给定电压的正常调节还是不应有的给定电压的电源波动，这是因为系统输出是紧紧跟随给定作用的，对给定信号的任何变化都唯命是从。所以，高精度的调速系统必须有更高精度的给定稳压电源。同样，反馈检测装置的误差也是反馈控制系统无法克服的，如果测速发电机励磁发生变化时，会使检测到的转速反馈信号偏离应有的数值，而测速发电机电压中的换向纹波、制造或安装不良造成转子的偏心等，都会给系统带来周期性的干扰，这些扰动相当于使 α 发生变化，系统对它是无能为力的。所以，反馈检测装置的精度也是保证控制系统精度的重要因素。

3. 单闭环调速系统的稳态参数计算

稳态参数计算是自动控制系统设计的第一步，它决定了控制系统的基本构成，然后再通过动态校正使系统趋于完善。

在模拟控制的运动控制系统中，大都采用线性集成电路运算放大器作为系统的调节器，其功能与分立元件放大器相比具有很多优点，在此不一一列举。

图 3-5 所示是用运算放大器作比例调节器（P 调节器）的原理图。图中，u_i 和 u_o 为调节器的输入和输出电压；R_1 为输入电阻；R_2 为反馈电阻；R_3 为同相输入端的平衡电阻，用以降低放大器失调电流的影响，R_3 数值一般应为反相输入端各电路电阻的并联值。

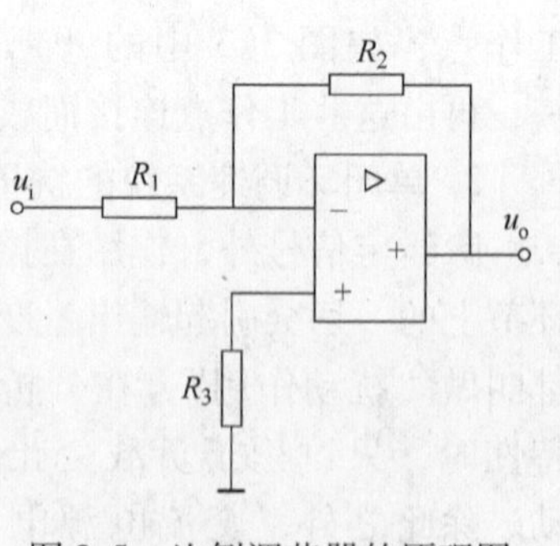

图 3-5　比例调节器的原理图

该比例调节器的比例系数（又称放大倍数）为

$$K_p = \frac{u_o}{u_i} = \frac{R_2}{R_1} \tag{3-6}$$

值得注意的是，一般使用运算放大器的反相输入，因此输出电压和输入电压的极性是相反的。如果要反映出极性，K_p 应为负值，这将给系统的设计和计算带来麻烦。为了避免这种麻烦，调节器的比例系数本身都用正值，反相的关系只在具体电路的极性中考虑。

当 $R_1 = R_2$ 时，调节器的比例系数为 1，由于输出和输入反相，故常在控制系统中作反相器。

此外，为了使比例系数可调，常在输出反馈端加一只电位器，如图 3-6 所示，以输出电压的一部分 γu_o（分压系数 $\gamma < 1$）作为反馈电压。则比例系数可调的比例调节器的比例系数为

$$K_p = \frac{u_o}{u_i} = \frac{R_2}{\gamma R_1} \tag{3-7}$$

注意：R_3 应取值为 R_2 的几分之一，这样对放大倍数的影响可不考虑。R_1 一般取几千欧姆至几十千欧。

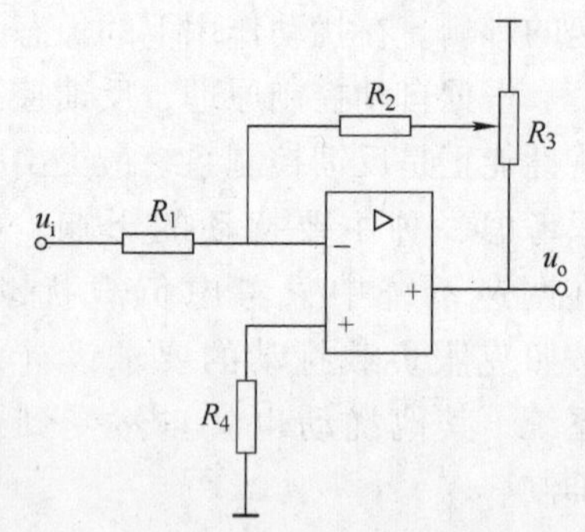

图 3-6　比例系数可调的比例调节器

比例控制的单闭环直流调速系统可以根据系统设计要求进行稳态参数计算，步骤如下：

1）按照对闭环系统稳态速降的要求，确定开环放大倍数 K：首先求出电动机的电动势系数

$$C_e = \frac{U_N - I_{dN}R_a}{n_N}$$

由式（3-3）可得

$$K = \frac{\Delta n_{op}}{\Delta n_{cl}} - 1 = \frac{I_{dN}R}{C_e \Delta n_{cl}} - 1$$

注意，这里 R_a 是电动机电枢电阻，R 是主回路总电阻。

2）UPE 放大倍数 K_s 的确定：设比例调节器的最大输出值（限幅值）为 U_{cm}，对应的 UPE 最大输出值为 U_{d0m}，则

$$K_s = \frac{U_{d0m}}{U_{cm}}$$

3）转速反馈系数 α 的确定：设对应于额定转速的最大速度给定信号为 U_{nm}^*，则

$$\alpha = \frac{U_{nm}^*}{n_N}$$

4）比例调节器放大倍数的确定

$$K_p = \frac{KC_e}{\alpha K_s}$$

最后由式（3-6）或式（3-7）可以确定各电阻数值。

4. 单闭环调速系统的动态分析

第2章里已经导出了电力电子变换器、直流电动机的传递函数，现将转速负反馈单闭环直流调速系统的动态结构图示于图3-7。

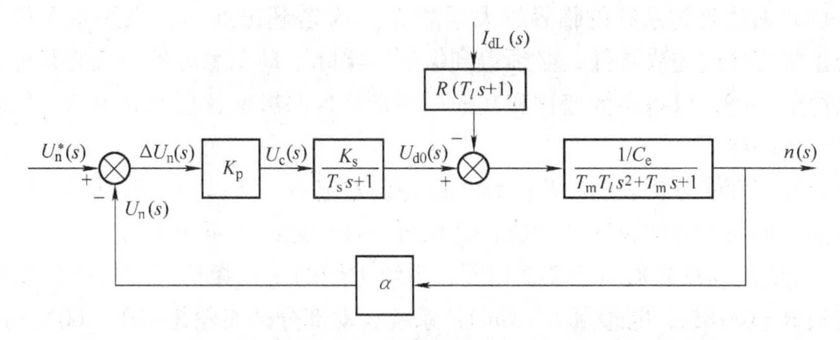

图3-7　转速负反馈单闭环直流调速系统的动态结构图

从图3-7可以得出转速负反馈单闭环直流调速系统的开环传递函数为

$$W(s) = \frac{U_n(s)}{\Delta U_n(s)} = \frac{K}{(T_s s+1)(T_m T_l s^2 + T_m s+1)} \tag{3-8}$$

设 $I_{dL}=0$，即不考虑负载扰动，从给定输入作用上看，转速负反馈单闭环直流调速系统的闭环传递函数为

$$W_{cl}(s) = \frac{\dfrac{K_p K_s/C_e}{(T_s s+1)(T_m T_l s^2+T_m s+1)}}{1+\dfrac{K_p K_s \alpha/C_e}{(T_s s+1)(T_m T_l s^2+T_m s+1)}} = \frac{K_p K_s/C_e}{(T_s s+1)(T_m T_l s^2+T_m s+1)+K}$$
$$= \frac{\dfrac{K_p K_s}{C_e(1+K)}}{\dfrac{T_m T_l T_s}{1+K}s^3 + \dfrac{T_m(T_l+T_s)}{1+K}s^2 + \dfrac{T_m+T_s}{1+K}s+1} \tag{3-9}$$

由式（3-9）可见，比例控制的单闭环直流调速系统是一个三阶线性系统。它的闭环特征方程式为

$$\frac{T_m T_l T_s}{1+K}s^3 + \frac{T_m(T_l+T_s)}{1+K}s^2 + \frac{T_m+T_s}{1+K}s+1 = 0 \tag{3-10}$$

三阶系统闭环特征方程式的一般形式为

$$a_0 s^3 + a_1 s^2 + a_2 s + a_3 = 0$$

根据三阶系统的劳斯-赫尔维茨判据，系统稳定的充要条件为

$$a_0 > 0,\ a_1 > 0,\ a_2 > 0,\ a_3 > 0,\ a_1 a_2 - a_3 a_0 > 0$$

式（3-10）中各项系数均大于零，因此系统稳定的条件就只有是

$$\frac{T_m(T_l + T_s)}{1+K}\frac{T_m + T_s}{1+K} - \frac{T_m T_l T_s}{1+K} > 0$$

即
$$(T_l + T_s)(T_m + T_s) > (1+K)T_l T_s$$

整理后得
$$K < \frac{T_m(T_l + T_s) + T_s^2}{T_l T_s} \tag{3-11}$$

式（3-11）右边称为系统的临界放大系数 K_{cr}，K 若超出此值，系统将不稳定。而稳定是系统能否正常工作的先决条件，必须得到保证。实际上动态稳定性不仅必须保证，而且还要有一定的稳定裕度，以备参数变化和其他一些未计入的影响，也就是说，K 的取值应该比它的临界值更小一些。

从以前的稳态性能分析表明，K 值越大稳态误差越小，所以系统稳态误差要求和动态稳定性的要求是矛盾的。要解决这个矛盾，必须再设计合适的校正装置。

例 3-1　直流电动机参数与例 2-2 相同，系统采用的是三相桥式可控整流电路，已知电枢回路总电阻 $R = 0.18\Omega$，电感量 $L = 3\text{mH}$，系统运动部分的飞轮矩 $GD^2 = 60\text{N} \cdot \text{m}^2$，稳态性能指标 $D = 20$，$s \leqslant 5\%$。试判别该单闭环直流调速系统的稳定性。

解　首先计算系统中有关时间常数：

电磁时间常数
$$T_l = \frac{L}{R} = \frac{0.003}{0.18}\text{s} \approx 0.0167\text{s}$$

机电时间常数
$$T_m = \frac{GD^2 R}{375 C_e C_m} = \frac{60 \times 0.18}{375 \times 0.2 \times 9.55 \times 0.2}\text{s} \approx 0.075\text{s}$$

对于三相桥式整流电路，晶闸管装置的滞后时间常数为

$$T_s = 0.00167\text{s}$$

为保证系统稳定，应满足下列稳定条件：

$$K < \frac{T_m(T_l + T_s) + T_s^2}{T_l T_s} = \frac{0.075 \times (0.0167 + 0.00167) + 0.00167^2}{0.0167 \times 0.00167} \approx 49.5$$

按稳态性能指标，K 要大于 103.6，这与稳定性的要求是矛盾的。

例 3-2　在例 3-1 的单闭环直流调速系统中，若改用全控型器件的 PWM 调速系统，电动机不变，电枢回路参数为：$R = 0.1\Omega$，$L = 1\text{mH}$，PWM 开关频率为 8kHz。按同样的稳态性能指标，该系统能否稳定？

解　采用 PWM 调速，各环节的时间常数为

$$T_l = \frac{L}{R} = \frac{0.001}{0.1}\text{s} \approx 0.01\text{s}$$

$$T_m = \frac{GD^2 R}{375 C_e C_m} = \frac{60 \times 0.1}{375 \times 0.2 \times 9.55 \times 0.2}\text{s} \approx 0.0419\text{s}$$

$$T_s = \frac{1}{8000}\text{s} = 0.000125\text{s}$$

则稳定条件为

$$K < \frac{T_m(T_l + T_s) + T_s^2}{T_l T_s} = \frac{0.0419 \times (0.01 + 0.000125) + 0.000125^2}{0.01 \times 0.000125} \approx 339.4$$

按照稳态性能指标要求，额定负载时闭环系统应为 $\Delta n_{cl} \leqslant 2.63\text{r/min}$，而开环额定速降为

$$\Delta n_{op} = \frac{I_{dN} R}{C_e} = \frac{305 \times 0.1}{0.2}\text{r/min} = 152.5\text{r/min}$$

所以开环放大系数应满足

$$K = \frac{\Delta n_{op}}{\Delta n_{cl}} - 1 = \frac{152.5}{2.63} - 1 \approx 57$$

可见，PWM 调速系统能够满足两方面的要求。

3.1.3　无静差直流调速系统

从前面的分析知道，比例控制的单闭环调速系统本质上是一个有静差系统，在一定范围内增加其放大系数，只能减少稳态速差，却不能消除它，反而可能引起系统不稳定。解决的思路是采用下面的校正方案：

动态时放大系数自动变小，稳态时放大系数自动变大。

具体来说，就是要采用带积分作用的调节器，理论上能够完全消除稳态速差，组成无静差调速系统。

1. 积分调节器和积分控制规律

图 3-8、图 3-9 所示是由运算放大器构成的积分调节器的原理图及其输入输出动态过程。

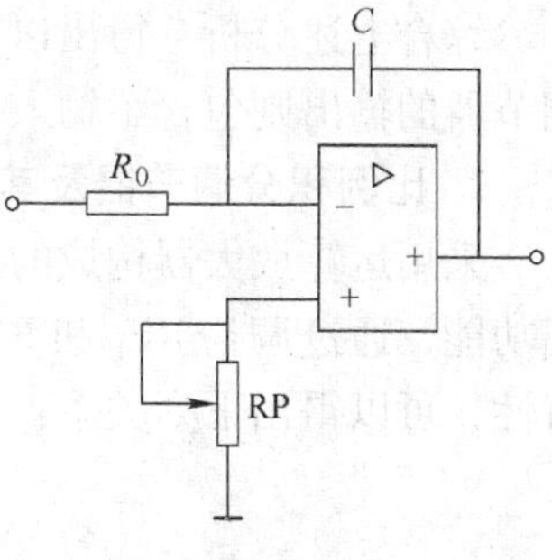

图 3-8　积分调节器的原理图

根据理想运算放大器的假设，可以推出

$$U_c = \frac{1}{\tau}\int_0^t \Delta U_n \mathrm{d}t$$

式中　τ——积分时间常数，$\tau = R_0 C$。

其传递函数为

$$W_I(s) = \frac{1}{\tau s}$$

如果输入 ΔU_n 是阶跃信号，则输出 U_c 按线性规律增长，任一时刻 U_c 的大小和 ΔU_n 与横轴所包围的面积成正比，如图 3-9a 所示。当输出值达到积分调节器输出限幅值 U_{cm} 时，便维持在 U_{cm} 不变。在动态过程中，由于转速是变化的使得 ΔU_n 也在变化，但只要 $\Delta U_n > 0$，积分调节器的输出 U_c 便一直增长；只有达到 $\Delta U_n = 0$ 时，U_c 才停止上升；而只有到 ΔU_n 变负，U_c 才会下降。当 $\Delta U_n = 0$ 时，U_c 并不是零，而是某一个固定值 U_{cf}。这就是积分调节器控制与比例调节器控制的本质区别。正因为这样，积分控制可以在偏差为零时保持恒速运行，从而实现无静差调速。

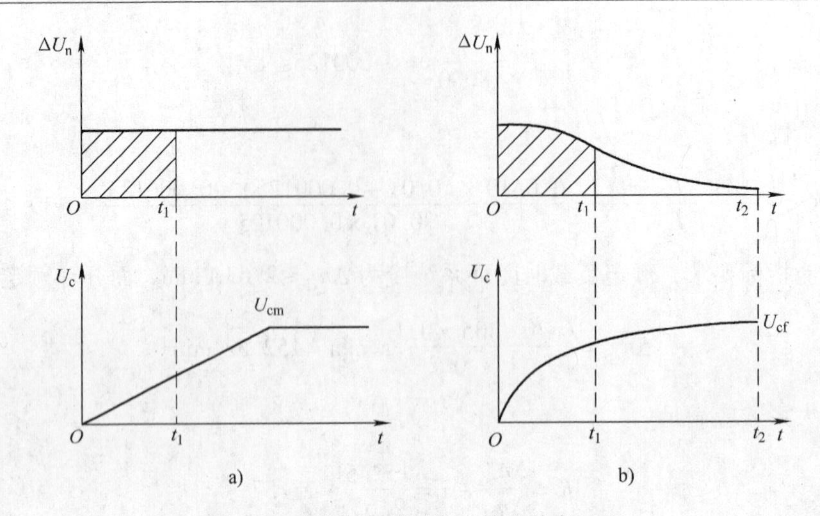

图 3-9　积分调节器的输入输出动态过程

调速系统中除了给定输入量 U_n^* 外，还存在一个反映负载变化的扰动输入量 I_{dL}。现为分析 I_{dL} 对积分控制调速系统的影响：先假定系统原来处于稳态运行，$U_n = U_n^*$，$\Delta U_n = 0$，$I_d = I_{dL1}$，$U_c = U_{c1}$。突加负载时，由于 I_{dL} 的增加，转速 n 下降，导致 ΔU_n 变正，在积分调节器的作用下，U_c 上升，电枢电压 U_d 上升，以克服 I_{dL} 增加的压降，最终进入新的稳态。此时 $U_n = U_n^*$，$\Delta U_n = 0$，$I_d = I_{dL2}$，$U_c = U_{c2}$。系统的动态过程曲线如图 3-10 所示。

综合上述分析，得出以下结论：比例调节器的输出只取决于输入偏差量的现状，而积分调节器的输出则包含了输入偏差量的全部历史。

2. 比例积分调节器及其控制规律

采用运算放大器构成的比例积分（PI）调节器的原理图如图 3-11a 所示。该电路具有限幅功能，通过调整 RP_1 和 RP_2 值，可以改变输出信号的正、负限幅值。根据运算放大器的特性，可以得出下列关系：

$$U_{ex} = K_p U_i + \frac{1}{\tau}\int_0^t U_i \mathrm{d}t$$

式中　K_p——PI 调节器的比例放大系数，$K_p = \dfrac{R_1}{R_0}$；

　　τ——PI 调节器的积分时间常数，$\tau = R_0 C$。

由此可见，PI 调节器的输出是由比例和积分两个部分相加而成的。

初始条件为零时，求拉普拉斯变换后得到 PI 调节器的传递函数

$$W_{PI}(s) = K_p + \frac{1}{\tau s} = \frac{K_p \tau s + 1}{\tau s}$$

令 $\tau_1 = K_p \tau$，则此传递函数也可以写成如下形式：

$$W_{PI}(s) = K_p \frac{\tau_1 s + 1}{\tau_1 s}$$

即可以用积分和比例微分两个环节表示，τ_1 是微分项中的超前时间常数。

从图 3-11b 中可以看出比例积分作用的物理意义。当 $t = 0$ 时突加输入 U_i，由于比例部

分的作用，输出量立即响应，突跳到K_pU_i，保证了一定的快速控制作用。随后电容C逐渐被充电，U_{ex}按积分规律增长，直至$U_i=0$，U_{ex}维持在一稳定值，仍然有控制作用输出。

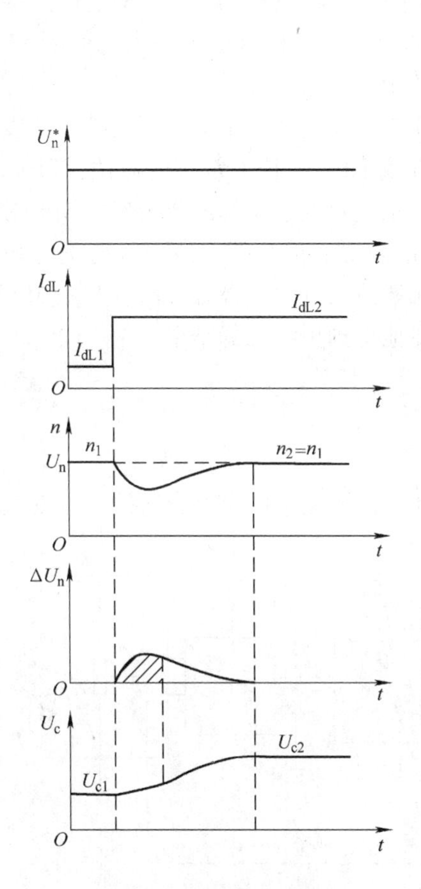

图3-10　积分控制无静差调速系统突加负载时的动态过程

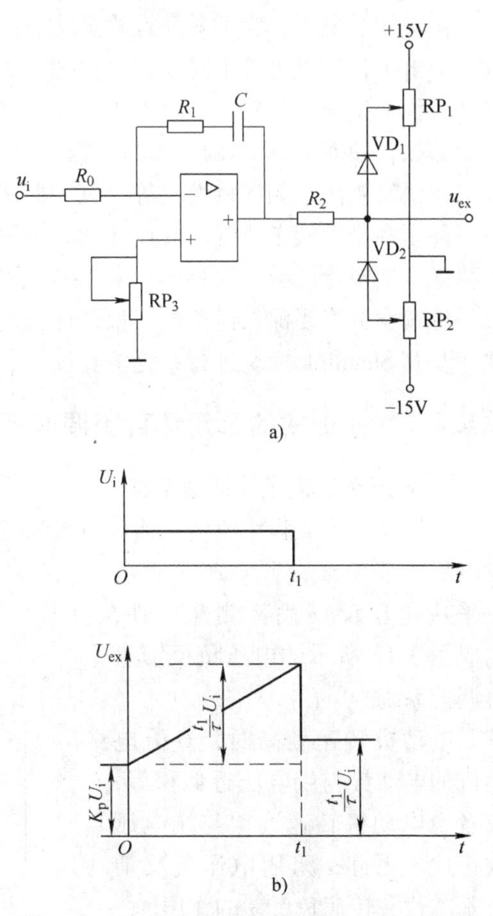

图3-11　PI调节器的原理图及输入输出特性

由此可见，比例积分控制综合了比例控制和积分控制两者的优点，又克服了各自的缺点，比例部分能迅速响应输入的变化，积分部分则最终消除误差。

3. 采用PI调节器的无静差直流调速系统

用PI调节器代替原来的P调节器就构成转速反馈单闭环无静差直流调速系统。当突加输入信号时，由于PI调节器电容两端电压不能突变，相当于两端瞬时短路，运算放大器的反馈回路中只剩下电阻，就成为一个放大系数为K_p的比例调节器，若系统中ΔU_n如图3-12中那样变化，在输出端立即出现电压$K_p\Delta U_n$，如图3-12中曲线①，实现快速控制，发挥了比例控制的长处。此后，随着电容充电，积分部分开始作用，曲线②是积分曲线，其数值不断增加，直到稳态。PI调节器的输出是两

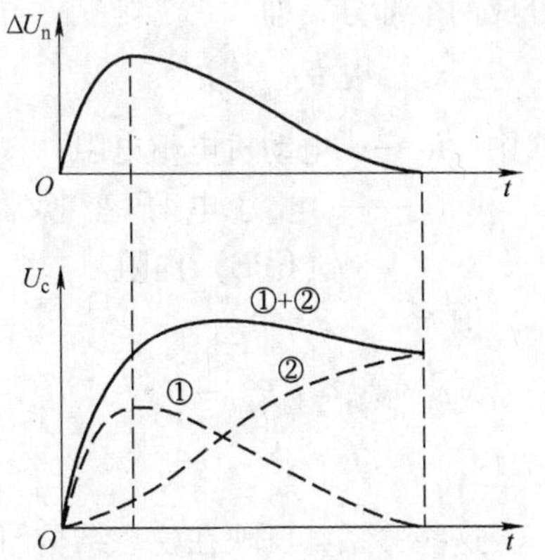

图3-12　闭环系统中PI调节器的输入输出动态过程

部分之和，即曲线①+②。稳态时，电容两端电压等于 U_o，电阻已不发挥作用，又和积分调节器一样了，这时就发挥了积分调节器的长处，实现了稳态无静差。

在实际系统中，为了避免运算放大器长期工作时的零点漂移，常常在 R_1、C 两端再并联一个电阻，其值为若干兆欧，以便把放大系数压低一些。这样就成为一个近似的 PI 调节器，或称“准 PI 调节器”，系统也只是一个近似的无静差调速系统。

那么，如何选择 PI 调节器的参数 K_p 和 τ_1 呢？在自动控制原理中提出了几种校正设计方法，如根轨迹法、频率特性法等，其中频率法中的伯德图是工程上常用的方法。PI 调节器是一种串联滞后校正装置。其设计的基本原则是根据系统对性能指标的要求确定期望对数频率特性，期望特性减去原始固有特性就可以得到校正装置的伯德图，从而就能确定相关参数。后续章节将要深入讨论的工程设计法是设计直流调速系统的一种好方法。利用 MATLAB 软件及其 Simulink 模块进行系统仿真设计，可以方便地得到更满意的结果。

3.1.4 其他形式的单闭环直流调速系统

1. 电压负反馈直流调速系统

如果在实际工程中速度反馈环节无法实现，例如在设备改造中没有合适的地方安装测速发电机，那怎么办呢？解决方法是采用电压反馈代替测速反馈，构成图 3-13 所示的电压负反馈直流调速系统。

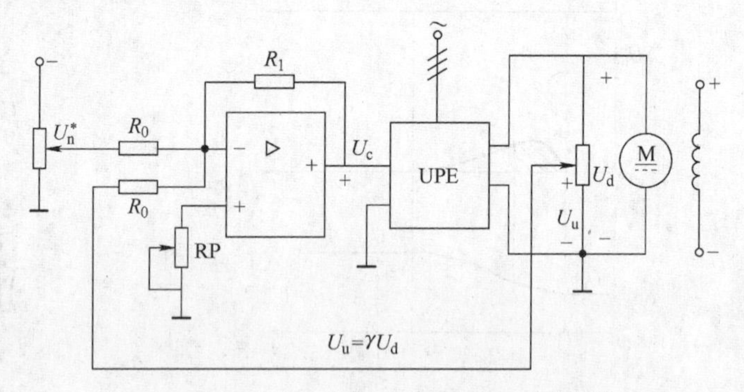

图 3-13 电压负反馈直流调速系统原理图

电动机转速较高时，直流电动机的电动势与端电压近似相等，或者说电动机转速近似与端电压成正比。因此，采用电压负反馈可基本代替转速负反馈的作用。

假设电压反馈电阻充分大，其稳态结构图如图 3-14 所示。由图 3-14 可知，电枢回路总电阻 R 分成两个部分，即

$$R = R_{pe} + R_a$$

式中 R_a——电动机电枢电阻；

R_{pe}——电力电子变换器（UPE）内阻。

因而

$$U_{d0} - I_d R_{pe} = U_d$$

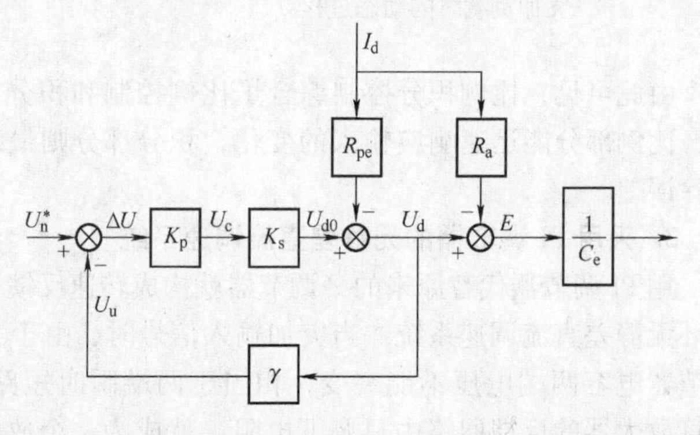

图 3-14 比例控制的电压负反馈直流调速系统稳态结构图

$$U_d - I_d R_a = E$$

这些关系都反映在稳态结构图中。

利用稳态结构图运算规则，分别求出每部分的输入输出关系，叠加起来，即得电压负反馈直流调速系统的静态特性方程式

$$n=\frac{K_pK_sU_n^*}{C_e(1+K)}-\frac{R_{pe}I_d}{C_e(1+K)}-\frac{R_aI_d}{C_e}$$

式中　$K=\gamma K_pK_s$。

由稳态结构图和静特性方程式可以看出，电压负反馈系统实际上只是一个自动调压系统，所以只有被反馈环包围的电力电子装置内阻引起的稳态速降被减小到原来的$1/(1+K)$，而电枢电阻引起的速降R_aI_d/C_e处于反馈环外，仍和开环系统中一样没有被减小。

显然，电压负反馈系统的稳态性能比带同样放大器的转速负反馈系统要差一些，所以仅适应生产工艺对调速系统稳态指标要求不太高的场合。

注意：

1）在实际系统中，为了尽量减小稳态速降，电压负反馈信号的引出线应尽量靠近电动机电枢两端。

2）电压反馈信号必须经过滤波。

3）最好采用电压隔离变换器，使主电路与控制电路之间没有直接电的联系。

2. 带电流补偿控制的电压负反馈直流调速系统

为了改善电压负反馈调速系统的缺陷，可以使用带电流正反馈即补偿控制的电压负反馈直流调速系统，如图3-15所示。

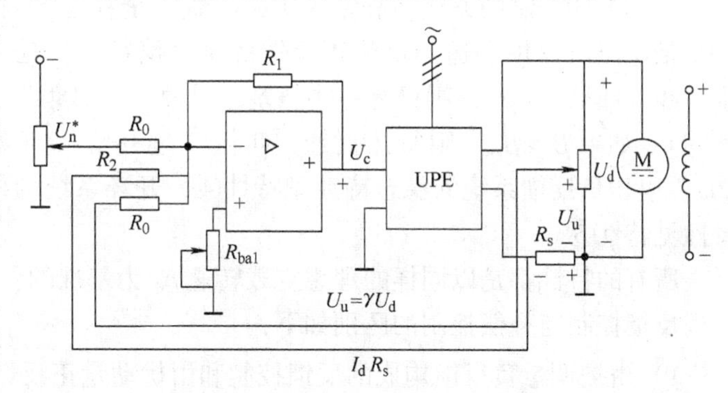

图3-15　带电流正反馈的电压负反馈直流调速系统原理图

主电路中串入取样电阻R_s，由I_dR_s取出电流正反馈信号。要注意串接R_s的位置，必须使I_dR_s的极性与转速给定信号的极性一致，而与电压负反馈信号$U_u=\gamma U_d$的极性相反。在运算放大器的输入端，转速给定和电压负反馈的输入回路电阻都是R_0，电流正反馈输入回路的电阻是R_2，以便获得适当的电流反馈系数β，其定义为

$$\beta=\frac{R_0}{R_2}R_s$$

当负载增大使稳态速降增加时，电流正反馈信号也增大，通过运算放大器使电力电子装置控制电压随之增加，从而补偿了转速的降落。因此，电流正反馈的作用又称为电流补偿控制。具体的补偿作用有多少，由系统各环节的参数决定。

系统稳态结构图如图3-16所示。

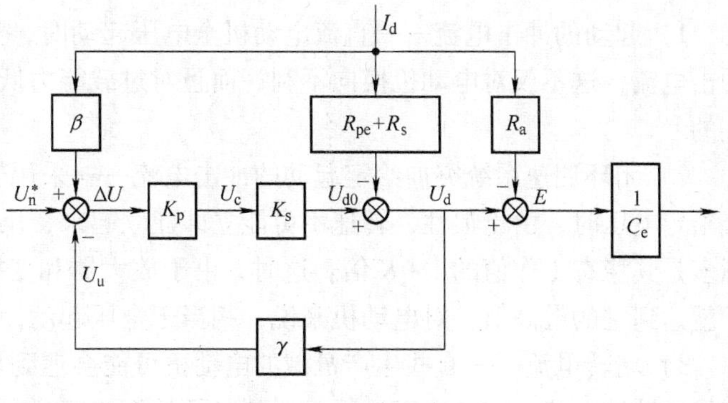

图3-16　带电压负反馈和电流正反馈的直流调速系统稳态结构图

系统的静态特性方程式为

$$n=\frac{K_pK_sU_n^*}{C_e(1+K)}+\frac{K_pK_s\beta I_d}{C_e(1+K)}-\frac{(R_{pe}+R_s)I_d}{C_e(1+K)}-\frac{R_aI_d}{C_e}$$

很明显，如果加大电流反馈系数β就可以减少静差。那么，把β加大到一定程度，理论上可实现无静差。即只要满足下式即可：

$$\frac{K_pK_s\beta}{1+K}-\frac{R_{pe}+R_s}{1+K}-R_a=0$$

整理后，可得无静差的条件

$$\beta=\frac{R+KR_a}{K_pK_s}=\beta_{cr}$$

式中　R——电枢回路总电阻，$R=R_{pe}+R_s+R_a$；

β_{cr}——临界电流反馈系数。

不同补偿条件下的稳态特性比较如图 3-17 所示。

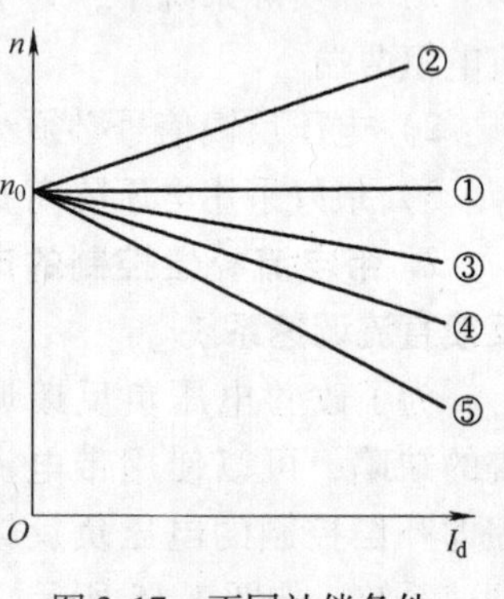

图 3-17　不同补偿条件下的稳态特性比较

采用补偿控制的方法使静差为零，叫做“全补偿”。特性①是带电压负反馈和适当电流正反馈的全补偿特性，是一条水平线。如果$\beta<\beta_{cr}$，则仍有一些静差，叫做“欠补偿”（特性③）；如果$\beta>\beta_{cr}$，则特性上翘，叫做“过补偿”（特性②）。电压负反馈系统的稳态特性见特性④，开环系统的机械特性见特性⑤。

所有的特性都是以同样的理想空载转速n_0为基准的。

反馈控制与补偿控制的区别如下：

1）由被调量负反馈构成的反馈控制和由扰动量正反馈构成的补偿控制是性质不同的两种控制规律：反馈控制只能使静差减小；补偿控制却能把静差完全消除。

2）反馈控制在原理上是自动调节的作用，无论环境如何变化，都能可靠地减小静差；而补偿控制则要靠参数的配合。

3）反馈控制对一切被包在负反馈环内前向通道上的扰动都有抑制效能，而补偿控制则只是针对某一种扰动而言的。

3. 带电流截止负反馈的直流调速系统

闭环直流调速系统存在着以下问题：

1）起动的冲击电流——直流电动机全电压起动时，如果没有限流措施，会产生很大的冲击电流，这不仅对电动机换向不利，而且对过载能力低的电力电子器件来说，更是不能允许的。

2）闭环调速系统突加给定起动的冲击电流——采用转速负反馈的闭环调速系统突然加上给定电压时，由于惯性，转速不可能立即建立起来，反馈电压仍为零，相当于偏差电压差不多是其稳态工作值的$1+K$倍。这时，由于放大器和变换器的惯性都很小，电枢电压一下子就达到它的最高值，对电动机来说，相当于全压起动，当然是不允许的。

3）堵转电流——有些生产机械的电动机可能会遇到堵转的情况。例如，有时因为故障使机械轴被卡住，或挖土机运行时碰到坚硬的石块等，由于闭环系统的稳态特性很硬，因此若无限流环节，则电流将远远超过允许值，这时如果只依靠过电流继电器或熔断器保护，一过载就跳闸，就会给正常工作带来不便。

为了解决上述闭环直流调速系统的起动和堵转时电流过大的问题，系统中必须有自动限制电枢电流的环节。

根据反馈控制原理，要维持哪一个物理量基本不变，就应该引入那个物理量的负反馈。那么，引入电流负反馈，应该能够保持电流基本不变，使它不超过允许值。

另外，还应该考虑到限流作用只在起动和堵转时起作用，正常运行时应让电流自由的随着负载增减。

如果采用某种方法，当电流大到一定程度时才接入电流负反馈以限制电流，而电流正常时仅有转速负反馈起作用控制转速。这种方法叫做电流截止负反馈，简称截流反馈。电流截止负反馈环节可采用图3-18所示的3种方法。

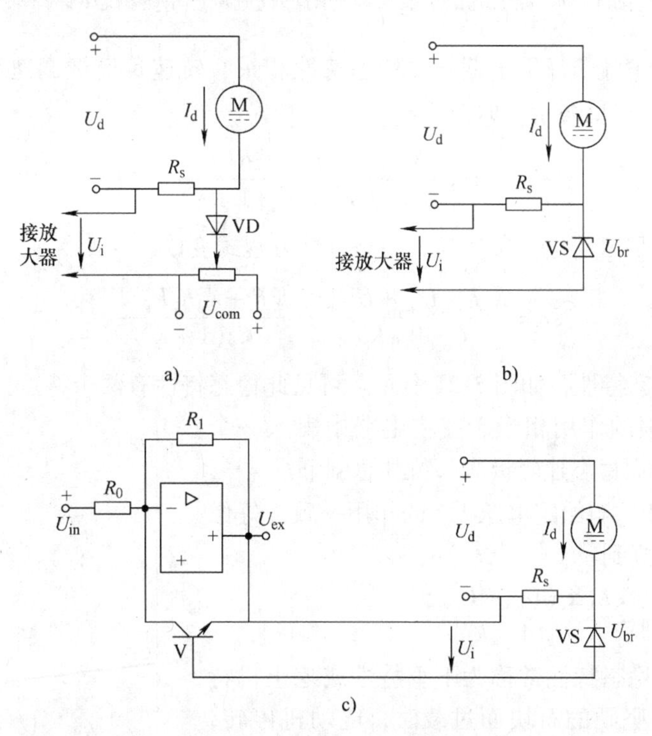

图3-18　电流截止负反馈环节

a）利用独立直流电源作比较电压　b）利用稳压管产生比较电压

c）封锁运算放大器的电流截止负反馈环节

使用这些电路时应注意如下几点：

1）电流取样电阻 R_s 应尽量小，在功率比较大的系统中可以利用两块导体之间的接触电阻，不必人为再加一个。

2）控制电路与主电路之间最好加上隔离措施，如采用光耦合器等。

电流截止负反馈环节的输入输出特性如图3-19所示。加入该环节后，系统稳态结构图如图3-20所示。由图3-20可写出该系统两段稳态特性方程式。

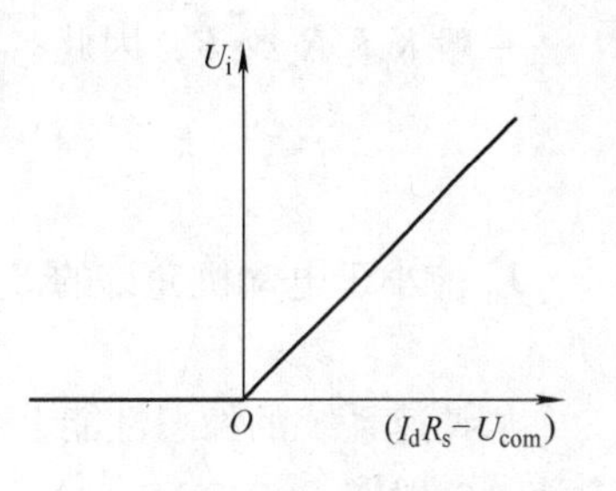

图3-19　电流截止负反馈环节输入输出特性

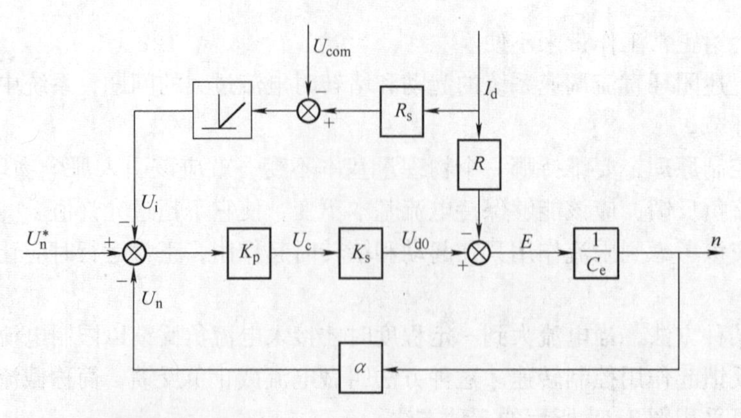

图 3-20　带电流截止负反馈的闭环直流调速系统稳态结构图

当 $I_d \leqslant I_{dcr}$ 时，电流负反馈被截止，稳态特性和只有转速负反馈调速系统的稳态特性方程式（3-1）相同，现重写于下面：

$$n = \frac{K_p K_s U_n^*}{C_e(1+K)} - \frac{RI_d}{C_e(1+K)}$$

当 $I_d > I_{dcr}$ 时，引入了电流负反馈，稳态特性方程式变成

$$n = \frac{K_p K_s (U_n^* + U_{com})}{C_e(1+K)} - \frac{(R + K_p K_s R_s) I_d}{C_e(1+K)} \tag{3-12}$$

据此，得系统的稳态特性，如图 3-21 所示。可见此稳态特性有两个特点：

1）电流负反馈的作用相当于在主电路中串入一个大电阻 $K_p K_s R_s$，因而稳态速降极大，特性急剧下垂。

2）比较电压 U_{com} 与给定电压 U_n^* 的作用一致，好像把理想空载转速提高到

$$n_0' = \frac{K_p K_s (U_n^* + U_{com})}{C_e(1+K)}$$

这样的两段式稳态特性常称为下垂特性或挖土机特性。当挖土机遇到坚硬的石块而过载时，电动机停转，电流也不过是堵转电流。在式（3-12）中，令 $n=0$，得

$$I_{dbl} = \frac{K_p K_s (U_n^* + U_{com})}{R + K_p K_s R_s}$$

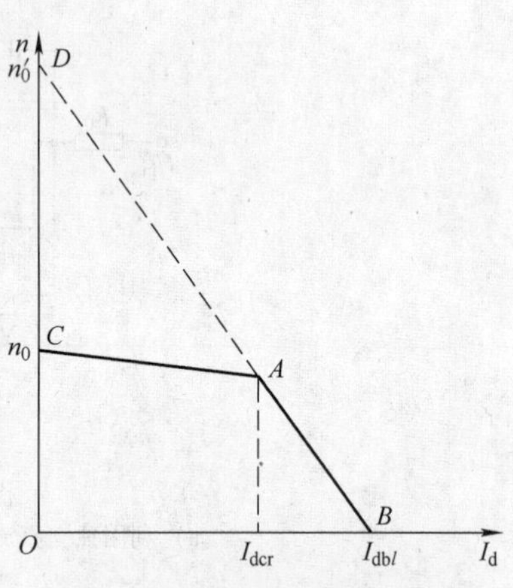

图 3-21　带电流截止负反馈闭环调速系统的稳态特性

一般 $K_p K_s R_s \gg R$，因此

$$I_{dbl} \approx \frac{U_n^* + U_{com}}{R_s}$$

I_{dbl} 应小于电动机允许的最大电流，一般取

$$I_{dbl} = (1.5 \sim 2) I_N$$

从调速系统的稳态性能上看，希望稳态运行范围足够大，截止电流应大于电动机的额定电流，一般取

$$I_{dcr} = (1.1 \sim 1.2) I_N$$

3.2　转速、电流双闭环直流调速系统

要实现高精度和高动态性能的运动控制，不仅要控制速度，同时还有控制速度的变化率即加速度。由直流电动机的运动方程可知，加速度与电动机的转矩成正比，而转矩又与电动机的电流成正比，因而需要同时对电动机的速度和电流进行控制。所以，前述单闭环直流调速系统是不够完美的，必须研究转速、电流双闭环直流调速系统。

3.2.1　单闭环直流调速系统存在的问题

通过前面对单闭环直流调速系统的分析可知，采用转速负反馈和 PI 调节器的单闭环调速系统可以在保证系统稳定的条件下实现转速无静差，消除负载扰动对稳态转速的影响，并且可以采用电流截止负反馈限制电枢电流的冲击，避免出现过电流现象。但如果对系统的动态性能要求较高，例如要求快速起制动、突加负载时动态速降小等，单闭环系统就难以满足需要。主要原因是因为单闭环系统不能随心所欲地控制电流和转矩的动态过程。

在许多工程实践中，有一些生产机械，如龙门刨床、可逆轧钢机等，由于生产工艺的要求。电动机必须经常处于起、制动状态，为提高生产效率，要求尽量缩短起、制动过程的时间。为此，要求电动机在最大允许电流和转矩条件下，充分利用电动机的过载能力，在过渡过程中始终保持电流（转矩）为允许的最大值，使调速系统以最大的加、减速度运行，当达到稳态转速时，电流立即降下来，使电磁转矩与负载转矩相平衡，从而迅速转入稳态运行。这样的理想起、制动过程波形如图 3-22 所示，这时，起动电流呈矩形波，而转速是按线性增长的，是在最大电流（转矩）受限制时调速系统所能获得的最快地起、制动过程。

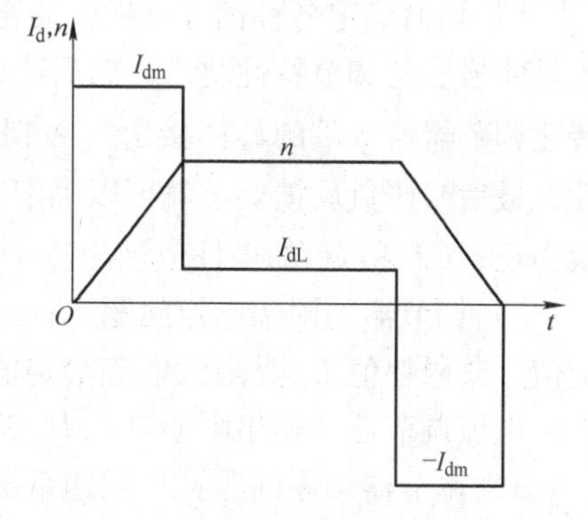

图 3-22　时间最优的理想起、制动过程

在实际的调速系统中，由于主电路中有电感的作用，电流不能突变，因此图 3-22 所示的理想波形只能得到近似的逼近，不可能准确实现。为了实现在允许条件下的最快起动，关键是要获得一段使电流保持为最大值 I_{dm}（或 $-I_{dm}$）的恒流过程。按照反馈控制规律，采用电流负反馈就可以得到近似的恒流过程。问题是，应该在起、制动过程中只有电流负反馈，没有转速负反馈；在到达稳态转速后，又希望只有转速负反馈起主要作用，不再依靠电流负反馈。实现的方案应该是采用转速和电流两个调节器。

3.2.2　转速、电流双闭环直流调速系统的组成

在单闭环调速系统中已经讨论过，一个调节器的动态参数无法保证两种调节过程同时具有良好的动态品质。为了实现转速和电流两种负反馈分别起作用，可在系统中设置两个调节器，用转速调节器（ASR）调节转速，用电流调节器（ACR）调节电流，二者之间串级连接，如此构成的转速、电流反馈双闭环直流调速系统原理图如图 3-23 所示。从图中可以看出，转速调节器的输出 U_i^* 作为电流调节器的给定信号输入，电流调节器的输出 U_c 去控制

电力电子变换器（UPE）。从闭环结构上看，电流环在里面，称作内环；转速环在外面，称作外环。这就构成了转速、电流双闭环直流调速系统。

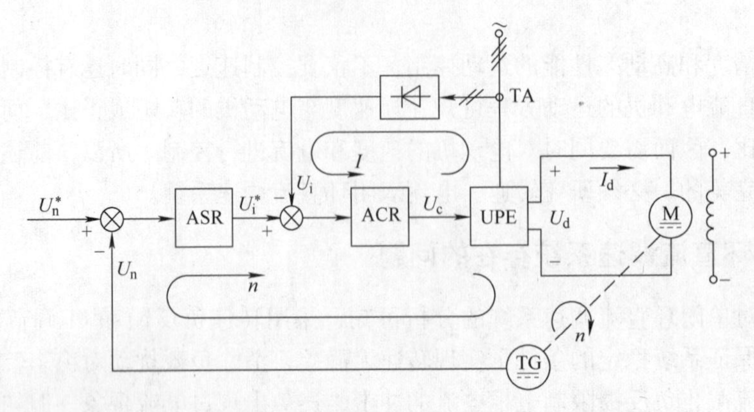

图 3-23　转速、电流反馈双闭环直流调速系统原理图

ASR—转速调节器　ACR—电流调节器　TG—测速发电机　UPE—电力电子变换器

为了获得良好的静、动态性能，转速和电流两个调节器一般都采用 PI 调节器。在实际调速系统中还有几个具体问题需要考虑：

1）如何确定各种信号极性：要正确地确定图 3-23 中各信号的极性，必须首先考虑电力电子变换器的调节特性要求，然后决定电流调节器的输出 U_c 的极性，再根据电流调节器和转速调节器输入端的具体接法（习惯使用运算放大器反相输入端）来确定 U_i^* 和 U_n^* 的极性，最后按照负反馈要求就可以确定 U_i 和 U_n 的极性。图 3-23 中，U_c、U_i 和 U_n^* 的极性应该为正，U_i^* 和 U_n 的极性应该为负。

2）调节器的限幅整定问题：在双闭环系统中转速调节器的输出电压是电流调节器的给定值，其限幅值 U_{im}^*是最大电流给定值，取决于电动机的过载能力和系统对最大加速度的要求。电流调节器的输出限幅电压 U_{cm}决定了电力电子变换器的最大输出电压。

3）调节器锁零问题：当调速系统停车期间，如果存在输入干扰信号，PI 调节器的输出由于积分作用会出现较大信号，从而使电动机爬行，这是不允许的。在没有得到电动机起动指令前，必须将系统输出锁到零位。调节器锁零可以采用将场效应晶体管并联在反馈支路或使输出端接地来实现。

3.2.3　转速、电流双闭环直流调速系统的性能分析

1. 双闭环直流调速系统的稳态特性分析

为了分析双闭环直流调速系统的稳态特性，先绘出它的稳态结构图，如图 3-24 所示。一般来说，PI 调节器的稳态特性有两种状况：饱和——输出达到限幅值；不饱和——输出未达到限幅值。也就是说，当调节器饱和时，就暂时隔断了输入和输出的联系，相当于该调节器开环；当调节器不饱和时，由于积分的作用使输入偏差在稳态时总是零。在正常运行时，电流调节器是不饱和的，因此对于稳态特性来说，只有转速调节器饱和与不饱和两种情况。

（1）转速调节器不饱和

由于两个调节器都不饱和，稳态时它们的输入偏差都为零。于是存在以下关系：

$$U_n^* = U_n = \alpha n = \alpha n_0 \tag{3-13}$$

$$U_i^* = U_i = \beta I_d = \beta I_{dL} \tag{3-14}$$

式中　α、β——分别为转速和电流反馈系数。

可见当给定电压 U_n^* 一定时，转速 n 是不变的，也就是说它的稳态特性是一条水平线。由于转速调节器不饱和，$U_i^* < U_{im}^*$，可知 $I_d < I_{dm}$。那么，水平线的范围从理想空载状态 $I_d = 0$ 一直延续到 $I_d = I_{dm}$，而一般都是大于额定电流 I_{dN} 的。I_{dm} 由设计者选定，其大小要考虑电动机允许过载能力和运动系统允许的最大加速度。

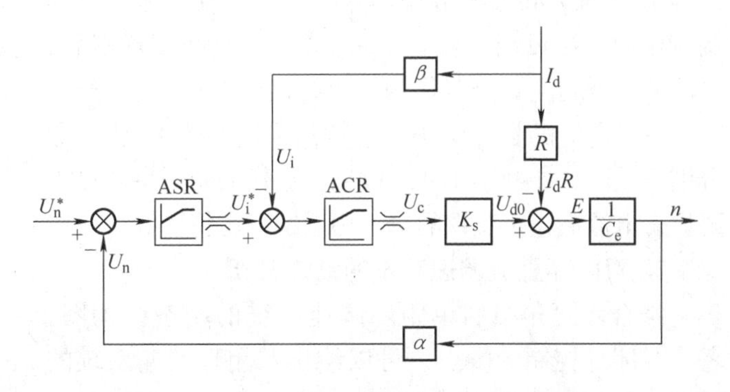

图3-24　双闭环直流调速系统的稳态结构图

此时电流调节器的输出电压即控制电压有以下关系：

$$U_c = \frac{U_{d0}}{K_s} = \frac{C_e n + I_d R}{K_s} = \frac{C_e U_n^* / \alpha + I_{dL} R}{K_s} \tag{3-15}$$

式（3-13）~式(3-15）的关系表明，稳态工作时，转速 n 是由给定电压决定的，转速调节器的输出量 U_i^* 是由负载电流决定的，而控制电压的大小则同时取决于 n 和 I_d，或者说同时取决于 U_n^* 和 I_{dL}。这些关系反映了PI调节器的特点，其非饱和输出稳态值不取决于输入量的大小而是取决于输入偏差的积分，它最终将使控制对象的输出达到其给定值，而输入偏差调到零为止。

转速反馈系数和电流反馈系数按下面公式计算：

$$\alpha = \frac{U_{nm}^*}{n_{max}} \tag{3-16}$$

$$\beta = \frac{U_{im}^*}{I_{dm}} \tag{3-17}$$

转速给定电压的最大值 U_{nm}^* 由设计者选定，电流给定电压的最大值 U_{im}^* 由转速调节器的限幅电路调到合适值。

（2）转速调节器饱和

当转速调节器饱和时，其输出达到限幅值 U_{im}^*，转速外环呈开环状态，双闭环系统变成一个电流无静差的单闭环电流调节系统。稳态电流大小为

$$I_d = I_{dm} = \frac{U_{im}^*}{\beta}$$

其特性是一条垂直线。图3-25 画出了双闭环直流调速系统的稳态特性。其中 AB 段就是转速调节器不饱和时的稳态特性，而 BC 段是转速调节器饱和时的静态特性。当转速调节器处于饱和状态时，$I_d = I_{dm}$，若负载电流减小，$I_d < I_{dm}$，使转速上升，$n > n_0$，$\Delta n < 0$，转速调节器反向积分，使转速调节器退出饱和，又回到线性调节状态，稳态特性又回到 AB 段。特性段

ABC 的左下方为系统的可调节工作区域，当调节 U_n^* 时，AB 段在此区域内平移。

小结：双闭环调速系统的稳态特性在负载电流小于 I_{dm} 时表现为转速无静差，这时转速负反馈起主要的调节作用。当负载电流达到 I_{dm} 时，转速调节器饱和，电流调节器起主要调节作用，系统表现为电流无静差，实现了过电流的自动保护。这就是采用两个 PI 调节器分别形成内、外两个闭环的效果。这样的稳态特性显然要比带电流截止负反馈的单闭环系统稳态特性好。

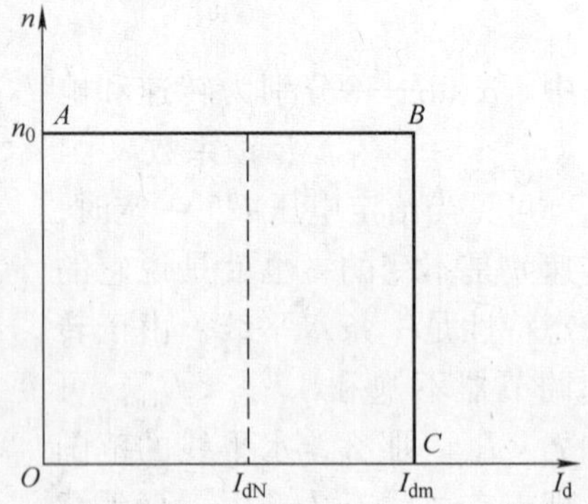

图 3-25　双闭环直流调速系统的稳态特性

2. 双闭环直流调速系统的动态分析

结合前面介绍的单闭环调速系统的动态结构图，考虑双闭环控制的特点，可以绘出双闭环调速系统的动态结构图，如图 3-26 所示。图中 $W_{ASR}(s)$ 和 $W_{ACR}(s)$ 分别表示转速调节器和电流调节器的传递函数。为了引出电流反馈信号，电动机模型采用图 2-11 的形式。

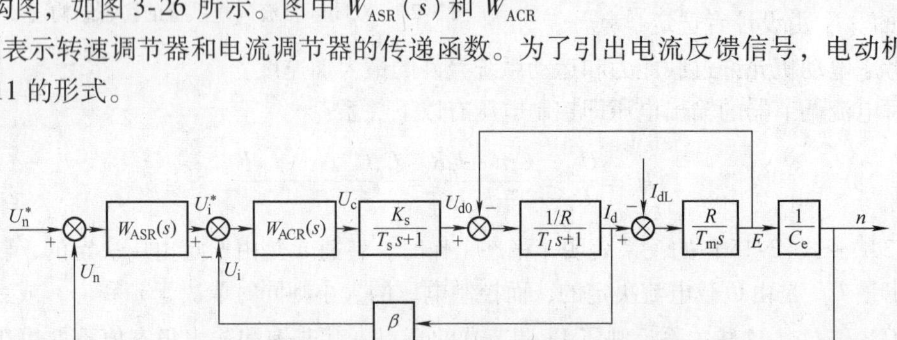

图 3-26　双闭环直流调速系统的动态结构图

双闭环调速系统的动态特性分析主要表现在电动机的起动过程、制动过程和外界扰动过程的分析。

（1）起动过程分析

电动机起动前，系统处于停车状态，整流电压 $U_{d0}=0$，电动机转速 $n=0$，两个调节器处于锁零状态，保证 U_i^* 和 U_c 从零值开始变化。假设双闭环调速系统突加阶跃给定电压 U_n^*，两个调节器锁零同时解除，由静止状态起动时，转速和电流的起动过程如图 3-27 所示。在整个起动过程中，转速调节器经历了不饱和、饱和和退饱和 3 种状态，分别对应于图中标明的Ⅰ、Ⅱ、Ⅲ三个阶段。

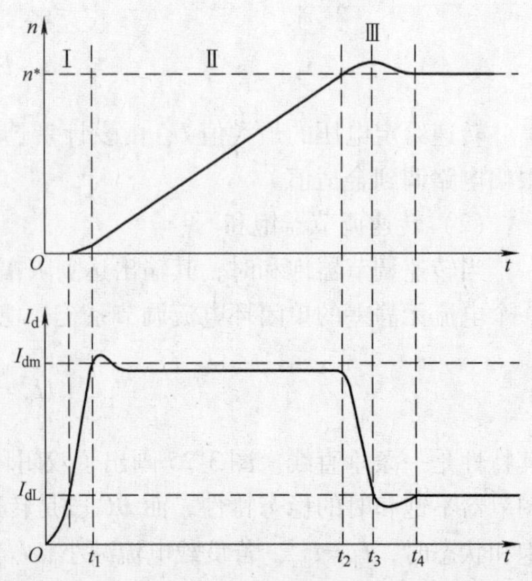

图 3-27　双闭环直流调速系统的起动过程

1）第一阶段（$0\sim t_1$）：强迫电流上升阶段。突加给定电压后，经过两个调节器的跟随作用，电压和电流都跟着上升，当电流小于外加负载电流值时，电动机还不能转动。当电流大于此值后，电动机开始起动。由于机电惯性较大，转速增长较慢，因此转速调节器的输入偏差电压的数值仍较大，其输出电压很快达到饱和值，并有一定时间的保持，强迫电枢电流迅速上升。直到电流达到最大值时，电流调节器很快地压制了电流的继续增长，使其保持在最大值附近。在这一阶段中，转速调节器由不饱和很快进入并保持饱和状态，输出电压为限幅值 U_{im}^*；而由于直流电动机的反电动势 E 还小，产生 I_{dm}所需的 U_{d0}较小，故电流调节器一般不饱和。

2）第二阶段（$t_1 \sim t_2$）：电流恒定的升速阶段。从电流上升到最大值开始，直到转速上升到给定值为止，此间转速调节器始终是饱和的，相当于转速环开环。电流调节器在 PI 调节作用下，使系统成为在恒值电流给定 U_{im}^*下的电流调节系统，基本上保持电流 I_d 恒定。它是双闭环系统起动过程中接近最佳起动规律的一段。

从动态结构图中可以看到，电动机的反电动势 E 也按线性增长，对电流调节器来说，E 是一个线性渐增的扰动量。为了克服这个扰动，U_{d0}和 U_c 也必须基本上按线性增长，才能保持 I_d 恒定，这一切都可以通过电流调节器的积分作用补偿。在电流调节器的设计中还应考虑两个问题：一是电流调节器的积分时间常数和调节对象的时间常数要相互配合，以保证其输入偏差电压 ΔU_i 维持一定的恒值，即 I_d 应略低于 I_{dm}；二是为了保证电流环的这种调节作用，在起动过程中电流调节器不应饱和。

3）第三阶段（t_2 以后）：转速调节阶段。当转速上升到给定值 $n^* = n_0$ 时，$\Delta U_n = 0$，但转速调节器的输出却由于积分作用还维持在限幅值 U_{im}^*，由于惯性作用，电动机仍在加速，转速出现超调。转速超调后，转速调节器的输入偏差电压为负值，开始退出饱和状态，U_i^* 和 I_d 很快下降。但是只要电枢电流仍大于负载电流，转速就继续上升。直到二者相等时，转矩 $T_e = T_L$，转速 n 才到达稳定值（$t = t_3$ 时）。此后，电动机开始在负载的阻力下减速，并进入稳态（转速可能在一段振荡过程之后趋于稳定）。在转速调节阶段，转速调节器和电流调节器都不饱和，同时起作用。转速调节器起主导作用，使转速迅速趋近于给定速度，系统稳定。电流调节器力图使 I_d 尽快地跟随其给定值 U_i^*，其调节过程由速度外环支配，作用是从属的。

通过以上对双闭环调速系统起动过程的动态分析可知，双闭环直流调速系统的起动速度达到了最快，因此称它为“准时间最优控制”，实际上它是一种非线性的“Bang-Bang”控制。

（2）动态抗扰性能分析

调速系统的另一个重要的动态性能是抗干扰性能，主要是抗负载扰动和抗电网电压扰动的性能。双闭环直流调速系统的抗扰作用如图 3-28 所示。

1）抗负载扰动：由图 3-28 可以看出，负载扰动作用在电流环之后，因此只能靠转速环抑制负载扰动。所以在设计转速调节器时，应考虑有较好的抗扰性能指标。

2）抗电网电压扰动：电网电压变化自然会影响电枢电压，因而对调速系统也产生扰动作用。同单闭环调速系统相比，双闭环调速系统中增加了电流内环，电压可以通过电流环得到比较及时的调节，不必等到它影响到转速以后才能反馈回来，抗扰性能大有改善。因此在双闭环调速系统中，有电网电压波动引起的转速动态变化会比单闭环系统小得多。

（3）制动停车过程性能分析

对于采用不可逆的电力电子变换器的调速系统，双闭环控制只能保证较佳的起动性能，却不能产生回馈制动。在制动时，当电流下降到零以后，只能自由停车。如果必须加快制动，只能采用电阻能耗制动或电磁抱闸。如果要实现回馈制动，可以采用可逆的电力电子变换器，其制动性能以后讨论。

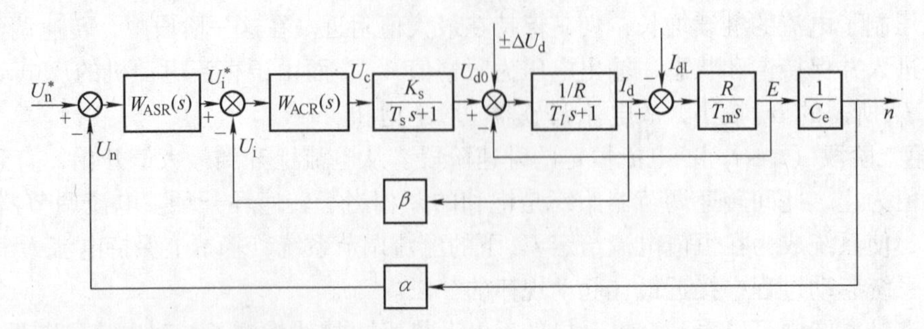

图 3-28　双闭环直流调速系统的抗扰作用

转速、电流调节器在双闭环直流调速系统中的作用分别归纳如下：

（1）转速调节器的作用

1）转速调节器是调速系统的主导调节器，它使转速很快地跟随给定电压变化，如果采用 PI 调节器，则可实现无静差。

2）对负载变化起抗扰作用。

3）其输出限幅值决定电动机允许的最大电流。

（2）电流调节器的作用

1）在转速外环的调节过程中，使电流紧紧跟随其给定电压（即外环调节器的输出量）变化。

2）对电网电压的波动起及时抗扰的作用。

3）在转速动态过程中，保证获得电动机允许的最大电流。

4）当电动机过载甚至堵转时，限制电枢电流的最大值，起快速的自动保护作用。一旦故障消失，系统立即自动恢复正常。

3.2.4　转速、电流双闭环直流调速系统的工程设计方法

双闭环直流调速系统的工程设计，主要根据生产机械工艺要求提出的稳态与动态性能指标，确定希望的系统频率特性，然后确定调节器形式并计算参数。工程设计方法是根据自动控制原理，结合经验来设计调节器的一种方法。

由于现代电力拖动运动控制系统中，除了电动机及其拖动的生产机械惯性较大以外，其余都是由惯性很小的电力电子器件、集成电路、阻容元件等组成的，因此，不但经过合理的简化处理，整个系统一般都可以近似为低阶系统，而且通过采用尽可能简单的控制规律或调节器，还可以将多种控制系统简化或近似为少数几种典型的低阶系统。如果事先对这些典型系统做比较深入的分析，弄清楚它们的参数与系统性能指标之间的关系，根据这些关系确定希望的开环频率特性，把这些关系写成简单的公式或制成简明的图表，则在设计时就可以把实际系统校正或简化成典型系统，并利用现成的公式或图表进行参数计算。这时，设计过程就要方便得多。

工程设计方法在要求不是很高的情况下，完全可以满足实际工作的需要。在系统要求更

精确的动态性能时，可参考“模型系统法”对其进行设计。对于复杂的不可能简化成典型系统的情况，可采用高阶系统或多变量系统的设计方法。同时，利用 MATLAB/Simulink 软件进行计算机辅助分析和设计，可以大大提高复杂系统设计的工作效率。

应用工程设计方法应该设法使问题简化，突出主要矛盾。简化的基本思路分两步进行：

第一步：选择调节器的结构，以保证系统稳定，同时满足所需的稳态精度。

第二步：确定调节器的参数，以满足动态性能指标的要求。

实际控制系统对于各种动态性能指标的要求各有不同。一般来说，调速系统的动态指标以抗扰性能为主，而随动系统的动态指标则以跟随性能为主。

回顾自动控制原理，许多控制系统的开环传递函数都可以表示为

$$W(s)=\frac{K\prod_{i=1}^{m}(\tau_i s+1)}{s^r\prod_{j=1}^{n}(T_j s+1)} \tag{3-18}$$

式（3-18）分母中的 s^r 项表示该系统在 $s=0$ 处有 r 重极点，或者说，系统含有 r 个积分环节，称为 r 型系统。

为了使系统对阶跃给定输入无稳态误差，不能使用0型系统（$r=0$），至少是Ⅰ型系统（$r=1$）；当给定是斜坡输入时，则要求是Ⅱ型系统（$r=2$）才能实现稳态无静差。

选择调节器的结构时应使系统能满足所需的稳态精度。由于Ⅲ型（$r=3$）和Ⅲ型以上的系统很难稳定，而0型系统的稳态精度低，因此常把Ⅰ型和Ⅱ型系统作为系统设计的目标。

由于除 r 的个数外，Ⅰ型和Ⅱ型系统还可能有不同的零极点个数和位置，因此可以在Ⅰ型和Ⅱ型系统中各选择一种结构作为典型结构，把实际系统校正成典型系统，这样可使设计方法简单得多。设计时只要确定典型系统的参数和系统动态性能之间的关系，求出计算公式或制成表格备查，在具体选择参数时，只需按现成的公式和表格中的数据计算一下就可以了。这样可使设计方法规范化，大大减少设计工作量。

1. 典型Ⅰ型系统

将典型Ⅰ型系统的开环传递函数选择为

$$W(s)=\frac{K}{s(Ts+1)} \tag{3-19}$$

式中　T——系统惯性时间常数；

　　　K——系统的开环增益。

典型Ⅰ型系统如图3-29a所示，图3-29b所示是它的开环对数频率特性即伯德图。选择这种系统作为典型的Ⅰ型系统是因为其结构简单，而且对数幅频特性的中频段以 -20dB/dec 的斜率穿越零分贝线，其相角频率特性总在 $-180°$线以上。这样的系统一定是稳定的。典型Ⅰ型系统只包含开环增益 K 和时间常数 T 两个参数，而 T 往往是控制对象本身固有的时间常数，唯一可变的只有开环增益 K。设计时，只需要按照性能指标选择参数 K 的大小就可以了。

当 $\omega_c<\frac{1}{T}$时，由图3-29b可知：

$$20\lg K = 20(\lg\omega_c - \lg 1) = 20\lg\omega_c \tag{3-20}$$

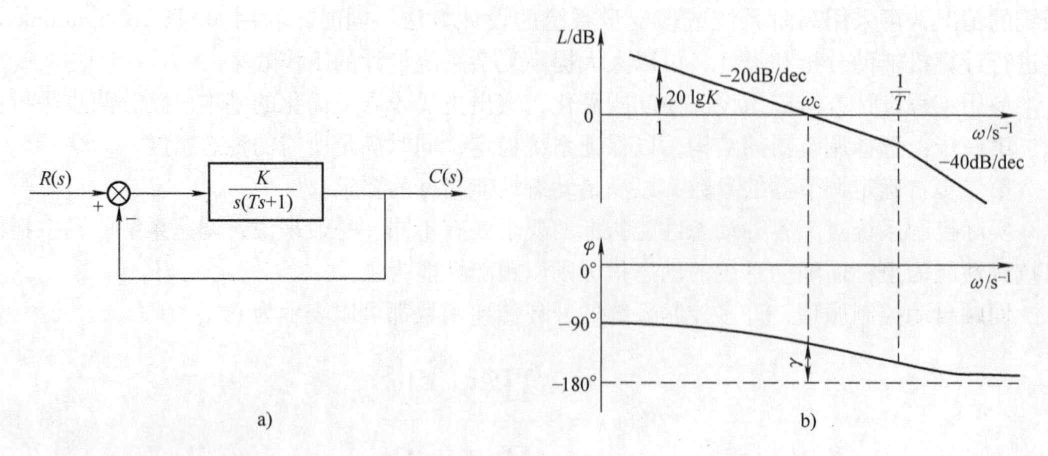

图 3-29　典型 I 型系统

所以 $K=\omega_c$（当 $\omega_c<\frac{1}{T}$时），而相角稳定裕量 $\gamma=180°+\varphi(\omega_c)=180°-90°-\arctan\omega_c T=90°-\arctan\omega_c T$。

由于 $\omega_c T<1$，故 $\arctan\omega_c T<45°$，$\gamma>45°$，可见，这样的典型 I 型系统具有足够的相对稳定性。

由式（3-20）可见，K 值越大，截止频率也越大，系统响应越快，但相角稳定裕量越小。这说明系统快速性和稳定性之间是有矛盾的。在具体选择 K 时，需在两者之间折中考虑。下面推导 K 值与各项性能指标之间的关系。

（1）动态跟随性能指标

由图 3-29a 可得典型 I 型系统的闭环传递函数，并写成二阶系统的标准形式

$$W_{cl}(s)=\frac{W(s)}{1+W(s)}=\frac{\frac{K}{s(Ts+1)}}{1+\frac{K}{s(Ts+1)}}=\frac{\frac{K}{T}}{s^2+\frac{1}{T}s+\frac{K}{T}}=\frac{\omega_n^2}{s^2+2\xi\omega_n s+\omega_n^2} \tag{3-21}$$

对比可得二阶系统标准形式的参数与典型 I 型系统参数之间的关系：

自然振荡角频率为 $$\omega_n=\sqrt{\frac{K}{T}}$$

阻尼比为 $$\xi=\frac{1}{2}\sqrt{\frac{1}{KT}}$$

在一般的调速系统中，采用 $0<\xi<1$ 欠阻尼状态，它在零初始条件下阶跃响应的动态跟随性能指标与其参数之间的数学关系式如下：

超调量 $$\sigma=e^{-(\xi\pi/\sqrt{1-\xi^2})}\times 100\% \tag{3-22}$$

上升时间 $$t_r=\frac{2\xi T}{\sqrt{1-\xi^2}}(\pi-\arccos\xi) \tag{3-23}$$

峰值时间 $$t_p=\frac{\pi}{\omega_n\sqrt{1-\xi^2}} \tag{3-24}$$

调节时间
$$t_s \approx \frac{3 \sim 4}{\xi \omega_n} = (6 \sim 8)T \tag{3-25}$$

截止频率
$$\omega_c = \omega_n \sqrt{\sqrt{4\xi^4 + 1} - 2\xi^2} \tag{3-26}$$

相角稳定裕量
$$\gamma = \arctan \frac{2\xi}{\sqrt{\sqrt{4\xi^4 + 1} - 2\xi^2}} \tag{3-27}$$

根据上述公式，可求得各项动态跟随性能指标和频域指标与参数的关系，见表3-1。

表3-1　典型Ⅰ型系统动态跟随性能指标和频域指标与参数的关系

参数 KT	0.25	0.39	0.50	0.69	1.0
阻尼比 ξ	1.0	0.8	0.707	0.6	0.5
超调量 σ（%）	0	1.5	4.3	9.5	16.3
上升时间 t_r		$6.6T$	$4.7T$	$3.3T$	$2.4T$
峰值时间 t_p		$8.3T$	$6.2T$	$4.7T$	$3.6T$
相角稳定裕量 $\gamma/(°)$	76.3	69.9	65.5	59.2	51.8
截止频率 ω_c	$0.243/T$	$0.367/T$	$0.455/T$	$0.596/T$	$0.786/T$

可见，当系统时间常数 T 一定时，随着 K 的增大，系统快速性提高，而相对稳定性变差。

针对具体对象，如工艺要求动态响应快为主，可取 KT 为 0.69～1.0；如果主要考虑超调量小，可把 K 取小点，如取 KT 为 0.25～0.39；如果没有特殊要求，可取折中值 $KT=0.5$，此时 $\xi=0.707$，能兼顾超调量和快速性。有时超调量和快速性要求都很高，难以同时满足，则说明典型Ⅰ型系统不适用，应采用其他控制方法。

（2）动态抗扰性能指标

一个系统的动态抗扰性能除与系统结构有关外，关键还在于扰动信号的作用点。一套抗扰性能指标只适合于一个特定的扰动作用点。

图3-30所示为双闭环直流调速系统电流环在电压扰动作用下的动态结构图。为把电流环校正为典型Ⅰ型系统，电流调节器采用PI调节器，即

$$W_{ACR}(s) = \frac{K_p(\tau s + 1)}{\tau s}$$

且 $\tau = T_l$。

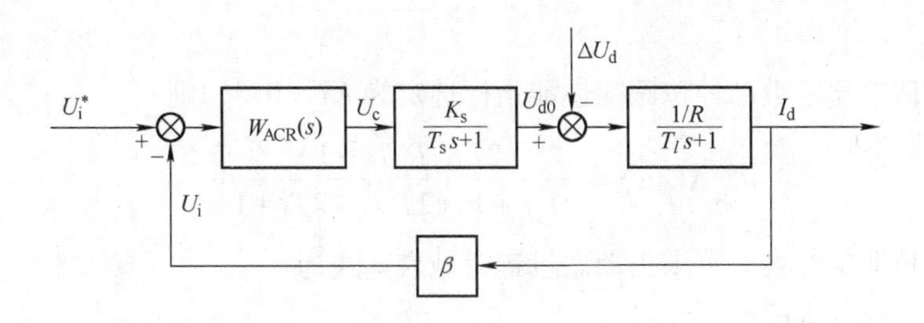

图3-30　电流环在电压扰动作用下的动态结构图

令 $T_1=T_s$，$T_2=T_l$，$K_2=\beta/R$，参考输入用 $R(s)$ 表示，电压扰动用 $F(s)$ 表示，则可用图3-31a 表示电流环的动态结构图。在只讨论抗扰性能时，可令 $R(s)=0$，将 $F(s)$ 作为系统的输入，输出量写成 ΔC，取 $K_1=K_pK_s/\tau$，则电流环可等效为图3-31b 所示。

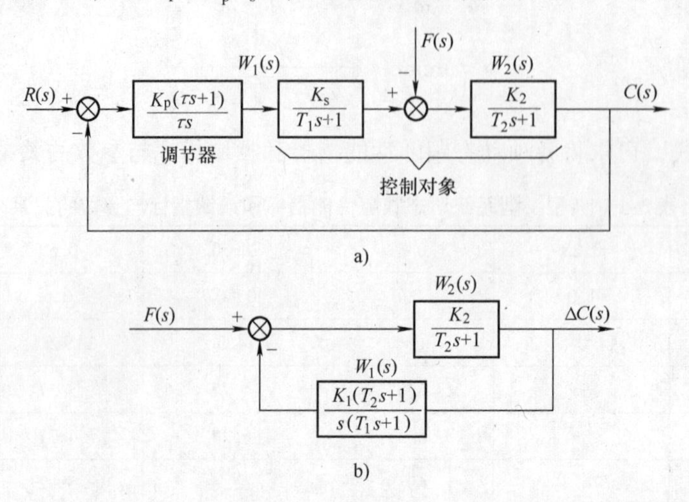

图3-31　电流环校正成一类典型Ⅰ型系统在电压扰动作用下的动态结构图

对于扰动输入，$W_2(s)$ 是前向通道的传递函数，$W_1(s)$ 是反馈通道的传递函数，即

$$W_1(s)=\frac{K_p(\tau s+1)}{\tau s}\frac{K_s}{(T_1s+1)}=\frac{K_1(T_2s+1)}{s(T_1s+1)}$$

$$W_2(s)=\frac{K_2}{T_2s+1}$$

则系统的开环传递函数为

$$W(s)=W_1(s)W_2(s)=\frac{K_1(T_2s+1)}{s(T_1s+1)}\frac{K_2}{T_2s+1}=\frac{K_1K_2}{s(T_1s+1)}=\frac{K}{s(Ts+1)}$$

式中　$K=K_1K_2$，$T=T_1$。

在阶跃扰动下，其 $F(s)=\frac{F}{s}$，得到

$$\Delta C(s)=\frac{F}{s}\frac{W_2(s)}{1+W_1(s)W_2(s)}=\frac{\frac{FK_2}{T_2s+1}}{s+\frac{K_1K_2}{Ts+1}}=\frac{FK_2(Ts+1)}{(T_2s+1)(Ts^2+s+K)}$$

假定电流调节器参数已经按跟随性能指标选定为 $KT=0.5$，则

$$\Delta C(s)=\frac{2FK_2T(Ts+1)}{(T_2s+1)(2T^2s^2+2Ts+1)}$$

利用拉普拉斯反变换，可求出动态过程时域表达式为

$$\Delta C(t)=\frac{2FK_2m}{2m^2-2m+1}\left[(1-m)\mathrm{e}^{-t/T_2}-(1-m)\mathrm{e}^{-t/2T}\cos\frac{t}{2T}+m\mathrm{e}^{-t/2T}\sin\frac{t}{2T}\right]$$

式中　$m=\dfrac{T_1}{T_2}<1$。

抗扰性能指标主要有最大动态降落 ΔC_{max} 及所对应的时间 t_m 和恢复时间 t_v。计算时为方便起见，ΔC_{max} 用基准值 C_b 的百分数表示，取图 3-31b 的开环系统稳态输出值作为基准值，即

$$C_b=FK_2$$

t_m 用时间常数 T 的倍数表示；计算 t_v 时设允许误差带为 $\pm 5\% C_b$，也用时间常数 T 的倍数表示。现将计算结果列于表 3-2。从表 3-2 可以看出，当控制对象的两个时间常数相差较大即 m 越小时，动态降落减小而恢复时间较长。

表 3-2　典型 I 型系统动态抗扰性能指标与参数 m 的关系

$m=\dfrac{T_1}{T_2}=\dfrac{T}{T_2}$	$\dfrac{1}{5}$	$\dfrac{1}{10}$	$\dfrac{1}{20}$	$\dfrac{1}{30}$
$\dfrac{\Delta C_{max}}{C_b}\times 100\%$	27.8%	16.6%	9.3%	6.5%
t_m/T	2.8	3.4	3.8	4.0
t_v/T	14.7	21.7	28.7	30.4

2. 典型Ⅱ型系统

选择一种Ⅱ型系统，其结构简单而且能保证稳定来作为典型Ⅱ型系统，它的开环传递函数为

$$W(s)=\frac{K(\tau s+1)}{s^2(Ts+1)} \tag{3-28}$$

式（3-28）中，$\tau>T$。

典型Ⅱ型系统和开环对数频率特性如图 3-32 所示，它的中频段也是以 $-20\mathrm{dB/dec}$ 的斜率穿越零分贝线，满足

$$\frac{1}{\tau}<\omega_c<\frac{1}{T}$$

而相角稳定裕量为 $\gamma=180°-180°+\arctan\omega_c\tau-\arctan\omega_c T=\arctan\omega_c\tau-\arctan\omega_c T$。

显然，τ 比 T 大得越多，则系统的稳定裕量越大。

式（3-28）中，时间常数 T 是控制对象固有的，而 K 和 τ 是待定的两个参数，所以典型Ⅱ型系统比典型Ⅰ型系统选择参数时要复杂一些。

令中频段宽度

$$h=\frac{\tau}{T}=\frac{\omega_2}{\omega_1} \tag{3-29}$$

由于中频段的状况决定控制系统的动态响应品质，所以 h 是一个很重要的参数。

式（3-29）中，$\omega_1=\dfrac{1}{\tau}$，$\omega_2=\dfrac{1}{T}$。一般情况下，$\omega=1\mathrm{s}^{-1}$ 点处于低频 $-40\mathrm{dB/dec}$ 特性段，则有该点幅值

$$20\lg K=40(\lg\omega_1-\lg 1)+20(\lg\omega_c-\lg\omega_1)=20\lg\omega_1\omega_c$$

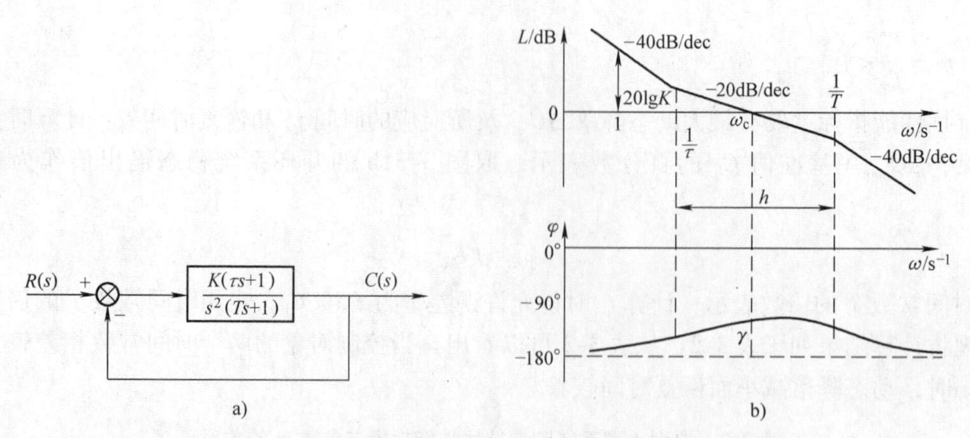

图 3-32 典型Ⅱ型系统

a）闭环系统 b）开环对数频率特性

因此
$$K=\omega_1\omega_c \tag{3-30}$$

从图 3-32 可知，由于时间常数 T 值一定，因此只要改变τ即移动 ω_1 就相当于改变了中频宽度 h。改变 K 相当于上下平移对数幅频特性，从而改变了截止频率 ω_c。那么设计调节器时，选择好频域参数 h 和 ω_c，就相当于决定了参数τ和 K。

h 和 ω_c 的选择方法可以采用“振荡指标法”中的闭环幅频特性峰值 M_r 最小准则。这个准则表明，对于一定的 h 值，只有一个确定的 ω_c 可以得到最小的闭环幅频特性峰值 M_{rmin}。ω_c 和 ω_1、ω_2 的关系如下[1]：

$$\frac{\omega_2}{\omega_c}=\frac{2h}{h+1} \tag{3-31}$$

$$\frac{\omega_c}{\omega_1}=\frac{h+1}{2} \tag{3-32}$$

这是 M_{rmin} 准则的“最佳频比”。由式（3-31）、式（3-32）可得

$$\omega_1+\omega_2=\frac{2\omega_c}{h+1}+\frac{2h\omega_c}{h+1}=2\omega_c$$

因此
$$\omega_c=\frac{1}{2}(\omega_1+\omega_2)=\frac{1}{2}\left(\frac{1}{\tau}+\frac{1}{T}\right) \tag{3-33}$$

对应的
$$M_{rmin}=\frac{h+1}{h-1} \tag{3-34}$$

根据式（3-31）~式(3-34）算出不同 h 值对应的 M_{rmin} 和最佳频比，将其列于表 3-3中。

表 3-3 不同 h 值时的 M_{rmin} 和最佳频比

h	3	4	5	6	7	8	9	10
M_{rmin}	2	1.67	1.5	1.4	1.33	1.29	1.25	1.22
ω_2/ω_c	1.5	1.6	1.67	1.71	1.75	1.78	1.80	1.82
ω_c/ω_1	2.0	2.5	3.0	3.5	4.0	4.5	5.0	5.5

由表3-3可见，中频宽度 h 越大，M_{rmin} 越小，超调量降低，而 ω_c 也减小，使系统的快速性减弱。根据经验，h 在5～10、M_r 在1.2～1.5之间时，系统的动态性能较好。有时也允许 h 更小，但 h 更大时降低 M_{rmin} 的效果就不明显了。所以，h 值取3～10之间。

那么，如何确定调节器参数呢？应该先根据动态性能指标的要求确定 h 和 ω_c 值，然后由式（3-30）和式（3-32）可得

$$\tau = hT \tag{3-35}$$

$$K = \omega_1\omega_c = \omega_1^2\frac{h+1}{2} = \left(\frac{1}{hT}\right)^2\frac{h+1}{2} = \frac{h+1}{2h^2T^2} \tag{3-36}$$

下面分析典型Ⅱ型系统的动态跟随性能指标和动态抗扰性能指标。

（1）动态跟随性能指标

若想求出按最小准则确定的 h 对应的动态跟随过程，可将式（3-35）和式（3-36）代入典型Ⅱ型系统的开环传递函数，得

$$W(s) = \frac{K(\tau s+1)}{s^2(Ts+1)} = \frac{h+1}{2h^2T^2}\frac{hTs+1}{s^2(Ts+1)}$$

则闭环传递函数为

$$W_{cl}(s) = \frac{W(s)}{1+W(s)} = \frac{\frac{h+1}{2h^2T^2}(hTs+1)}{s^2(Ts+1)+\frac{h+1}{2h^2T^2}(hTs+1)} = \frac{hTs+1}{\frac{2h^2}{h+1}T^3s^3+\frac{2h^2}{h+1}T^2s^2+hTs+1}$$

在单位阶跃输入时，$R(s)=\frac{1}{s}$，则

$$C(s) = W_{cl}(s)R(s) = \frac{hTs+1}{s\left(\frac{2h^2}{h+1}T^3s^3+\frac{2h^2}{h+1}T^2s^2+hTs+1\right)}$$

对不同的 h 值，可求出单位阶跃响应 $C(t)$。采用数字仿真可计算出 σ、t_r/T、t_s/T 和振荡次数 k。计算结果列于表3-4中。

表3-4　典型Ⅱ型系统阶跃输入跟随性能指标

h	3	4	5	6	7	8	9	10
σ（%）	52.6	43.6	37.6	33.2	29.8	27.2	25.0	23.3
t_r/T	2.40	2.65	2.85	3.0	3.1	3.2	3.3	3.35
t_s/T	12.15	11.65	9.55	10.45	11.30	12.25	13.25	14.20
k	3	2	2	1	1	1	1	1

由表3-4可见，随着 h 的增大，超调量减小，上升时间变慢，但调节时间不是单调变化而是在 $h=5$ 时最小。综合来看，h 取5时动态跟随性能比较适中。将表3-4与表3-1进行比较可以看出，典型Ⅱ型系统的超调量一般都比典型Ⅰ型系统大，而上升时间短，调节时间长。

（2）动态抗扰性能指标

前面已提到，控制系统的动态抗扰性能决定于系统结构和扰动作用点。以双闭环直流调

速系统在负载扰动作用下的情况为例，其动态结构图如图 3-33 所示。

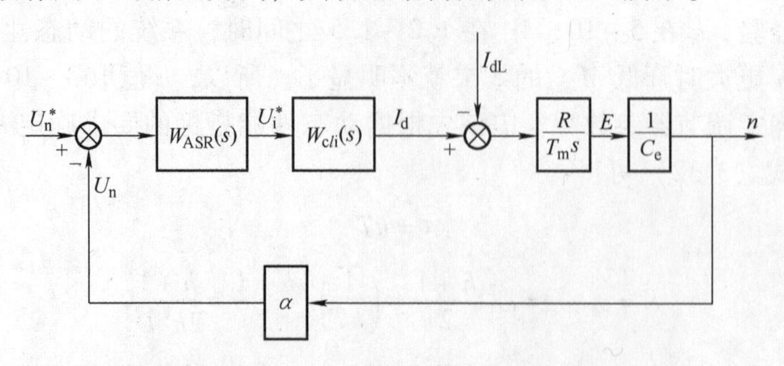

图 3-33　转速环在负载扰动作用下的动态结构图

图 3-33 中，$W_{cli}(s)$为电流环的闭环传递函数，$W_{ASR}(s)$为转速调节器。若系统校正成典型Ⅱ型系统，电流环传递函数等效为 $W_{cli}(s)=\frac{K_d}{Ts+1}$，转速调节器采用 PI 调节器，则可用图 3-34a表示其动态结构图。若只考虑扰动作用，则动态结构图如图 3-34b 所示，其中

$$K_1=K_pK_d/\tau_1,\tau_1=hT,K_2=R/(T_mC_e)$$

于是前向通道传递函数为

$$W_2(s)=\frac{K_2}{s}$$

反馈通道传递函数为

$$W_1(s)=\frac{K_1(hTs+1)}{s(Ts+1)}$$

令 $K_1K_2=K$，则系统开环传递函数为

$$W(s)=W_1(s)W_2(s)=\frac{K_1(hTs+1)}{s(Ts+1)}\frac{K_2}{s}=\frac{K(hTs+1)}{s^2(Ts+1)}$$

这是典型Ⅱ型系统。

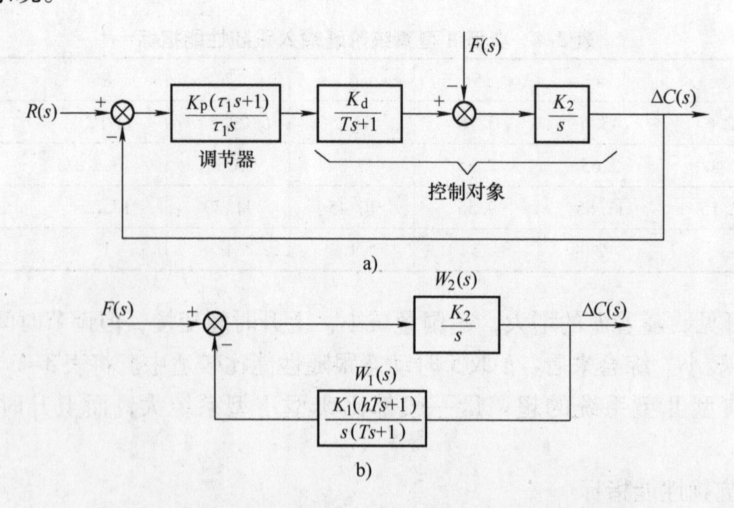

图 3-34　典型Ⅱ型系统在一种扰动作用下的动态结构图

在阶跃扰动作用下，$F(s)=F/s$，系统输出为

$$\Delta C(s)=\frac{W_2(s)}{1+W_1(s)W_2(s)}\frac{F}{s}=\frac{\frac{FK_2}{s}}{s+\frac{K_1(hTs+1)}{s(Ts+1)}}=\frac{FK_2(Ts+1)}{s^2(Ts+1)+K(hTs+1)}$$

将式（3-36）代入上式，得

$$\Delta C(s)=\frac{\frac{2h^2}{h+1}FK_2T^2(Ts+1)}{\frac{2h^2}{h+1}T^3s^3+\frac{2h^2}{h+1}T^2s^2+hTs+1}$$

根据不同的 h 值，可求出动态抗扰过程曲线 $\Delta C(t)$，并由数字仿真求出动态抗扰性能指标与 h 的关系，见表 3-5。与典型 Ⅰ 型系统相似，t_m、t_v 以 T 的倍数表示，动态降落取图 3-34b的开环输出作为基准值，但这个输出是递增的积分输出，故取 $2T$ 时间内的累积值为基准值 C_b，即

$$C_b=2FK_2T$$

表 3-5　典型 Ⅱ 型系统动态抗扰性能指标与 h 的关系

h	3	4	5	6	7	8	9	10
$\Delta C_{max}/C_b(\%)$	72.2	77.5	81.2	84.0	86.3	88.1	89.6	90.8
t_m/T	2.45	2.70	2.85	3.00	3.15	3.25	3.30	3.40
t_v/T	13.60	10.45	8.80	12.95	16.85	19.80	22.80	25.85

分析表 3-5 数据可知，h 值越大，动态降落也越大，这与跟随性能的超调量变化相反；但 t_m 也向增大的方向变化、t_v 也不是单调变化而在 $h=5$ 时最小。综合考虑跟随指标和抗扰指标，$h=5$ 是一个很好的选择。表 3-5 中动态降落百分比较大，但要注意这与基准值有关。

典型 Ⅰ 型系统和 Ⅱ 型系统除了在稳态误差上的区别以外，两者的动态性能有所不同，一般来说，典型 Ⅰ 型系统的跟随性能超调小而抗扰性能稍差，典型 Ⅱ 型系统的超调量相对较大，抗扰性能却比较好。这是设计时选择何种型号系统的重要依据。

3. 非典型系统的典型化

在运动控制系统中，采用工程设计方法设计调节器时，应该首先根据控制系统的要求，确定要校正成哪一类典型系统。大部分控制对象配以适当的调节器如 P、PI、PD、PID 等就可以校正成典型系统。但也有些实际系统不能这么简单地校正成典型系统，这就需要采用更加先进的控制规律，再对控制对象做一些近似处理。下面讨论几种实际控制对象的工程近似处理方法。

（1）高频段小惯性环节的近似处理

以一个有两个高频段小惯性环节的传递函数为例

$$W(s)=\frac{K}{s(T_1s+1)(T_2s+1)}$$

式中　T_1、T_2——小时间常数。

它的频率特性为

$$W(j\omega)=\frac{K}{j\omega(j\omega T_1+1)(j\omega T_2+1)}=\frac{K}{j\omega[(1-T_1T_2\omega^2)+j\omega(T_1+T_2)]} \tag{3-37}$$

设 $T=T_1+T_2$，则此传递函数可以近似为

$$W'(s)=\frac{K}{s(Ts+1)}$$

它的频率特性为

$$W'(j\omega)=\frac{K}{j\omega(j\omega T+1)}=\frac{K}{j\omega[j\omega(T_1+T_2)+1]} \tag{3-38}$$

式（3-37）与式（3-38）近似相等的条件是 $T_1T_2\omega^2 \ll 1$。

在工程计算中，一般允许有10%以内的误差，那么只需满足以下条件：

$$T_1T_2\omega^2 \leqslant \frac{1}{10}，或允许频带\ \omega \leqslant \sqrt{\frac{1}{10T_1T_2}}$$

考虑到开环频率特性的截止频率 ω_c 与闭环频率特性的带宽 ω_b 一般比较接近且 $\sqrt{10}\approx 3$，则近似条件可写成

$$\omega_c \leqslant \frac{1}{3}\sqrt{\frac{1}{T_1T_2}} \tag{3-39}$$

近似处理对频率特性的影响如图3-35所示。

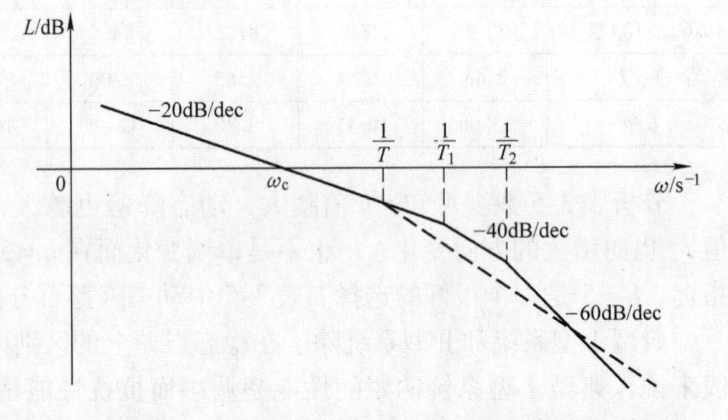

图 3-35　高频段小惯性环节的近似处理对频率特性的影响

由图3-35可见，这样近似处理对中频段影响不大，即不影响系统动态性能的分析。

推而广之，可得下述结论：当系统有一组小惯性群时，在一定的条件下，可以将它们近似地看成是一个小惯性环节，其时间常数等于小惯性群中各个时间常数之和。

（2）高阶系统的降阶近似处理

以三阶系统为例，设传递函数

$$W(s)=\frac{K}{as^3+bs^2+cs+1} \tag{3-40}$$

式中　a、b、c——正系数，且 $bc>a$，即系统是稳定的。

在一定条件下，高次项可以忽略，可得近似的一阶系统的传递函数为

$$W(s)\approx\frac{K}{cs+1} \tag{3-41}$$

分析两者的频率特性可以导出近似条件

$$W(j\omega)=\frac{K}{a(j\omega)^3+b(j\omega)^2+c(j\omega)+1}=\frac{K}{(1-b\omega^2)+j\omega(c-a\omega^2)}\approx\frac{K}{1+j\omega c}$$

近似条件为

$$\begin{cases} b\omega^2 \leqslant \dfrac{1}{10} \\ a\omega^2 \leqslant \dfrac{c}{10} \end{cases}$$

或写成

$$\omega_c \leqslant \frac{1}{3}\min\left(\sqrt{\frac{1}{b}}, \sqrt{\frac{c}{a}}\right) \tag{3-42}$$

（3）低频段大惯性环节的近似处理

当系统控制对象中存在一个时间常数特别大的惯性环节时，可以近似地将其看成是积分环节。现在来分析近似条件。

大惯性环节的频率特性为

$$\frac{1}{\mathrm{j}\omega T+1} = \frac{1}{\sqrt{\omega^2 T^2+1}} \angle -\arctan\omega T$$

其幅值可作如下近似：

$$\frac{1}{\sqrt{\omega^2 T^2+1}} \approx \frac{1}{\omega T}$$

显然，近似条件为 $\omega^2 T^2 \gg 1$ 或 $\omega T \geqslant \sqrt{10}$，或写成

$$\omega_c \geqslant \frac{3}{T} \tag{3-43}$$

当 $\omega T = \sqrt{10}$时，$\arctan\omega T = \arctan\sqrt{10} = 72.45°$，而积分环节的滞后相角为 90°，看起来似乎误差较大，实际上近似后系统的稳定裕量更小。因为实际系统的稳定裕量要大于近似系统，当按近似系统设计好调节器时，实际系统的稳定性会更强，所以这样的近似方法是可行的。

这种近似方法对频率特性的影响在对数幅频特性上表示出来如图 3-36 所示。

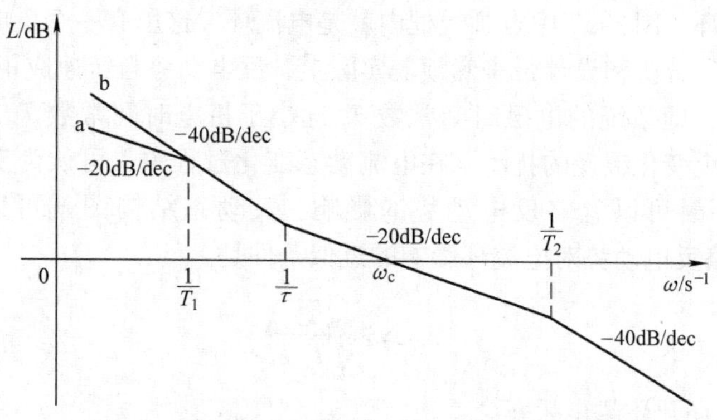

图 3-36　低频大惯性环节近似处理对频率特性的影响

从图 3-36 中可见，其差别仅在低频段，即把特性 a 近似成特性 b，所以对动态性能没有影响。不过考虑稳态精度时，仍应采用原来的低频特性 a。

3.2.5 转速、电流双闭环直流调速系统调节器工程设计实例

用工程设计方法来设计转速、电流反馈控制直流调速系统的原则是先内环后外环。其设计步骤如下：

1）从电流环（内环）开始，对其进行必要的变换和近似处理，然后根据电流环的控制要求确定把它校正成哪一类典型系统。

2）按照控制对象确定电流调节器的类型，按动态性能指标要求确定电流调节器的参数。

3）电流环设计完成后，把电流环等效成转速环（外环）中的一个环节，再用同样的方法设计转速环。

双闭环直流调速系统的实际动态结构图如图 3-37 所示。与以前相比，多了两个小惯性环节，其中 T_{oi}是电流反馈和给定信号通道上滤波环节时间常数，T_{on}是转速反馈和给定信号通道上滤波环节时间常数。设置滤波环节的目的是为了抑制反馈信号中常有的谐波和干扰，但同时也延迟了反馈信号的作用。为了平衡这个延迟作用，在给定信号通道上也加入一个相等时间常数的惯性环节，这样，让给定信号和反馈信号经过相同的延滞，使两者在时间上得到恰当的配合，从而带来了设计上的方便。

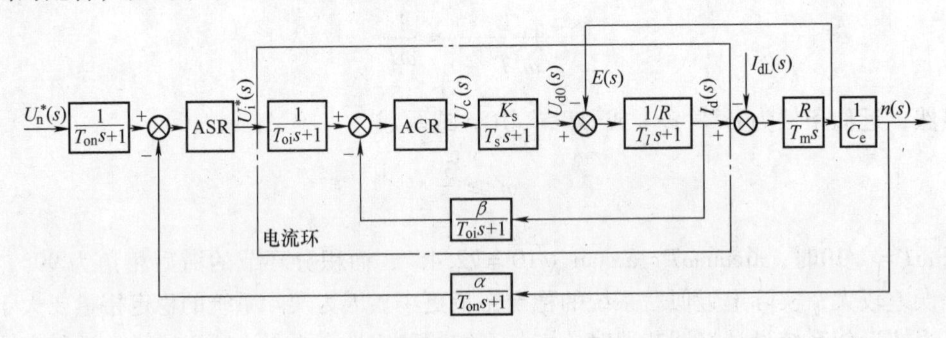

图 3-37 双闭环直流调速系统的实际动态结构图

1. 电流调节器的设计

首先设计电流环。图 3-37 中点画线框内就是电流环，这里有一个反电动势信号 $E(s)$与电流环相互交叉，给分析和设计带来麻烦。实际上，反电动势与转速成正比，而转速的变化比电流变化慢得多，即系统的电磁时间常数 T_l 远小于机电时间常数 T_m。这样对电流环来说，反电动势是一个变化缓慢的扰动，在电流动态变化过程中，可认为反电动势基本不变。因此在设计电流环时可以忽略反电动势的影响，其动态结构图就可以进一步化简，如图 3-38a所示。忽略反电动势对电流环影响的近似条件是

$$\omega_{ci} \geqslant 3\sqrt{\frac{1}{T_m T_l}}$$

式中 ω_{ci}——电流环开环截止频率。

把电流给定滤波和反馈滤波同时等效地移到环内前向通道上，再把给定信号改成 $\frac{U_i^*(s)}{\beta}$，则电流环便等效成单位负反馈系统，如图 3-38b 所示。

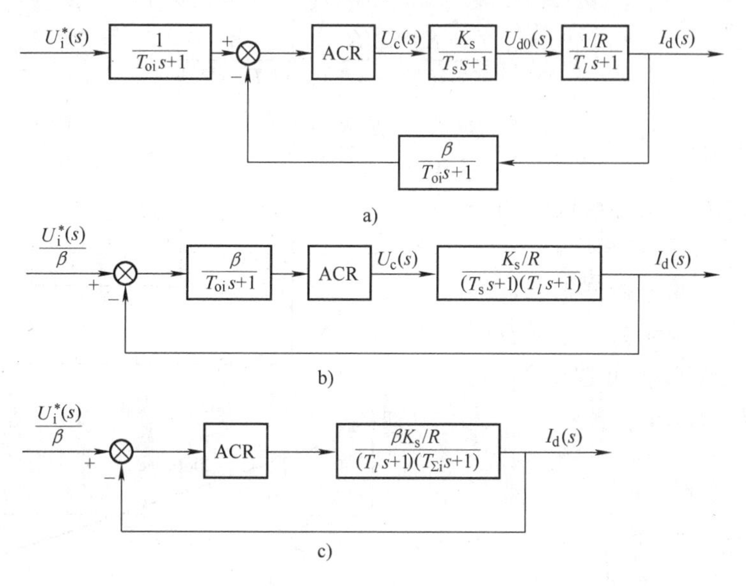

图3-38　电流环的动态结构图及其化简

由于 T_s 和 T_{oi} 一般比 T_l 小得多，可以当做高频段小惯性环节群近似处理，令

$$T_{\Sigma i} = T_s + T_{oi}$$

那么电流环动态结构图可进一步化简为图3-38c所示。根据式（3-39），简化的近似条件为

$$\omega_{ci} \leqslant \frac{1}{3}\sqrt{\frac{1}{T_s T_{oi}}}$$

为设计电流调节器，要考虑把电流环校正成哪一类典型系统。首先，根据稳态性能要求，希望电流无静差，以得到理想的堵转特性，可以采用Ⅰ型或以上系统。其次，因为从动态性能要求来看，实际系统不允许电枢电流在突加控制作用时有太大的超调，以保证力矩波动不超过允许值，而对电网电压波动的抑制可作为次要考虑，所以电流环应以跟随性能为主，应校正为典型Ⅰ型系统。

从图3-38c中可见，电流环的控制对象是两个时间常数大小相差较大的双惯性环节。试采用PI型电流调节器，其传递函数是

$$W_{ACR}(s) = \frac{K_i(\tau_i s+1)}{\tau_i s}$$

式中　K_i——电流调节器的比例系数；

τ_i——电流调节器的积分时间常数。

则电流环的开环传递函数为

$$W_{opi}(s) = \frac{K_i(\tau_i s+1)}{\tau_i s}\frac{\beta K_s/R}{(T_l s+1)(T_{\Sigma i}s+1)}$$

由于 T_l 比 $T_{\Sigma i}$ 大得多，故可以选择 $\tau_i = T_l$，即用调节器的零点消去控制对象中大时间常数的极点，这样系统就可以校正为典型Ⅰ型系统，上式成为

$$W_{opi}(s) = \frac{K_i \beta K_s / R}{\tau_i s(T_{\Sigma i}s+1)} = \frac{K_I}{s(T_{\Sigma i}s+1)}$$

式中　K_I——电流环开环增益，$K_I = \frac{\beta K_i K_s}{\tau_i R} = \frac{\beta K_i K_s}{T_l R}$。

校正后的电流环动态结构图和开环对数幅频特性如图3-39所示。

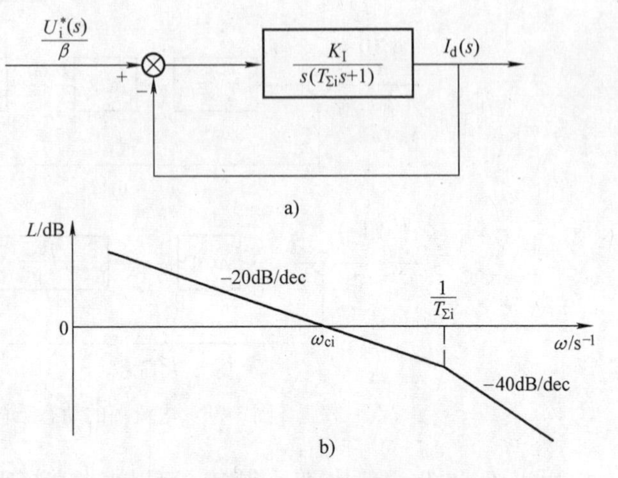

图3-39　校正成典型Ⅰ型系统的电流环
a）动态结构图　b）开环对数幅频特性

前面对表3-1的分析已知，可根据跟随指标要求选定参数。一般希望电流超调量小于5%，可选 $K_I T_{\Sigma i} = 0.5$，$\xi = 0.707$，所以

$$K_I = \omega_{ci} = \frac{1}{2T_{\Sigma i}}$$

则　$$K_i = \frac{T_l R}{2K_s \beta T_{\Sigma i}} = \frac{R}{2K_s \beta}\left(\frac{T_l}{T_{\Sigma i}}\right)$$

这样，电流调节器的参数就确定了，如果对电流环的抗扰性能也有具体要求，还要校验抗扰指标是否满足。

PI调节器可以用模拟式电路或数字式电路（含软件程序）实现。含给定滤波和反馈滤波的模拟式PI型电流调节器如图3-40所示。图中，U_i^* 为电流给定电压，$-\beta I_d$ 为电流负反馈电压，调节器的输出电压作为电力电子变换器的控制电压 U_c。

电流调节器各个阻容元件参数按下列公式导出：

$$K_i = \frac{R_i}{R_0}$$

$$\tau_i = R_i C_i$$

$$T_{oi} = \frac{1}{4} R_0 C_{oi}$$

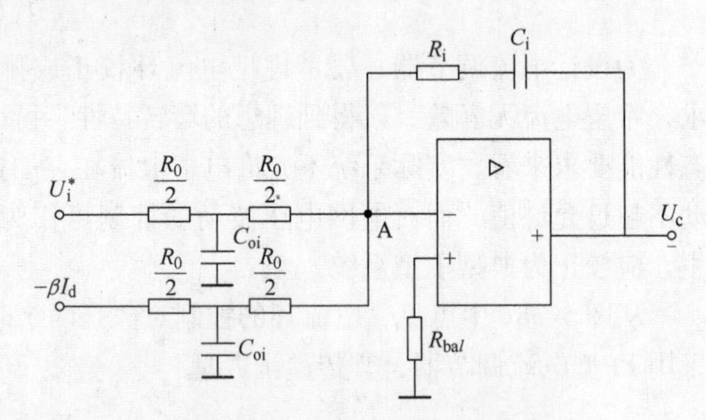

图3-40　模拟式PI型电流调节器

其中，R_0 一般取数千欧至数十千欧。

实际电路还应加限幅电路，为抑制零点漂移可在 R_i、C_i 支路上并联一个大电阻（数兆欧至数十兆欧）。

例3-3　某晶闸管供电的双闭环直流调速系统，整流装置采用三相桥式电路，基本数据如下：

直流电动机：220V，136A，1460r/min，$C_e = 0.132\text{V}\cdot\text{min/r}$，允许过载倍数 $\lambda = 1.5$；

晶闸管装置放大系数：$K_s = 40$；

电枢回路总电阻：$R = 0.5\Omega$；

时间常数：$T_l = 0.04\text{s}$，$T_m = 0.2\text{s}$；

电流反馈系数：$\beta=0.05\text{V/A}$。

设计要求：设计电流调节器，要求电流超调量 $\sigma_i \leqslant 5\%$。

解　1）确定时间常数。

① 三相桥式整流电路的平均失控时间 $T_s=0.0017\text{s}$；

② 电流滤波时间常数。三相桥式电路整流波形每个波前（亦称波头）的时间是3.3ms，为了基本滤平波前，应有1~2倍的滤波时间常数，因此取 $T_{oi}=4\text{ms}=0.004\text{s}$；

③ 电流环小时间常数之和。按小时间常数近似处理，$T_{\Sigma i}=T_s+T_{oi}=0.0057\text{s}$。

2）选择电流调节器结构。由于对电流跟随性要求较高，所以应校正成典型Ⅰ型系统，则可用PI调节器，并取 $K_I T_{\Sigma i}=0.5$ 就可满足要求。

检查对电网电压波动的抗扰性能：$m=\dfrac{T_{\Sigma i}}{T_l}=\dfrac{0.0057}{0.04}\approx 0.14$，对照表3-2的典型Ⅰ型系统的动态抗扰性能，各项指标尚可。

3）计算电流调节器参数。

电流调节器积分时间常数　$\tau_i=T_l=0.04\text{s}$

电流环开环增益　$K_I=\dfrac{0.5}{T_{\Sigma i}}=\dfrac{0.5}{0.0057}\approx 87.7$

则电流调节器的比例系数为

$$K_i=\frac{T_l R}{2K_s\beta T_{\Sigma i}}=\frac{0.04\times 0.5}{2\times 40\times 0.05\times 0.0057}\approx 0.877$$

4）校验近似条件。电流环截止频率：$\omega_{ci}=K_I=87.7\text{s}^{-1}$

① 校验是否满足晶闸管整流装置传递函数的近似条件

$$\frac{1}{3T_s}=\frac{1}{3\times 0.0017}\text{s}^{-1}\approx 196.1\text{s}^{-1}>\omega_{ci}$$

满足近似条件。

② 校验是否满足忽略电动势影响的条件

$$3\times\sqrt{\frac{1}{T_m T_l}}=3\times\sqrt{\frac{1}{0.2\times 0.04}}\text{s}^{-1}=33.54\text{s}^{-1}<\omega_{ci}$$

满足近似条件。

③ 校验是否满足小时间常数近似条件

$$\frac{1}{3}\sqrt{\frac{1}{T_s T_{oi}}}=\frac{1}{3}\sqrt{\frac{1}{0.0017\times 0.004}}\text{s}^{-1}=127.8\text{s}^{-1}>\omega_{ci}$$

满足近似条件。

5）计算电阻、电容数值。按所用运算放大器取 $R_0=39\text{k}\Omega$，其余电阻、电容数值计算如下：

$R_i=K_i R_0=0.877\times 39\text{k}\Omega=34.2\text{k}\Omega$，可以用一个33kΩ和一个1.2kΩ金属膜电阻串联实现。

$C_{\rm i}=\dfrac{\tau_{\rm i}}{R_{\rm i}}=\dfrac{0.04}{34.2\times10^3}{\rm F}\approx1.17\times10^{-6}{\rm F}=1.17\mu{\rm F}$，可以用一个 1μF 和一个 0.15μF 无极性电容并联实现。

$C_{\rm oi}=\dfrac{4T_{\rm oi}}{R_0}=\dfrac{4\times0.004}{39\times10^3}{\rm F}\approx0.41\times10^{-6}{\rm F}=0.41\mu{\rm F}$，可以用一个 0.39μF 和一个 0.022μF 无极性电容并联实现。

2. 转速调节器的设计

首先对电流环进行等效处理。根据图 3-39a，按典型Ⅰ型系统设计的电流环闭环传递函数为

$$W_{\rm cli}(s)=\frac{I_{\rm d}(s)}{U_{\rm i}^*(s)/\beta}=\frac{\dfrac{K_{\rm I}}{s(T_{\Sigma{\rm i}}s+1)}}{1+\dfrac{K_{\rm I}}{s(T_{\Sigma{\rm i}}s+1)}}=\frac{1}{\dfrac{T_{\Sigma{\rm i}}}{K_{\rm I}}s^2+\dfrac{1}{K_{\rm I}}s+1}$$

采用高阶系统降阶近似处理方法，在一定条件下将高次项忽略，则可近似为

$$W_{\rm cli}(s)\approx\frac{1}{\dfrac{1}{K_{\rm I}}s+1}$$

根据式（3-42），降阶近似条件为

$$\omega_{\rm cn}\leqslant\frac{1}{3}\sqrt{\frac{K_{\rm I}}{T_{\Sigma{\rm i}}}}$$

因此，电流环在转速环中的等效传递函数为

$$\frac{I_{\rm d}(s)}{U_{\rm i}^*(s)}=\frac{W_{\rm cli}(s)}{\beta}\approx\frac{\dfrac{1}{\beta}}{\dfrac{1}{K_{\rm I}}s+1}$$

可见，电流内环改造了控制对象，将双惯性环节的电流环控制对象近似地等效为只有较小时间常数的一阶惯性环节，加快了电流的跟随作用，这也是局部闭环（内环）控制的一个重要功能，具有普遍意义。

这样等效后整个转速控制系统的动态结构图如图 3-41a 所示。

把转速给定滤波和反馈滤波环节同时移到环内前向通道上，并将给定信号改成 $U_{\rm n}^*(s)/\alpha$，再把时间常数为$\dfrac{1}{K_{\rm I}}$和 $T_{\rm on}$的两个小惯性环节合并起来，近似成一个时间常数为 $T_{\Sigma{\rm n}}$的惯性环节，其中

$$T_{\Sigma{\rm n}}=\frac{1}{K_{\rm I}}+T_{\rm on}$$

等效后的转速环为单位负反馈系统，如图 3-41b 所示。

根据自动控制原理，为了实现转速对负载扰动无静差，在负载扰动作用点前面必须有一个积分环节，所以转速调节器应带积分。而在扰动作用点后面已经有一个积分环节，因此转速环开环传递函数共有两个积分环节，则应该设计成典型Ⅱ型系统。如前所述，典型Ⅱ型系

统抗扰性能较好，符合转速控制要求。

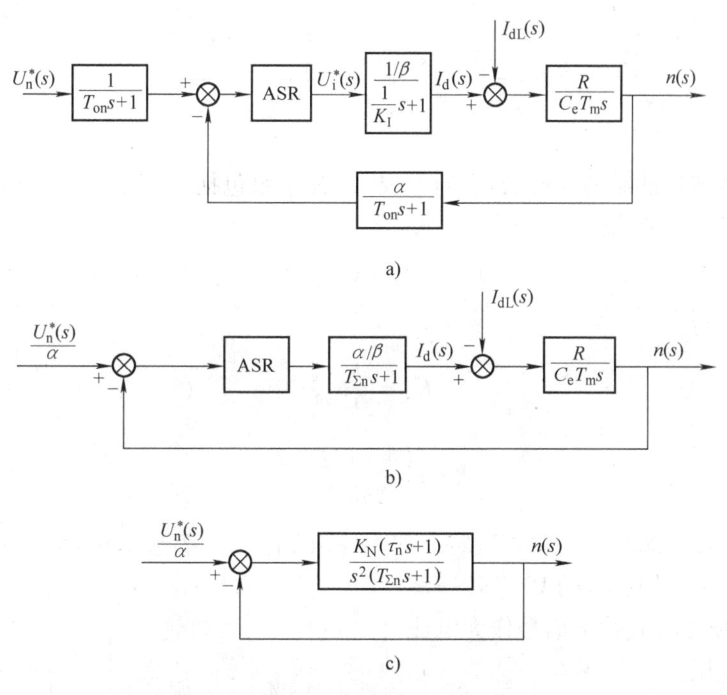

图 3-41　转速环的动态结构图及其简化

a）用等效环节代替电流环　b）等效成单位负反馈系统和小惯性的近似处理　c）校正后结构图

这样，转速调节器也应采用 PI 调节器，其传递函数为

$$W_{ASR}(s)=\frac{K_n(\tau_n s+1)}{\tau_n s}$$

式中　K_n——转速调节器的比例系数；

τ_n——转速调节器的积分时间常数。

由此得到不考虑负载扰动时转速环开环传递函数为

$$W_n(s)=\frac{K_n(\tau_n s+1)}{\tau_n s}\frac{\dfrac{\alpha R}{\beta}}{C_e T_m s(T_{\Sigma n}s+1)}=\frac{K_n\alpha R(\tau_n s+1)}{\tau_n\beta C_e T_m s^2(T_{\Sigma n}s+1)}$$

令转速环开环增益为

$$K_N=\frac{K_n\alpha R}{\tau_n\beta C_e T_m}$$

则

$$W_n(s)=\frac{K_N(\tau_n s+1)}{s^2(T_{\Sigma n}s+1)}$$

校正后的动态结构图如图 3-41c 所示。

转速环开环传递函数为

$$W_{cln}(s)=\frac{n(s)}{U_n^*(s)/\alpha}=\frac{W_n(s)}{1+W_n(s)}=\frac{K_N(\tau_n s+1)}{T_{\Sigma n}s^3+s^2+K_N\tau_n s+K_N}$$

调速系统闭环传递函数为

$$\frac{n(s)}{U_n^*(s)}=\frac{W_{cln}(s)}{\alpha}=\frac{\frac{1}{\alpha}(\tau_n s+1)}{\frac{T_{\Sigma n}}{K_N}s^3+\frac{1}{K_N}s^2+\tau_n s+1}$$

PI 型转速调节器的结构与电流调节器一样，其参数包括 K_n 和τ_n。按照典型Ⅱ型系统设计，由式（3-35）应有

$$\tau_n=hT_{\Sigma n}$$

再由式（3-36）得

$$K_N=\frac{h+1}{2h^2T_{\Sigma n}^2}$$

则

$$K_n=\frac{(h+1)\beta C_e T_m}{2h\alpha RT_{\Sigma n}}$$

中频宽度 h 按动态性能的要求决定，如无特殊要求，一般选择 $h=5$ 为佳。

含给定滤波和反馈滤波的 PI 型转速调节器如图 3-42 所示，其输出信号作为电流调节器的给定电压。

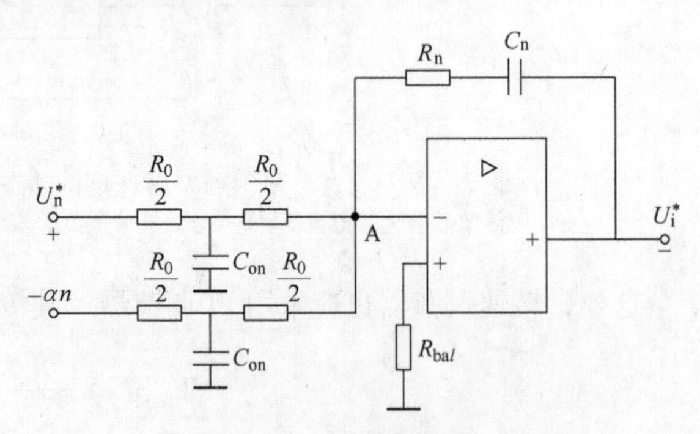

图 3-42　PI 型转速调节器

转速调节器参数与电阻、电容数值的关系为

$$K_n=\frac{R_n}{R_0}$$

$$\tau_n=R_nC_n$$

$$T_{on}=\frac{1}{4}R_0C_{on}$$

例 3-4　系统数据与例 3-3 一样，另外已知：转速反馈系数 $\alpha=0.0068\text{V}\cdot\text{min/r}$，要求转速无静差，空载起动到额定转速时的转速超调量 $\sigma_n\leqslant10\%$。试按工程设计方法设计转速调节器。

解　1）确定时间常数。

① 电流环等效时间常数：由例 3-3，取 $K_IT_{\Sigma i}=0.5$，则

$$\frac{1}{K_I}=2T_{\Sigma i}=2\times0.0057\text{s}=0.0114\text{s}$$

② 转速滤波时间常数：根据所用测速发电机纹波情况，取 $T_{on}=0.01\text{s}$。

③ 转速环小时间常数：按小时间常数近似处理，取

$$T_{\Sigma n}=\frac{1}{K_I}+T_{on}=0.0114\text{s}+0.01\text{s}=0.0214\text{s}$$

2）选择转速调节器结构。系统校正成典型Ⅱ型系统，选用 PI 调节器。

3）计算转速调节器参数。兼顾跟随性能和抗扰性能，取 $h=5$，则转速调节器的积分时间常数为

$$\tau_n = hT_{\Sigma n} = 5 \times 0.0214\text{s} = 0.107\text{s}$$

转速环开环增益为

$$K_N = \frac{h+1}{2h^2T_{\Sigma n}^2} = \frac{5+1}{2\times5^2\times0.0214^2}\text{s}^{-2} \approx 262\text{s}^{-2}$$

则转速调节器的比例系数为

$$K_n = \frac{(h+1)\beta C_e T_m}{2h\alpha RT_{\Sigma n}} = \frac{(5+1)\times0.05\times0.132\times0.2}{2\times5\times0.0068\times0.5\times0.0214} \approx 10.9$$

4）检验近似条件。转速环开环截止频率为

$$\omega_{cn} = \frac{K_N}{\omega_1} = K_N\tau_n = 262\times0.107\text{s}^{-1} \approx 28\text{s}^{-1}$$

① 电流环传递函数简化条件

$$\frac{1}{3}\sqrt{\frac{K_I}{T_{\Sigma i}}} = \frac{1}{3}\sqrt{\frac{87.7}{0.0057}}\text{s}^{-1} \approx 41.35\text{s}^{-1} > \omega_{cn}$$

满足简化条件。

② 转速环小时间常数近似处理条件

$$\frac{1}{3}\sqrt{\frac{K_I}{T_{on}}} = \frac{1}{3}\sqrt{\frac{87.7}{0.01}}\text{s}^{-1} \approx 31.2\text{s}^{-1} > \omega_{cn}$$

满足近似条件。

5）计算调节器电阻和电容。参照图3-42调节器电路，取 $R_0 = 39\text{k}\Omega$，则：

$R_n = K_nR_0 = 10.9\times39\text{k}\Omega = 425.1\text{k}\Omega$，采用一个 $390\text{k}\Omega$ 和一个 $36\text{k}\Omega$ 金属膜电阻串联实现。

$C_n = \dfrac{\tau_n}{R_n} = \dfrac{0.107}{426\times10^3}\text{F} \approx 0.251\times10^{-6}\text{F} = 0.251\mu\text{F}$，采用一个 $0.22\mu\text{F}$ 和一个 $0.033\mu\text{F}$ 无极性电容并联实现。

6）校核转速超调量。当 $h=5$ 时，由表3-4查得，$\sigma_n = 37.6\%$，看上去不能满足10%的设计要求。实际上，由于表3-4是按线性系统计算的，而突加阶跃给定时，转速调节器饱和，不符合线性系统的前提，应该按转速调节器退饱和的情况重新计算超调量。详见以下分析。

3. 转速调节器退饱和时转速超调量的计算

如果双闭环直流调速系统的转速调节器没有饱和限幅的约束，调速系统可以在很大范围内线性工作，那么起动过程中转速动态响应曲线会是一个衰减振荡曲线，超调量大小与系统参数有关。如果校正成典型Ⅱ型系统，其数值是不会太小的（如例3-4中为37.6%）。而实际上，突加给定电压后，转速调节器很快就进入饱和限幅状态，输出恒定的电压 U_{im}^*，使电动机在恒流条件下起动，起动电流 $I_d \approx I_{dm} = U_{im}^*/\beta$，转速 n 则按线性规律上升，如图3-43所示。这时起动过程要比调节器没有限幅时慢得多，但不得不如此，否则起动电流就会超出允许值。

当转速继续上升超过给定电压所对应的给定转速值时（见图3-43中 O' 点），反馈电压大于给定电压，转速偏差电压变负，转速调节器退出饱和，即由饱和限幅状态进入线性调节状态，此时的转速环由开环进入闭环控制，迫使电流由最大值 I_{dm} 降到负载电流 I_{dL}。转速调节器开始退饱和时，由于电动机电流 I_d 仍大于负载电流 I_{dL}，电动机继续加速，直到 $I_d < I_{dL}$ 时，转速才降低，并经调整后趋于稳态。可见，在起动过程中转速必然超调，但这不是按线性系统规律的超调，而是经历了饱和非线性区域之后的超调，称为“退饱和超调”。

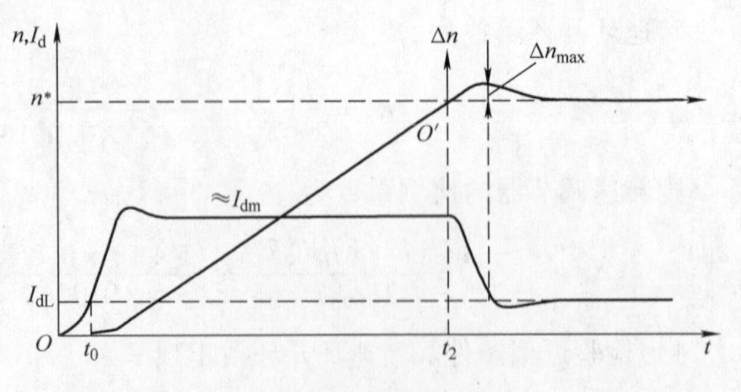

图 3-43 转速调节器有饱和限幅时调速系统起动过程

退饱和超调的超调量是多少呢？这要看具体调节而定。在退饱和过程中，调速系统重新进入线性范围工作，其动态结构图即描述系统的微分方程和前面分析系统动态性能时完全一样，只是初始条件不同而已。只要对比一下同一系统在负载扰动作用下的过渡过程，就可以找到一个简便的计算方法。

假定调速系统原来工作点在 O' 点，即在 I_{dm} 的条件下运行于转速 n^*，在点 O′突然将负载由 I_{dm} 降到 I_{dL}，转速会在突减负载的情况下，产生一个速升与恢复的过程，突减负载的速升过程与退饱和超调过程是完全相同的。

图 3-44a 所示是以转速 n 为输出量的调速系统动态结构图。现在只需考虑稳态转速值 n^* 以上的超调部分，以 $\Delta n = n - n^*$ 为输出，坐标原点移到 O' 点，初始条件则变成

$$\Delta n(0) = 0,\ I_d(0) = I_{dm}$$

只考虑负载扰动作用，可以令给定值为零，则动态结构图变成图 3-44b。

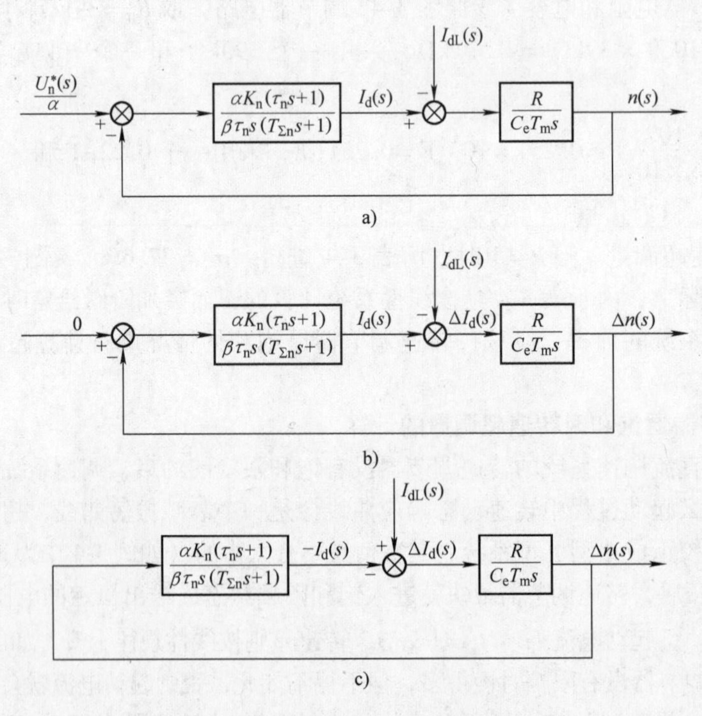

图 3-44 调速系统等效动态结构图

a）以转速 n 为输出量 b）以 Δn 为输出量 c）等效变换

为零的给定值可以不画，把 Δn 的负反馈作用反映到主通道第一个环节的输出量上来，得图3-44c 所示等效变换图，为保持负反馈关系不变，图中 $I_d(s)$ 和 $I_{dL}(s)$ 的 +、- 号都作了相应的变化。

图3-44c 和讨论典型Ⅱ型系统抗扰过程所用的图完全相同，可以利用表3-5 给出的典型Ⅱ型系统抗扰性能指标来计算退饱和超调量，但要注意基准值的计算。

在典型Ⅱ型系统抗扰性能指标中，ΔC 的基准值是

$$C_b = 2FK_2T$$

对比图3-44b 和图3-44c 可知

$$K_2 = \frac{R}{C_e T_m}$$

$$T = T_{\Sigma n}$$

$$F = I_{dm} - I_{dL}$$

所以，Δn 的基准值为

$$\Delta n_b = \frac{2RT_{\Sigma n}(I_{dm} - I_{dL})}{C_e T_m} \tag{3-44}$$

令电动机允许的电流过载倍数 $\lambda = \frac{I_{dm}}{I_{dN}}$

负载系数 $z = \frac{I_{dL}}{I_{dN}}$

开环额定稳态速降 $\Delta n_N = \frac{I_{dN}R}{C_e}$

代入式（3-44），得到

$$\Delta n_b = 2(\lambda - z)\Delta n_N \frac{T_{\Sigma n}}{T_m} \tag{3-45}$$

作为转速超调量 $\sigma_n\%$，其基准值应该是 n^*，退饱和超调量可以由表3-5 列出的 $\Delta C_{max}/C_b$ 数据经基准值换算后求得，即

$$\sigma_n\% = \left(\frac{\Delta C_{max}}{C_b}\right)\frac{\Delta n_b}{n^*} = 2\left(\frac{\Delta C_{max}}{C_b}\right)(\lambda - z)\frac{\Delta n_N}{n^*}\frac{T_{\Sigma n}}{T_m} \tag{3-46}$$

例3-5　试按退饱和超调量的计算方法计算例3-4 中调速系统空载起动到额定转速时的转速超调量，并校验它是否满足设计要求。

解　理想空载时 $z=0$，根据例3-3 和例3-4 的已知数据，并当 $h=5$ 时，由表3-5 查得 $\Delta C_{max}/C_b = 81.2\%$，代入式（3-46），得

$$\sigma_n\% = 2 \times 81.2\% \times 1.5 \times \frac{\frac{136 \times 0.5}{0.132}}{1460} \times \frac{0.0214}{0.2} \approx 9.2\% < 10\%$$

能满足设计要求。

由以上分析和例子计算可以得到以下结论：

1）退饱和超调量的大小与动态速降的大小是一致的，也就是说，考虑转速调节器饱和时系统的跟随性能与抗扰性能是一致的。这样一来，按典型Ⅱ型系统设计时，无论从哪方面看，都以选择 $h=5$ 为好。

2）从式（3-46）可知，超调量是随许多参数和条件变化的。当 h 选定后，不论稳态转速 n^* 是多少，动态速降的百分数都是一样的，但因为按照退饱和过程计算超调量，其具体数值还与稳态转速有关。例如例 3-5 中，如果只低速起动到额定转速的 25%，则超调量百分数为

$$\sigma_n\%\Big|_{0.25n_N}=\frac{9.2\%n_N}{0.25n_N}=36.8\%$$

如果要进一步压低超调量，甚至达到无超调，只有串联校正是做不到的，必须引入转速微分负反馈的反馈校正环节。这样，转速微分负反馈与转速硬反馈的作用相叠加，提早了退饱和时间，超调量就可以减小。

3）反电动势的动态影响对于电流环来说是可以忽略的。对于转速环来说，忽略反电动势的条件就不成立了。不过反电动势的影响只会使转速超调量更小，不考虑它并没有什么关系。

4）内、外环开环对数幅频特性的比较。图 3-45 把电流内环和转速外环的开环对数幅频特性画在一起进行比较，其中各个转折频率和截止频率由大到小依次排列为

$$\frac{1}{T_{\Sigma i}}=\frac{1}{0.0057}\mathrm{s}^{-1}\approx175.4\mathrm{s}^{-1}$$

$$\omega_{ci}=87.7\mathrm{s}^{-1}$$

$$\frac{1}{T_{\Sigma n}}=\frac{1}{0.0214}\mathrm{s}^{-1}\approx46.7\mathrm{s}^{-1}$$

$$\omega_{cn}=28\mathrm{s}^{-1}$$

$$\frac{1}{\tau_n}=\frac{1}{0.107}\mathrm{s}^{-1}\approx9.3\mathrm{s}^{-1}$$

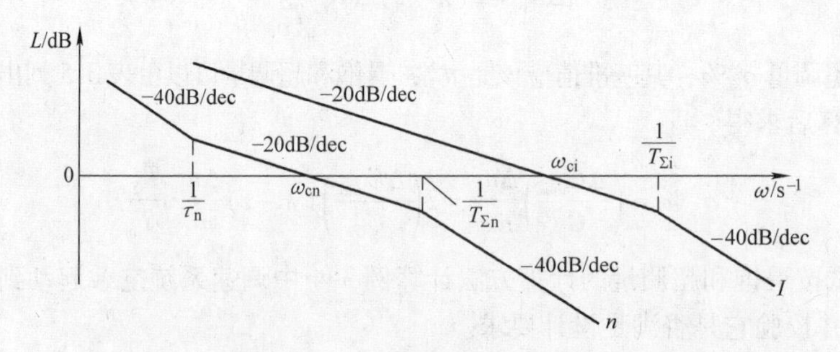

图 3-45 双闭环调速系统内环和外环开环对数幅频特性

可见，外环截止频率一定比内环小，也就是外环响应比内环慢。在一般的模拟控制系统中，$\omega_{cn}=20\sim50\mathrm{s}^{-1}$。而直流 PWM 调速系统可以大大降低各环节的时间常数，系统响应明显加快，可使 $\omega_{cn}=100\sim200\mathrm{s}^{-1}$。

外环的响应比内环慢，这是按上述工程设计方法设计多环控制系统的特点。这样虽然不利于快速性，但每个控制环本身都是稳定的，使系统调试工作比较方便。

4. 调节器电路设计的一般原则

模拟式调节器普遍采用运算放大器，其器件选择和电路设计应遵循一定原则。首先，一般运算放大器都工作在闭环状态下，设计时应确保电路不出现自激振荡；其次，当需要高精度放大时，还应考虑以下几个指标：输入失调电压、输入失调电流、输入偏置电流、共模抑制比及电源抑制比等。对于一般的运算放大器来讲，其输入阻抗都比较大（10MΩ 以上），而输出阻抗在闭环状态下都极小（1Ω 以下），在设计时可以不考虑。

(1) 运算放大器电路主要指标

输入失调电压是指输出为零时运算放大器两输入端之间的电位差，一般都为毫伏数量级。对双极型晶体管输入结构的运算放大器来说，这个指标要比场效应晶体管输入结构的运算放大器要好。

输入偏置电流和失调电流都与输出为零时加在两个输入端的偏置电流有关。前者定义为两个偏置电流的平均值，后者定义为两者之差。一般的情况更注重输入失调电流，它关系到运算放大器两端电阻的匹配问题。在这两个指标上，场效应晶体管型运算放大器比双极型运算放大器要好。

还有一些指标，如输入失调电压、输入失调电流、输入偏置电流的温度系数，它们是指单位温度变化时对应的该指标值的变化。为消除零漂的影响，调节器可以配置锁零电路。

除了以上静态指标外，在设计运算放大器电路时还要注意其动态指标，主要有带宽等。带宽有两种定义，一种是单位增益带宽，另一种是增益带宽积。一般应用中，运算放大器工作在非单位增益状态下，所以更关心增益带宽积。可根据所要处理的信号频率和最大增益之积是否小于运算放大器的增益带宽积并留足够的裕量来选择运算放大器。一般的运动控制系统信号频率都较低，该指标都能满足。

(2) 运算放大器输入电压限制及保护措施

正常状态下运算放大器同相、反相输入端之间的电位差可以认为是零，这就是“虚短”的概念，所有的分析都以此为基础。但实际情况中可能因为干扰等原因出现两端之间的电位差较大而损坏运算放大器。为了避免此类情形的发生，通常在运算放大器的同相、反相端之间反向并联两个二极管，利用二极管的导通压降进行限幅。

一般运算放大器都有一定的共模抑制能力，用共模抑制比表示，在规定的共模输入范围内其共模误差是很小的。但当同相、反相端的共模电压过大时共模误差则会突然增大，甚至会造成器件损坏。所以对于经过长线输送过来的信号或“浮地”信号进行放大时，最好采用差动电路，以保证消除共模信号。使用同相放大电路时，则要注意输入信号幅值不要超过运算放大器规定的最大共模输入范围。

作为调节器的运算放大器的电源一般采用对称双电源。电源波动也会影响放大电路性能，严重时还会造成运算放大器自激振荡，所以要在电源对地之间加退耦电路，退耦电路一般采用 10～100μF 电解电容与 0.01～0.1μF 陶瓷电容并联靠近接在运算放大器电源脚与地之间。

如果后级电路对输入信号幅度有限制要求，则运算放大器输出还要加限幅电路。

3.3 可逆直流调速系统

由于晶闸管的单向导电性，它只能为直流电动机提供单一方向的电流，因此前面讨论的晶闸管直流调速系统都是不可逆调速系统。这种系统仅适用于不要求改变电动机旋转方向(或不需频繁正、反转)、同时对停车的快速性也没有特殊要求的生产机械，如造纸机、车床、镗床等。但是在生产中有些机械，如可逆轧机、龙门刨床等要求电动机能够实现快速正、反转，以提高产量和加工质量；开卷机、卷取机等虽然不需要正、反向运行，但需要快速制动；电梯拖动电动机不但要正、反转，还要快速起、制动。对于这些运动控制系统，必须采用可逆调速系统。可逆调速系统需要实现四象限运行的功能，如图 3-46所示。

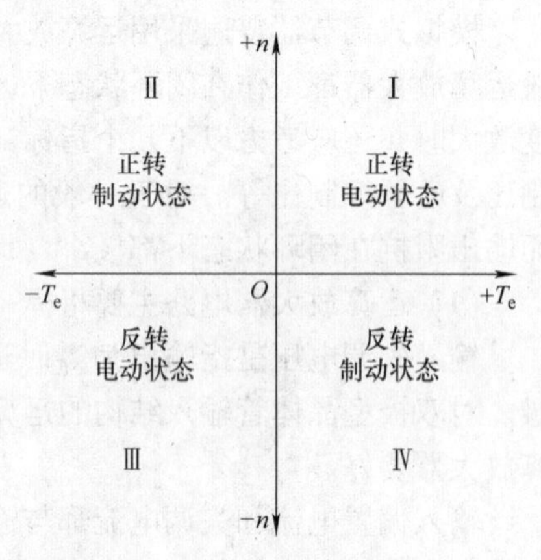

图 3-46　调速系统的四象限运行

可逆调速系统在制动时除了缩短制动时间外，还能将拖动系统的机械能转换成电能回送电网，特别是大功率的拖动系统，节能效果非常明显。

改变电枢电压的极性，或者改变励磁电流的方向，都能够改变直流电动机的旋转方向。可逆直流调速系统采用的电力电子变换器有下述两种形式。

3.3.1　PWM 可逆直流调速系统

可逆 PWM 变换器主电路有多种形式，其中最常用的是桥式电路，也称 H 形电路，如图 3-47所示。

电动机两端电压 U_{AB} 的极性由全控型电力电子器件的开关状态决定，而开关状态与控制方式有关。可逆 PWM 变换器的控制方式有双极式、单极式、受限单极式等，这里仅分析最常用的双极式控制的可逆 PWM 变换器。

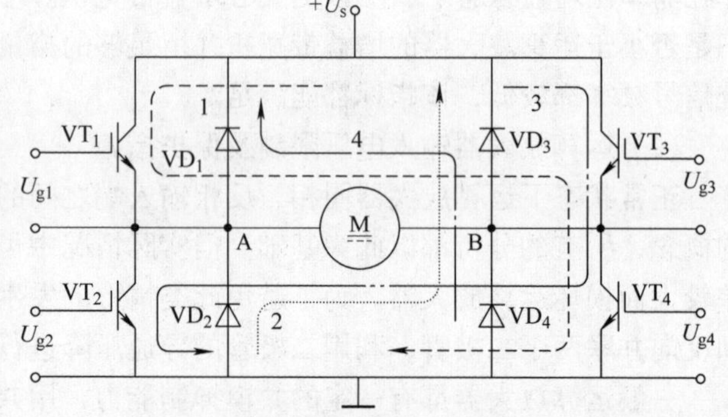

图 3-47　桥式可逆 PWM 变换器主电路

双极式控制的可逆 PWM 变换器的 4 个开关管的驱动电压波形如图 3-48所示。其中，$U_{g1}=U_{g4}=-U_{g2}=-U_{g3}$，在一个开关周期内，当 $0 \leqslant t < t_{on}$ 时，$U_{AB}=U_s$，电枢电流 i_d 沿回路1 流通；当 $t_{on} \leqslant t < T$ 时，驱动电压反号，i_d 沿回路 2 经二极管续流，$U_{AB}=-U_s$。可见，电动机电枢电压在一个周期内具有正、负相间的脉冲波形，故称为双极式。电枢电压平均值则由正、负脉冲的宽窄决定。当正脉冲较宽时，$t_{on} > T/2$，则平均值为正，电动机正转；反之则反转。如果正、负脉冲相等，$t_{on}=T/2$，平均输出电压为零，则电动机停止。电枢电压的正、负极性变化，使得电流波形随之波动。图 3-48 中画出了两个电流波形，i_{d1} 为电动机负载较重时的情况，这时负载电流大，在续流阶段电流仍维持正方向，电动机始终工作在第Ⅰ象限的电动状态；i_{d2} 为电动机负载很轻的情况，平均电流小，在续流阶段电流很快衰减到零，此时二极管终止续流，而反向开关器件导通，电枢电流反向，如线段 3 和 4，电动机处于第Ⅱ象限的制动状态。

双极式控制可逆 PWM 变换器的输出平均电压计算公式为

$$U_{\mathrm{d}}=\frac{t_{\mathrm{on}}}{T}U_{\mathrm{s}}-\frac{T-t_{\mathrm{on}}}{T}U_{\mathrm{s}}=\left(\frac{2t_{\mathrm{on}}}{T}-1\right)U_{\mathrm{s}}$$

显然，占空比ρ与电压系数γ的关系为

$$\gamma=2\rho-1$$

这和不可逆变换器中的关系是不一样的。

改变ρ就可以调速，ρ可在0～1变化，则γ相应地在-1～+1变化。当$\rho>\frac{1}{2}$时，γ为正，电动机正转；当$\rho<\frac{1}{2}$时，γ为负，电动机反转；当$\rho=\frac{1}{2}$时，$\gamma=0$，电动机停止。电动机停止时，电枢电压平均值为零但波形是正、负脉宽相等的交变脉冲电压，因而电流也是交变的。这个电流不产生平均转矩，但有一个高频微振转矩，能够消除停止时的静摩擦死区，起到“动力润滑”的作用。不过电动机的损耗会增大。

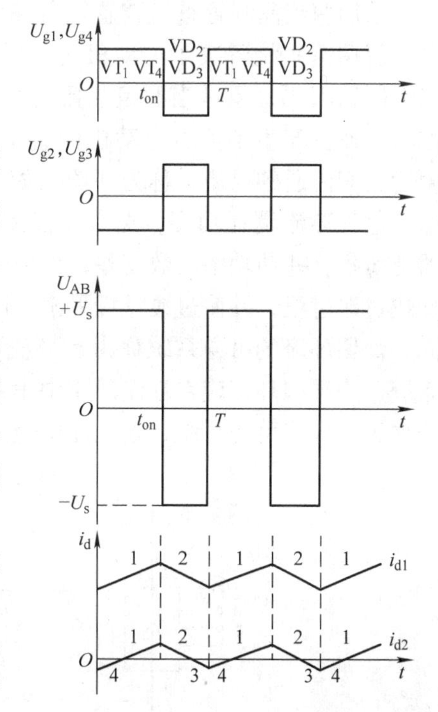

图3-48　双极式PWM变换器波形

双极式控制的桥式可逆PWM变换器具有以下优点：①电流总是连续的；②电动机可以四象限运行；③能消除静摩擦死区；④调速范围大，低速平稳性好。但这种变换器也有不足之处：在工作过程中，4个桥臂上的开关器件都处于开关状态，总的开关损耗较大，而且上、下臂切换时可能发生直通事故，为了防止直通，在上、下臂驱动脉冲之间应设置逻辑延时。为了克服这些缺点，可采用单极式控制方式，使有的器件处于常通或常断状态，以减少开关次数，降低开关损耗，但可能会影响到系统的静、动态性能。

3.3.2　V-M可逆直流调速系统

晶闸管可逆直流调速电路有两种形式：一种是电枢可逆电路；另一种是磁场可逆电路。电枢可逆方案是改变电枢回路中电流的方向，由于电枢回路电感小，时间常数小（约几十毫秒），反向过程快，因此适用于频繁起、制动和要求过渡过程量短的生产机械，如轧机的主、副传动和龙门刨床刨台的拖动等。但是这种方案需要两套大容量晶闸管装置，投资较大。在磁场可逆方案中，主电路只要一套晶闸管整流装置，而励磁回路用两套小容量晶闸管装置，比较经济。但是由于电动机励磁回路电感量比较大，时间常数大（约零点几秒到几秒），所以反向过程较慢。而且励磁电流过零时要控制电枢电压为零，以免发生“飞车”现象，所以控制变得复杂。磁场可逆方案应用较少，只适用于正、反转不大频繁的大容量可逆传动场合。

V-M电枢可逆直流调速系统的主电路采用两组晶闸管装置组成反并联可逆电路，如图3-49所示。电动机正转工作时，由正组晶闸管装置（VF）供电；反转时，由反组晶闸管装置（VR）供电。两组晶闸管装置分别由两套触发电路控制。在V-M系统中不允许使两组晶闸管同时处于整流状态，否则将造成电源短路事故，因此对控制电路有严格要求。在电动

机正、反转过渡过程中或快速制动时，可以让反组晶闸管装置工作在逆变状态，利用它实现回馈制动；反之亦然。

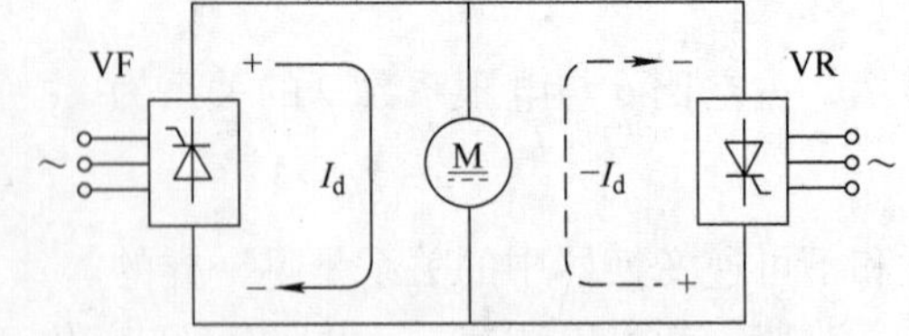

图 3-49　反并联可逆电路

采用两组晶闸管整流装置反并联的 V-M 可逆直流调速系统解决了电动机正、反转运行和回馈制动问题，但是当两组晶闸管装置同时工作时，便会产生不流过电动机而直接在两组晶闸管之间流通的电流，称为环流，如图 3-50 所示。这种环流消耗功率，加重了晶闸管和变压器的负担，并使功率因数变差，但由于保留适当的环流，可以减少电枢电流转换时的死区，加快过渡过程，并使过渡过程平滑，因此根据对系统性能的要求不同，处理环流的方式也不同。保留环流的可逆系统称为有环流可逆系统，如配合控制（$\alpha_f=\beta_r$）的有环流可逆 V-M 系统，为限制环流应在环流回路中串入环流电抗器或称均衡电抗器。没有环流存在的可逆系统称为无环流可逆系统，如工业中应用较多的逻辑控制无环流可逆调速系统。

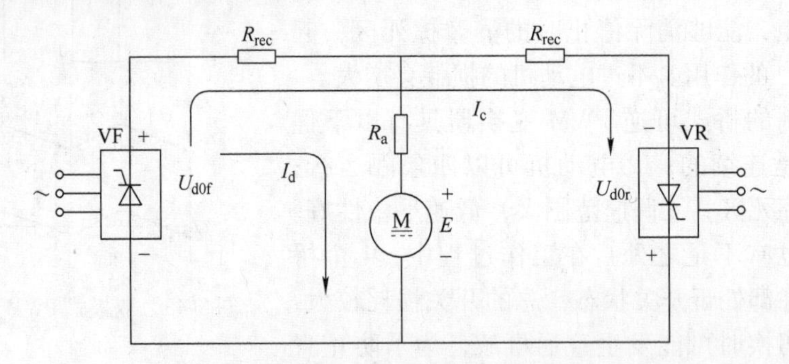

图 3-50　反并联可逆系统中的环流

图 3-51 所示为逻辑控制无环流可逆直流调速系统原理图。现分析其工作原理。

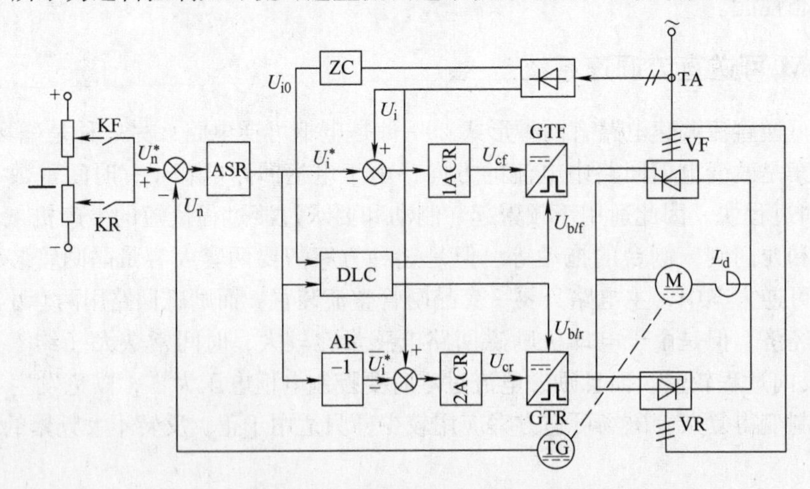

图 3-51　逻辑控制无环流可逆直流调速系统原理图

1. 主电路

主电路采用正、反两组晶闸管全控桥式整流装置 VF 和 VR 反并联供电的电路。L_d 为平波电抗器，以减小纹波及使电流连续。由于没有环流，不必设置环流电抗器。

2. 检测电路和反馈电路

TG为永磁式测速发电机，它将转速检测信号 U_n 反馈到转度调节器的输入端。TA为电流互感器，其二次电流经整流后得到与电枢电流成正比的电压信号，分别送到电流调节器1ACR、2ACR和零电流检测环节ZC的输入端。

3. 触发电路和控制电路

GTF为正组晶闸管触发电路，GTR为反组晶闸管触发电路。1ACR为正组电流调节器，其输入信号为速度调节器的输出信号 U_i^* 与电流反馈信号 U_i 的综合，其输出信号 U_{cf} 送给GTF。

2ACR为反组电流调节器，其输入信号为速度调节器的输出经反相后的信号 $\overline{U}_i^*$ 与电流反馈信号 U_i 的综合，其输出信号 U_{cr} 送给GTR。各调节器均为带输出限幅的PI调节器。ASR和ACR构成典型的转速、电流双闭环系统。转速给定信号 U_n^* 通过开关KF、KR可以改变极性，调节电位器可以调节速度。

4. 逻辑控制器

图3-51中，DLC为逻辑控制器，它是由电子元器件构成的逻辑控制部件，其输入信号是电流给定信号 U_i^* 和零电流检测信号 U_{i0}，输出两个控制信号 U_{blf} 和 U_{blr}，分别送往正、反两组触发电路的“脉冲封锁”控制端。这两个控制信号必须有联锁的保护，决不允许出现两组同时开放的状态，保证只可能有一组进行工作，不会产生环流。

这里采用 U_i^* 信号是因为它的极性代表了改变转矩极性的要求，此外正、反组的切换还必须等到电枢电流 I_d 降到零时才能进行，所以还要判断 U_{i0} 确实为零。逻辑切换指令发出后并不能马上执行，还需经过两段延时时间，以确保系统的可靠工作，这就是封锁延时 t_{dbl} 和开放延时 t_{dt}。

5. 转速反向的过渡过程分析

1）正向运转：假定原来KF接通，U_n^* 的极性为正，U_i^* 的极性为负，此时逻辑控制器发出的控制信号 U_{blf} 为“1”，正组处于工作状态（即ASR、1ACR、GTF、VF处于工作状态）；U_{blr} 为“0”，反组处于封锁阻断状态，电网通过正组可控整流装置VF对电动机供电，电动机正转。

2）停车时的回馈制动：需要停车时，KF断开，$U_n^* = 0$，电动机由于惯性仍在正向转动，U_n 极性仍为负，这样将使 ΔU_n 变为数值较大的负电压，从而使转速调节器输出电压 U_i^* 的数值急剧下降。电流给定值的下降，将使电枢电流 I_d 不断下降，电磁转矩 T_e 同时下降，电动机转速 n 也跟着下降。

接下来 U_i^* 改变极性，再当电流 I_d 降到零时，DLC将发出逻辑切换指令，经延时 t_{dbl} 后使 U_{blf} 由“1”变为“0”，正组被封锁阻断；再经延时 t_{dt} 后使 U_{blr} 由“0”变“1”，反组开始投入运行。由于反组开通工作，将使电枢电流反向流动，电磁转矩 T_e 也反向，而此时电动机依靠惯性仍在正转，故电磁转矩 T_e 起制动作用，电动机转速将迅速下降。这时的电动机处于发电状态，反组可控整流装置VR处于有源逆变状态，向电网回馈电能。所以此时系统处于回馈制动状态。

3）反向运转：当开关KR接通时，此时 U_n^* 极性变负，反组工作，正组阻断，电动机反向起动，经与前述双闭环系统相同的起动过程后进入反转稳定运行。

3.4　弱磁控制的直流调速系统

3.4.1　弱磁与变压协调控制

在他励直流电动机的调速方法中，变电压方法是从基速（即额定转速）向下调速（只减小电压，保持磁通不变），而降低励磁电流以减弱磁通（电压保持额定值）的方法则是从基速向上调速。由于为了充分利用电动机又避免过热，应使电动机电枢电流不超过额定值，因此，采用上述两种不同的调速方式，其转矩和功率特性也不一样。

1. 恒转矩调速方式

在变压调速范围内，根据电磁转矩公式 $T_e = C_T \Phi I_d$，如果保持励磁磁通不变，即 $\Phi = \Phi_N$，当允许的电枢电流不变时，允许的转矩也不会变，故称为“恒转矩调速方式”。此时，$P = T_e \omega$，当转速上升时，输出功率也上升。

2. 恒功率调速方式

在弱磁调速范围内，当允许的电枢电流不变时，若 Φ 减小，则转速上升，同时允许转矩减小，而转矩与转速的乘积不变，即容许功率不变，故称为“恒功率调速方式”。但因受电动机换向器的限制，升速范围不能很大。

由此可见，所谓“恒转矩”和“恒功率”调速方式，是指在不同运行条件下，当电枢电流为其额定值时，所容许的转矩或功率不变，是电动机能长期承受的限度。但是，由于实际电动机输出的转矩和功率要由具体负载决定，而不同性质的负载要求也不一样，因此电力拖动系统采用何种调速方式应根据负载特性和生产要求来选取，并应使调速系统特性与负载特性相匹配。显然，恒转矩调速方式适合恒转矩负载，恒功率调速方式更适合恒功率负载。

在实际中，如负载要求调速范围较大时，经常采用电压和磁场协调控制的策略：

1）在基速以下保持磁通为额定值不变，只调节电枢电压。

2）在基速以上把电压保持为额定值，减弱磁通升速，升速范围一般不超过2∶1，专用电机为（3～4）∶1。

弱磁与变压协调控制特性如图3-52所示。其中，横坐标为转速，以 n_N 为界，分为基速以下变压调速和基速以上弱磁调速两个区域。可见在变压调速区域，磁通不变，转矩也不变，随着电压减小转速降低功率也降低，而在弱磁调速区域，电压不变，功率也不变，随着磁通减弱转速上升而转矩减小。

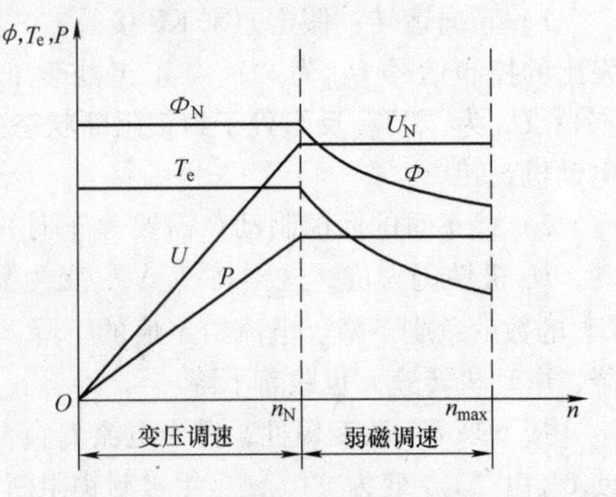

图3-52　弱磁与变压协调控制特性

3.4.2　弱磁与变压协调控制的直流调速系统

从图3-52给出的弱磁与变压协调控制的特性可知，其存在两个工作区域。因而在实际运行中需要一种合适的控制方法，可以在这两个区域交替工作，也能从一个区域平滑地过渡到另一个区域中去。

实现这样的控制要求，可以采用的基本思路如下：根据直流电动机的反电动势公式

$$E = K_e \Phi n$$

如果在弱磁调速过程中能保持电动机反电动势 E 不变，则减小磁通 Φ 时转速 n 将随之升高。那么就可以在控制系统中引入励磁电流调节器（AFR），AFR 一般也采用 PI 调节器。带有励磁电流闭环的弱磁与变压协调控制的直流调速系统原理图如图 3-53 所示。

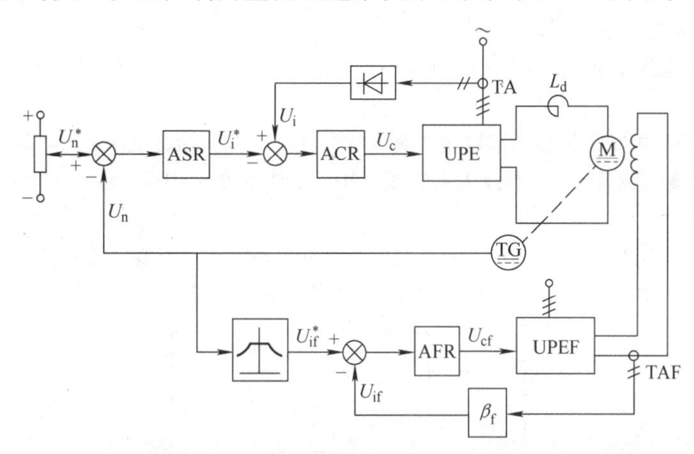

图 3-53　带有励磁电流闭环的弱磁与变压协调控制的直流调速系统原理图
AFR—励磁电流调节器　UPEF—励磁电力电子变换器　TAF—励磁电流互感器

图 3-53 中，电枢电压控制系统仍采用常规的转速、电枢电流双闭环控制，为了控制磁场，再用励磁电流闭环控制。当电动机在额定转速以下变压调速时，励磁电流给定值即励磁给定环节的输出 $U_{if}^* = U_{ifN} = \beta_f I_{fN}$，其中，$\beta_f$ 为励磁电流反馈系数，I_{fN} 为额定励磁电流。励磁电流环将励磁电流稳定在额定值，使气隙磁通等于额定磁通 Φ_N。当提高 U_n^* 欲使转速大于额定值时，U_n 跟着上升，按照要求，磁通减弱即励磁电流给定 U_{if}^* 逐步减小，在励磁电流闭环调节下，励磁电流 I_f 也跟着减小，使磁通 Φ 小于额定磁通 Φ_N，电动机工作在弱磁状态，实现基速以上的恒功率调速。

本章小结

本章介绍了各种形式闭环控制的直流调速系统。采用闭环控制可以显著改善调速系统的稳态性能和抗干扰性能，加上合适的调节器进行校正，可使系统动态性能也符合要求。转速、电流双闭环直流调速系统是经典的直流调速方案，曾有广泛的应用，其转速和电流调节器 分别控制与各司其职的思想一直沿用至今，对于后来的运动控制系统的构造和实现具有重要影响，也是本章学习的重点。直流可逆调速系统目前在高性能直流电动机驱动器上普遍使用，应当有所了解。弱磁控制的直流调速系统可视需要有选择地学习。

思考题与习题

3-1　试分析比较开环和闭环控制系统，在哪些方面可以改善系统的性能？

3-2　在转速负反馈调速系统中，当电网电压、负载转矩、电动机励磁电流、电枢电阻、测速发电机励

磁各量发生变化时，都会引起转速的变化，问系统对上述各量有无调节能力？为什么？

3-3　为什么用积分控制的调速系统是无静差的？在转速单闭环调速系统中，当积分调节器的输入偏差电压为零时，调节器的输出电压是多少？它决定于哪些因素？

3-4　在无静差转速单闭环调速系统中，转速的稳态精度是否还受给定电源和测速发电机精度的影响？请说明理由。

3-5　简答下列问题：

（1）在转速负反馈单闭环有静差调速系统中，突减负载后又进入稳定运行状态，此时晶闸管整流装置的输出电压 U_d 较之负载变化前是增大、减小还是不变？

（2）在无静差调速系统中，突加负载后进入稳态时转速 n 和整流装置的输出电压 U_d 是增大、减小还是不变？

3-6　有一直流稳压电源，其稳态结构图如图 3-54 所示。已知，给定电压 $U_g^* = 8.8V$，比例调节器放大系数 $K_p = 3$，电压调整及功率放大电路放大系数 $K_s = 10$，反馈系数 $\gamma = 0.7$。求：

（1）输出电压 U_d；

（2）若把反馈通道断开，U_d 为何值？开环时的输出电压是闭环时的多少倍？

（3）若把反馈系数减至 $\gamma = 0.5$，当保持同样的输出电压时，给定电压应为多少？

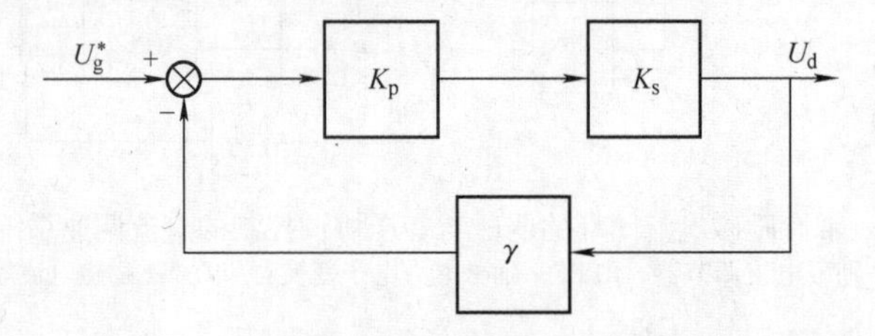

图 3-54　习题 3-6 图

3-7　有一 V-M 调速系统：电动机参数 $P_N = 2.2kW$，$U_N = 220V$，$I_N = 12.5A$，$n_N = 1500r/min$，电枢电阻 $R_a = 1.2\Omega$，整流装置内阻 $R_{rec} = 1.5\Omega$，触发整流环节的放大倍数 $K_s = 35$。要求系统满足：调速范围 $D = 20$，静差率 $s \leqslant 10\%$。

（1）计算开环系统的稳态速降 Δn_{op} 和调速要求所允许的闭环稳态速降 Δn_{cl}；

（2）采用转速负反馈组成闭环系统，试画出系统的原理图和稳态结构图；

（3）调整该系统参数，使当 $U_n^* = 15V$ 时，$I_d = I_N$，$n = n_N$，则转速负反馈系数 α 应该是多少？

（4）计算放大器所需的放大倍数。

3-8　在转速、电流双闭环直流调速系统中，ASR 和 ACR 各起什么作用？

3-9　试从下面 5 个方面来比较转速、电流双闭环直流调速系统和带电流截止环节的转速单闭环直流调速系统：

（1）调速系统的稳态特性；

（2）动态限流性能；

（3）起动的快速性；

（4）抗负载干扰的性能；

（5）抗电源电压波动的性能。

3-10　在转速、电流双闭环直流调速系统中，ASR、ACR 均采用 PI 调节器。已知电动机参数：$P_N = 3.7kW$，$U_N = 220V$，$I_N = 20A$，$n_N = 1000r/min$，电枢回路总电阻 $R = 1.5\Omega$。设 $U_{nm}^* = U_{im}^* = U_{cm} = 8V$，电枢回路最大电流 $I_{dm} = 40A$，电力电子变换器的放大系数 $K_s = 40$。试求：

（1）电流反馈系数 β 和转速反馈系数 α；

（2）当电动机在最高转速发生堵转时的 U_{d0}、U_i^*、U_i、U_c 值。

3-11　在一个由三相零式晶闸管整流装置供电的转速、电流双闭环直流调速系统中，已知电动机的额定数据：$P_N=60\text{kW}$，$U_N=220\text{V}$，$I_N=300\text{A}$，$n_N=1000\text{r/min}$，电动势系数 $C_e=0.196\text{V}\cdot\text{min/r}$，电枢回路总电阻 $R=0.18\Omega$，触发整流环节的放大倍数 $K_s=35$，电磁时间常数 $T_l=0.012\text{s}$，机电时间常数 $T_m=0.22\text{s}$，电流反馈滤波时间常数 $T_{oi}=0.0025\text{s}$，转速反馈滤波时间常数 $T_{on}=0.015\text{s}$。额定转速时的给定电压 $(U_n^*)_N=10\text{V}$，ASR、ACR饱和输出电压 $U_{im}^*=8\text{V}$，$U_{cm}=6.5\text{V}$。系统的稳、动态指标为：稳态无静差，调速范围 $D=10$，电流超调量 $\sigma_i\leqslant5\%$，空载起动到额定转速时的转速超调量 $\sigma_n\leqslant10\%$。试求：

（1）确定电流反馈系数 β（假定起动电流限制在 $1.5I_N$ 以内）和转速反馈系数 α；

（2）试设计电流调节器，调节器输入电阻取 $R_0=39\text{k}\Omega$，计算其余参数 R_i、C_i、C_{oi}。画出其电路图；

（3）试设计转速调节器，计算其参数 R_n、C_n、C_{on}（$R_0=39\text{k}\Omega$）；

（4）计算电动机带40%额定负载起动到最低转速时的转速超调量 σ_n；

（5）计算空载起动到额定转速的时间。

3-12　试分析直流脉宽调速系统的不可逆和可逆电路的区别。

3-13　晶闸管可逆系统中环流产生的原因是什么？有哪些抑制方法？

3-14　无环流逻辑控制器中为什么必须设置封锁延时和开放延时？延时过大或过小对系统有何影响？

3-15　请从系统组成、功用、工作原理、特性等方面比较PWM可逆直流调速系统与晶闸管可逆直流调速系统的异同点。

3-16　弱磁与变压协调控制系统空载起动到额定转速以上，主电路电流和励磁电流的变化规律是什么？

第 4 章　交流异步电动机调速系统

本章教学要求与目标

- 掌握变压控制系统及其应用
- 掌握恒压频比变压变频调速的基本原理
- 了解各种高性能变压变频调速系统
- 熟悉通用变频器的构成和使用方法

异步电动机具有结构简单、制造容易、维护方便等优点，以前多用于不需调速的场合。随着电力电子技术的发展，静止式电力电子装置得到广泛应用，交流调速系统已大量取代直流调速系统。本章根据异步电动机稳态等效电路模型和动态等效电路模型，分析各个参数之间的关系及电动机特性，并在此基础上设计调速系统。

4.1　异步电动机的稳态数学模型和调速方法

4.1.1　异步电动机的稳态数学模型

异步电动机的稳态数学模型是指异步电动机稳态运行时的等效电路和机械特性。稳态等效电路模型描述异步电动机的稳态电气特性，而机械特性表征了转矩与转差率（或转速）的稳态关系。

1. 异步电动机稳态等效电路

根据“电机与拖动基础”课程的知识，若在下述假定条件下：忽略空间和时间谐波、磁路没有饱和、忽略铁耗，则异步电动机的稳态数学模型可以用 T 形等效电路表示，如图 4-1所示。

同步转速为

$$n_1 = \frac{60f_1}{n_p} \tag{4-1}$$

式中　f_1——供电电源频率；

n_p——电动机极对数。

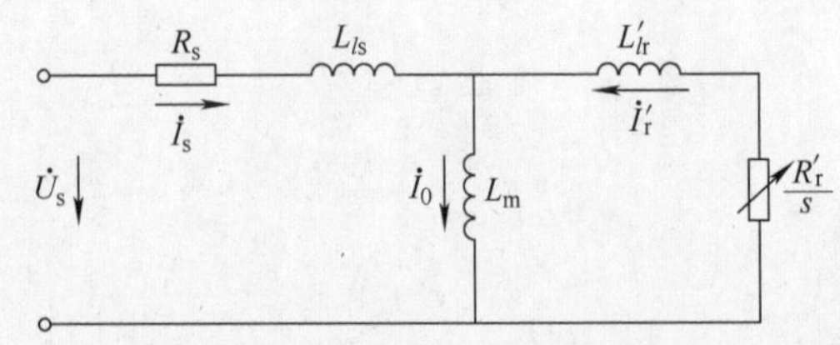

图 4-1　异步电动机 T 形等效电路

R_s、R'_r—定子每相绕组电阻和折算到定子侧的转子每相绕组电阻

L_{ls}、L'_{lr}—定子每相绕组漏感和折算到定子侧的转子每相绕组漏感

L_m—定子每相绕组产生气隙主磁通的等效电感即励磁电感

转差率与转速的关系为

$$s = \frac{n_1 - n}{n_1} \tag{4-2}$$

或

$$n = (1 - s)n_1 \tag{4-3}$$

由图 4-1 可以导出折算到定子侧的转子相电流为

$$I_{\mathrm{r}}' = \frac{U_{\mathrm{s}}}{\sqrt{\left(R_{\mathrm{s}} + C_1 \dfrac{R_{\mathrm{r}}'}{s}\right)^2 + \omega_1^2 \ (L_{l\mathrm{s}} + C_1 L_{l\mathrm{r}}')^2}}$$

式中，$C_1 = 1 + \dfrac{R_{\mathrm{s}} + \mathrm{j}\omega_1 L_{l\mathrm{s}}}{\mathrm{j}\omega_1 L_{\mathrm{m}}} \approx 1 + \dfrac{L_{l\mathrm{s}}}{L_{\mathrm{m}}}$。

在一般情况下，$L_{l\mathrm{s}} \ll L_{\mathrm{m}}$，即 $C_1 \approx 1$，则空载电流（即励磁电流）I_0 可以忽略，得到图4-2所示的简化等效电路。则电流公式可简化成

$$I_{\mathrm{s}} \approx I_{\mathrm{r}}' = \frac{U_{\mathrm{s}}}{\sqrt{\left(R_{\mathrm{s}} + \dfrac{R_{\mathrm{r}}'}{s}\right)^2 + \omega_1^2 (L_{l\mathrm{s}} + L_{l\mathrm{r}}')^2}} \tag{4-4}$$

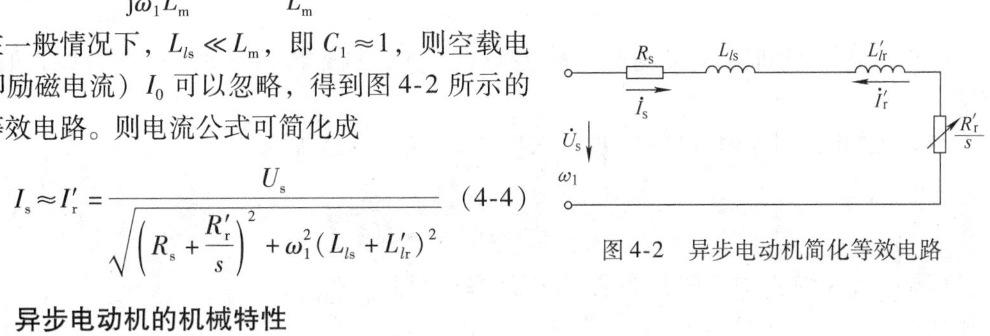

图4-2　异步电动机简化等效电路

2. 异步电动机的机械特性

异步电动机的电磁功率为

$$P_{\mathrm{em}} = \frac{3I_{\mathrm{r}}'^2 R_{\mathrm{r}}'}{s}$$

机械同步角速度为

$$\omega_{\mathrm{m1}} = \frac{\omega_1}{n_{\mathrm{p}}}$$

则异步电动机的电磁转矩为

$$\begin{aligned} T_{\mathrm{e}} &= \frac{P_{\mathrm{em}}}{\omega_{\mathrm{m1}}} = \frac{3n_{\mathrm{p}}}{\omega_1} I_{\mathrm{r}}'^2 \frac{R_{\mathrm{r}}'}{s} \\ &= \frac{3n_{\mathrm{p}} U_{\mathrm{s}}^2 R_{\mathrm{r}}'/s}{\omega_1 \left[\left(R_{\mathrm{s}} + \dfrac{R_{\mathrm{r}}'}{s}\right)^2 + \omega_1^2 (L_{l\mathrm{s}} + L_{l\mathrm{r}}')^2\right]} = \frac{3n_{\mathrm{p}} U_{\mathrm{s}}^2 R_{\mathrm{r}}' s}{\omega_1 \left[(sR_{\mathrm{s}} + R_{\mathrm{r}}')^2 + s^2 \omega_1^2 (L_{l\mathrm{s}} + L_{l\mathrm{r}}')^2\right]} \end{aligned} \tag{4-5}$$

式（4-5）就是异步电动机的机械特性方程式。

将式（4-5）对 s 求导并令其等于0，可求出对应于最大转矩时的转差率，称为临界转差率

$$s_{\mathrm{m}} = \frac{R_{\mathrm{r}}'}{\sqrt{R_{\mathrm{s}}^2 + \omega_1^2 (L_{l\mathrm{s}} + L_{l\mathrm{r}}')^2}} \tag{4-6}$$

将式（4-6）代入式（4-5）得到最大转矩，又称为临界转矩

$$T_{\mathrm{em}} = \frac{3n_{\mathrm{p}} U_{\mathrm{s}}^2}{2\omega_1 \left[R_{\mathrm{s}} + \sqrt{R_{\mathrm{s}}^2 + \omega_1^2 (L_{l\mathrm{s}} + L_{l\mathrm{r}}')^2}\right]} \tag{4-7}$$

将式（4-5）分母展开得

$$T_{\mathrm{e}} = \frac{3n_{\mathrm{p}} U_{\mathrm{s}}^2 R_{\mathrm{r}}' s}{\omega_1 \left[s^2 R_{\mathrm{s}}^2 + R_{\mathrm{r}}'^2 + 2sR_{\mathrm{s}} R_{\mathrm{r}}' + s^2 \omega_1^2 (L_{l\mathrm{s}} + L_{l\mathrm{r}}')^2\right]}$$

$$=\frac{3n_{\mathrm{p}}U_{\mathrm{s}}^{2}R_{\mathrm{r}}'s}{\omega_{1}[\omega_{1}^{2}(L_{l\mathrm{s}}+L_{l\mathrm{r}}')^{2}s^{2}+R_{\mathrm{s}}^{2}s^{2}+2sR_{\mathrm{s}}R_{\mathrm{r}}'+R_{\mathrm{r}}'^{2}]}$$

当 s 很小时，忽略分母中含 s 的各项，则近似有

$$T_{\mathrm{e}}\approx\frac{3n_{\mathrm{p}}U_{\mathrm{s}}^{2}s}{\omega_{1}R_{\mathrm{r}}'}\propto s \tag{4-8}$$

可见，当 s 很小时，转矩近似与转差率成正比，机械特性近似为一条直线，如图 4-3 所示。

当 s 较大时，可忽略分母中 s 的一次项和零次项，则近似有

$$T_{\mathrm{e}}\approx\frac{3n_{\mathrm{p}}U_{\mathrm{s}}^{2}R_{\mathrm{r}}'}{\omega_{1}s[R_{\mathrm{s}}^{2}+\omega_{1}^{2}(L_{l\mathrm{s}}+L_{l\mathrm{r}}')^{2}]}\propto\frac{1}{s} \tag{4-9}$$

可见，当 s 较大时，转矩近似与转差率成反比，机械特性是一段双曲线。当 s 在以上两段的中间值时，机械特性从直线段逐渐过渡到双曲线，如图 4-3 所示。

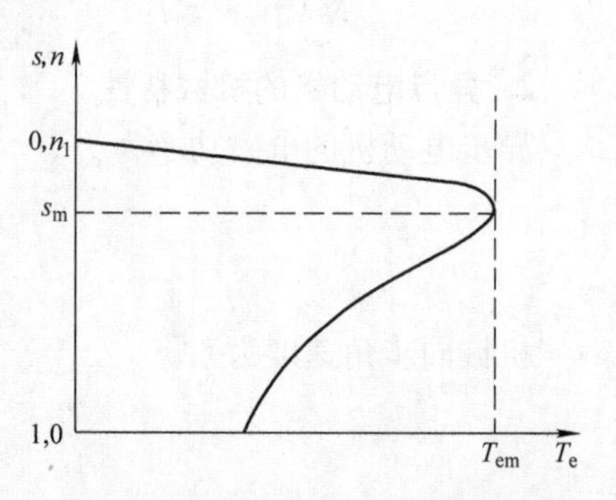

图 4-3　异步电动机的机械特性

异步电动机供电电压、频率均为额定值，且无外加电阻和电抗时的机械特性方程式为

$$T_{\mathrm{e}}=\frac{3n_{\mathrm{p}}U_{\mathrm{sN}}^{2}R_{\mathrm{r}}'s}{\omega_{1\mathrm{N}}[(sR_{\mathrm{s}}+R_{\mathrm{r}}')^{2}+s^{2}\omega_{1\mathrm{N}}^{2}(L_{l\mathrm{s}}+L_{l\mathrm{r}}')^{2}]} \tag{4-10}$$

式（4-10）称为异步电动机固有机械特性。

4.1.2　异步电动机的调速方法

由式（4-5）异步电动机的机械特性方程式可知，如果改变有关参数就可以改变机械特性，这就是所谓的人为机械特性。能够改变的参数可分为 3 类，即电动机参数、电源电压 U_{s}、电源频率 f_1（或角频率 ω_1）。“电机与拖动基础”课程里已对改变电动机参数的人为特性作了详细讨论，在此不再重复叙述。使电动机工作在不同的人为机械特性上就能达到调速的目的。本章着重讨论改变电压调速和改变频率调速的方法。

4.2　异步电动机的变压控制系统

4.2.1　异步电动机的变压调速

由上述已知，改变电源电压（一般只能降压）可以调节异步电动机转速，而过去改变交流电压的方法多采用自耦变压器或带直流励磁绕组的饱和电抗器，自从电力电子技术发展起来之后，这些笨重的电磁装置就被晶闸管交流调压器（TVC）取代了。晶闸管交流调压器一般用 3 对单向晶闸管反并联或 3 个双向晶闸管分别串接在三相电路中，如图 4-4a 所示，其调压方式一般采用相位控制模式。图 4-4b 所示为采用双向晶闸管的异步电动机正、反转可逆电路。交流调压主电路接法和触发控制电路有多种方案，详见先修课程“电力电子技术”内容。如果 TVC 的主电路由可关断的全控型开关器件构成，则可以采用斩波控制方式

来调节输出交流电压。

相位控制模式通过改变触发延迟角来控制晶闸管导通时间，造成电动机进线电压波形缺口较大，产生大量谐波，对电网和电动机工作都有不良影响。斩波控制方式采用高频开关，控制其通、断比，输出电压波形轮廓线仍为正弦波，可以有效减少谐波成分。

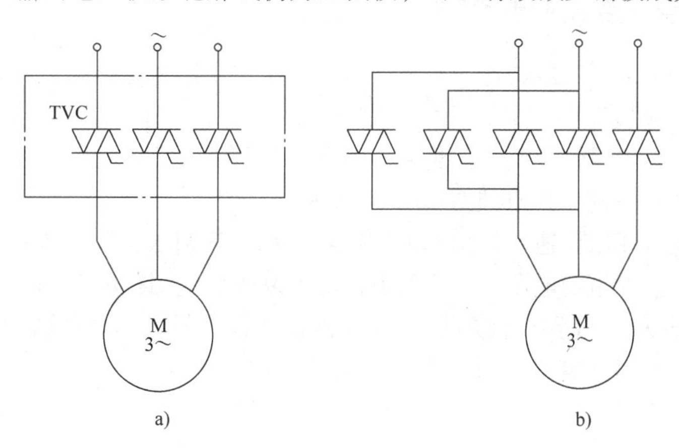

图4-4　晶闸管交流调压器主电路
a）不可逆电路　b）可逆电路

4.2.2　变压调速时的机械特性

异步电动机在不同电压下的机械特性如图4-5所示。由图可知，随着定子电压的降低，起动转矩和最大转矩与定子电压的二次方成正比地下降，而临界转差率 s_m 与定子电压无关，保持不变。

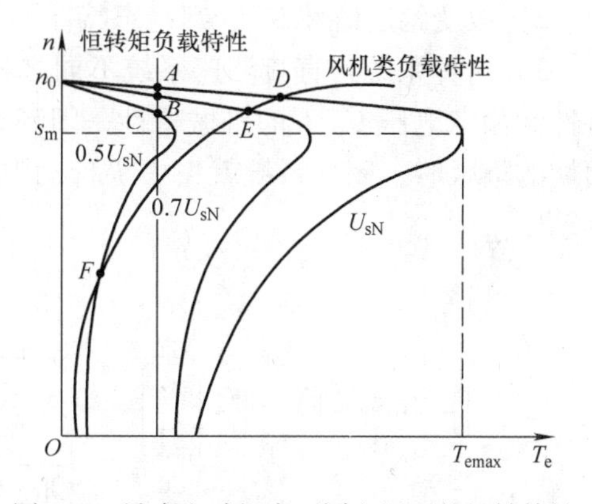

图4-5　异步电动机在不同电压下的机械特性

图4-5中，在恒转矩负载下，普通笼型异步电动机变电压时的稳定工作点为 A、B、C，转差率 s 的变化范围为 $0\sim s_m$，调速范围有限，不能实现低速运行。因为 $s>s_m$ 时，不但电动机不能稳定运行，随着转子电流增大还可能造成过热而损坏电动机。如果带风机、泵类负载运行，则工作点为 D、E、F，采用变压调速可得到较大的调速范围。

为使电动机在恒转矩负载下能实现低速稳定运行而不至于过热，可以采用增加电动机转子电阻的方法。对笼型异步电动机，可以将转子的铸铝导体改为电阻率大的黄铜条，制成高转差率笼型转子异步电动机。其变压机械特性如图4-6所示，可见由于转子电阻变大 s_m 也变大，可以扩大恒转矩负载下的调速范围，并使电动机在堵转力

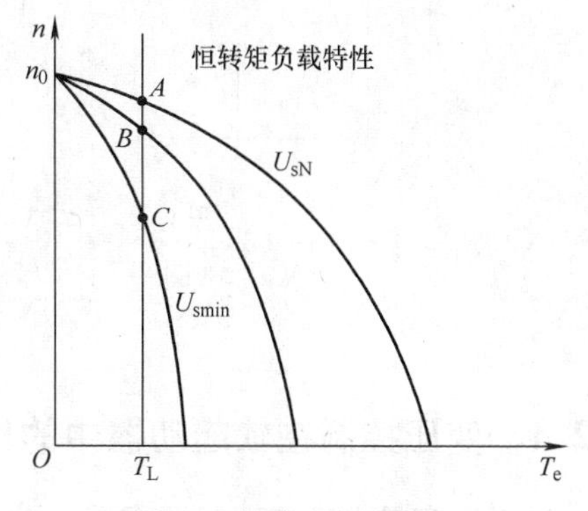

图4-6　高转差率笼型转子
异步电动机变压机械特性

矩下工作也不会烧坏，因此这种电动机又称为交流力矩电动机。它的缺点是特性太软，常不能满足生产机械的要求，而且低速时过载能力较低，负载稍有波动，电动机转速就变化很大，甚至可能停转。

4.2.3　闭环控制的变压调速系统

普通异步电动机采用变压调速时，调速范围很窄，采用力矩电动机可以增大调速范围但负载变化时静差率很大，开环控制很难解决这个矛盾。参照直流电动机的方法，可以采用闭环控制。实际上，对于恒转矩性质的负载，要求调速范围大于2时，往往采用带转速负反馈的闭环交流变压调速系统，其原理图如图4-7a所示。

转速负反馈交流变压调速系统由速度调节器、晶闸管调压装置、转速反馈装置和异步电动机等部分组成。改变给定电压 U_n^* 的大小，就可以改变电动机的转速 n。该调速系统的稳态特性如图4-7b所示。当系统带负载 T_L 在 A 点稳定运行时，如果负载增大引起转速下降，反馈控制作用会自动提高定子电压，使闭环系统工作在新的工作点 A'。同理，当负载减小时，反馈控制作用会降低定子电压，使系统工作在 A''点。将 A''、A、A'连接起来就是闭环系统的稳态特性。由图4-7b可知：

1）虽然交流力矩电动机的机械特性很软，但由于系统放大倍数很大，闭环稳态特性可以很硬。如果采用PI调节器，则同样可以做到无静差。

2）改变给定信号 U_n^*，则稳态特性平行上下移动，实现调速。

3）这种系统与直流调速系统不同之处是存在失控区，在最小输出电压 U_{smin} 下的机械特性和额定电压 U_{sN} 下的机械特性是闭环系统稳态特性左右两侧的极限，当负载变化超出两侧的极限时，闭环系统就失去了自动调节的能力，系统工作点只能沿着极限开环特性移动。

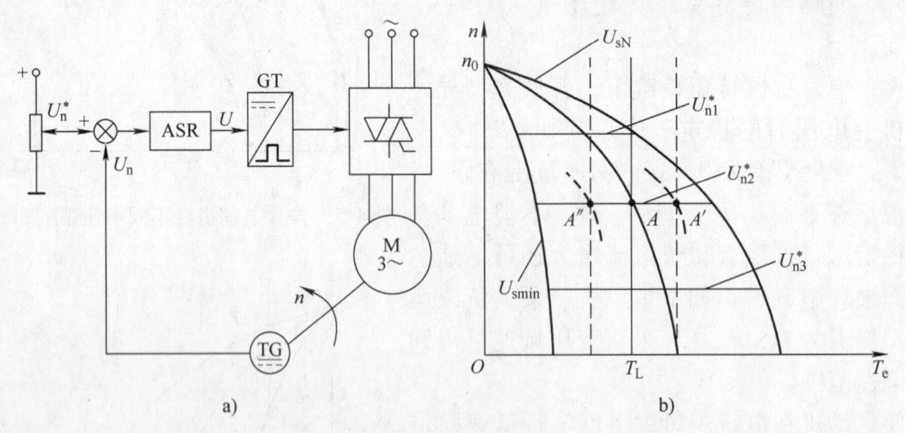

图4-7　带转速负反馈的交流变压调速系统
a）原理图　b）稳态特性

4.2.4　变压控制在软起动器中的应用

对于小容量电动机，只要向其供电的电网容量和变压器容量足够大（一般要求比电动机容量大4倍以上），而供电线路因起动电流造成的瞬时电压降落低于10%～15%，就可以直接通电起动。下面分析中、大容量电动机的起动情况。

式（4-4）和式（4-5）是异步电动机的电流幅值和转矩方程式，起动时 $s=1$，代入后得到起动电流幅值和起动转矩分别为

$$I_{\text{sst}} \approx I'_{\text{rst}} = \frac{U_{\text{s}}}{\sqrt{(R_{\text{s}}+R'_{\text{r}})^2+\omega_1^2(L_{l\text{s}}+L'_{l\text{r}})^2}} \tag{4-11}$$

$$T_{\text{est}} = \frac{3n_{\text{p}}U_{\text{s}}^2R'_{\text{r}}}{\omega_1[(R_{\text{s}}+R'_{\text{r}})^2+\omega_1^2(L_{l\text{s}}+L'_{l\text{r}})^2]} \tag{4-12}$$

式（4-11）表明，电动机直接起动时，起动电流比较大，而起动转矩并不大。对于一般的笼型异步电动机，起动电流倍数 $K_{\text{I}}=4\sim7$，起动转矩倍数 $K_{\text{T}}=0.9\sim1.3$。为了降低起动电流，常用的办法是减压起动。当电压降低时，起动电流将随电压成正比地下降，从而可以避开起动电流冲击的高峰。但是式（4-12）又表明，起动转矩与电压的二次方成正比，起动转矩的减小将比起动电流的降低更快，减压起动时又会出现起动转矩不够的问题。因此，减压起动只适用于中、大容量电动机空载（或轻载）起动的场合。

传统的减压起动方法有星-三角起动、定子串电阻或电抗器起动、自耦变压器（又称起动补偿器）减压起动等，这些方法都能改善起动状况，但起动性能仍不理想，如起动过程存在冲击、起动电流不能调节等。

现在带电流闭环的电子控制软起动器已得到广泛应用。它的主电路采用晶闸管交流调压器，用连续地改变其输出电压来保证恒流起动，起动结束后电压保持在额定值，电流也自动衰减下来。稳定运行时可用接触器将晶闸管旁路，一方面消除晶闸管上的损耗，另一方面延长其寿命。根据起动时负载大小，起动电流可以设定在 $(0.5\sim4)I_{\text{sN}}$之间，以获得最佳的起动效果。但无论如何都不宜于满载或重载起动。负载略重或静摩擦转矩较大时，可在起动时突加短时的脉冲电流，以缩短起动时间。实际的软起动器产品都有起动模式可供选择设定。

软起动器也可用于软停车，即制动时逐步降低电压使电动机慢慢减速。

下面以 SEC18C 系列电力电子软起动器控制三相交流异步电动机为例，介绍其主回路与控制回路接线，如图 4-8 所示。图中主回路部分 L1、L2、L3 为起动器的主电源进线端子，通过快速熔断器和断路器与三相交流电源相连接；T1、T2、T3 为软起动器连接电动机的出线端子，连接到电动机的输入端。控制回路中 1、2 为控制电源的进线端子，3、4 为起/停继电器触点接线端子，5、6 为旁路接触器线圈 KM 接线端子，7、8 为故障指示灯接线端子，9、10 为电流反馈接线端子。控制电路按预定的不同起动方式，通过检测主电路的反馈电流，控制其输出电压，可以实现不同的起动特性。起动结束后，软起动器旁路触点 KM 接通，输出全压，电动机全压运行。由于软起动器为电子调压并对电流进行检测，因此还具有对电动机和软起动器本身的热保护、限制转矩和电流冲击、断相等保护功能，可实时检测并显示电流、电压、功率因数等运行参数。

通常软起动器可提供 3 种软起动方式，如图 4-9 所示。

1）电流限幅软起动：可以通过面板选择电流限幅软起动方式，并设置相应的限流倍数，限流倍数选定后，软起动器会自适应调整起动时间。

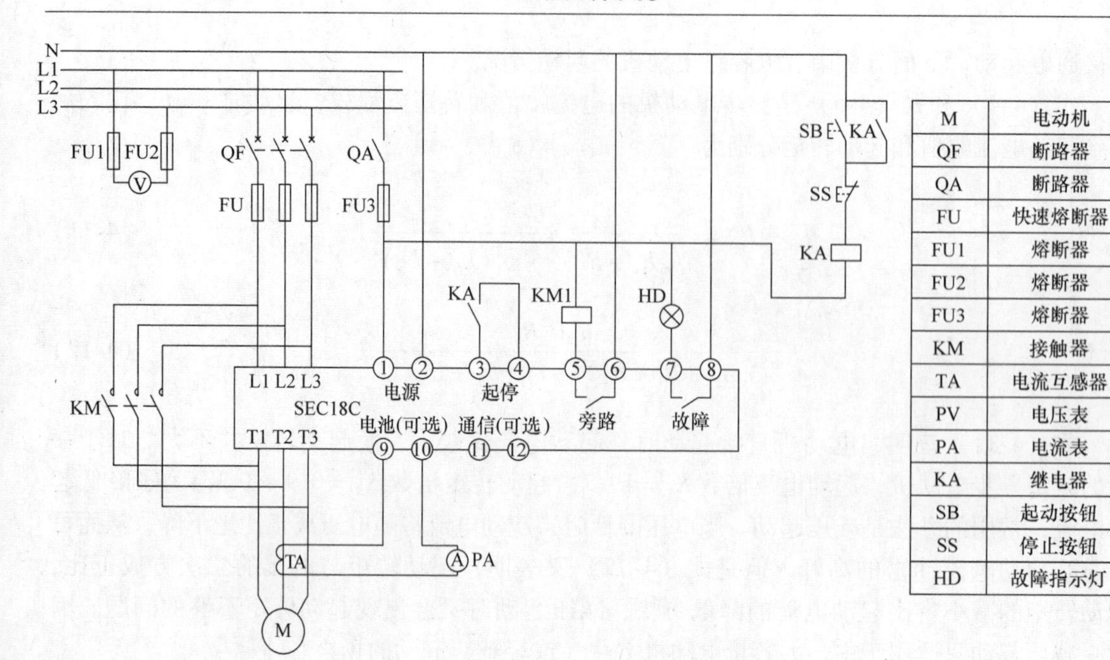

M	电动机
QF	断路器
QA	断路器
FU	快速熔断器
FU1	熔断器
FU2	熔断器
FU3	熔断器
KM	接触器
TA	电流互感器
PV	电压表
PA	电流表
KA	继电器
SB	起动按钮
SS	停止按钮
HD	故障指示灯

图 4-8　SEC18C 系列软起动器接线图

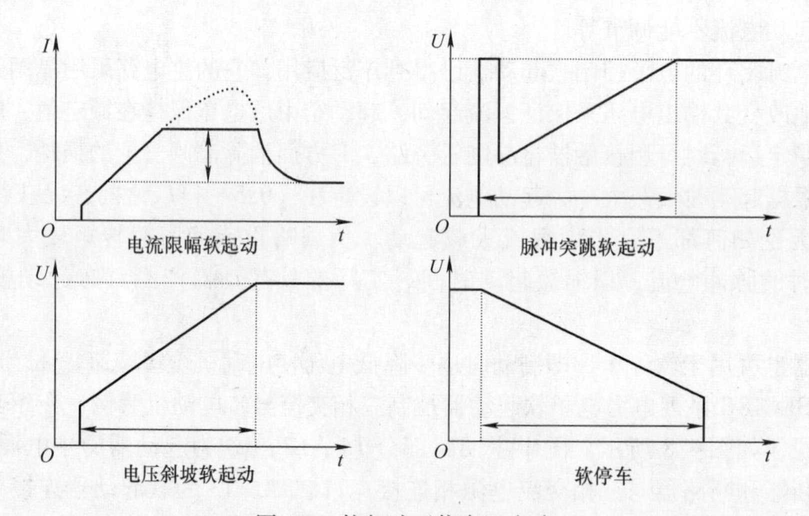

图 4-9　软起动（停车）方式

2）电压斜坡软起动：可以通过面板选择电压斜坡软起动方式，并设置相应的初始电压和起动时间。

3）脉冲突跳软起动（可选，用户定制）：对于大惯量、高静摩擦力的负载，如满载的运输带、搅拌机等，可依据要求提供此种起动方式。

通常软起动器可提供两种停车方式：

1）自由停车。

2）软停车（电压斜坡停车）。

可以通过面板选择停车方式。若选择软停车（电压斜坡停车），可设置相应的停车时间。

4.2.5　变压控制在电动机节电器中的应用

当电动机在额定工况运行时，由于输出功率大，总损耗只占很小的成分，所以效率较高，一般可达 75% ~ 95%，最大效率发生在（0.7 ~ 1.1）P_{2N} 的范围内。电动机容量越大，额定效率越高。

完全空载时，理论上 $P_2 = 0$，效率也为零。但实际上生产机械总有一些摩擦负载，只能算作轻载，这时电磁转矩很小。如果电动机输入额定电压，气隙磁通基本不变，因此轻载时转子电流很小，转子铜耗也很小，但铁耗、机械损耗、杂散损耗基本不变，而定子电流为

$$\dot{I}_s = \dot{I}_r' + \dot{I}_0$$

受励磁电流 I_0 变化不大的影响，定子电流并不像转子电流降得那么多，所以定子铜耗也不小，则轻载时效率将急剧降低。如果电动机长期轻载运行，将无谓消耗许多电能。

当电动机运行于空载或轻载时，因负载转矩较低，就不要求与额定负载时同样强的磁场。适当降低电动机电压，就可得到与轻负载相适应的减弱了的磁场。其结果是励磁电流减小，铁耗也降低，效率提高，功率因数也相应改善。

市场上有一种电动机节电器，它能自动检测电动机的电压和电流，并产生一个与相位角成反比的电压。这个电压与对应所需相位角的基准电压相比较，产生一个偏差电压。经修正后去控制晶闸管交流调压器，以改变电动机端电压，从而获得节能效果。试验证明，在电动机轻载时，其电流几乎随电压下降而线性地减小，功率因数线性地上升，效率显著提高。而电动机在较重负载时，随着电压的下降，开始时电流减小，效率提高。但电压降到某一值时，电流和效率几乎同时达到极端值。过后，电流反而增加，效率降低。因而，在任何给定负载时，如将电动机的电流调节到最小值，即可获得该负载下的最佳效率。实测数据显示，大多数电动机在空载或轻载时使用节电器可节约 40% ~ 50% 的电能。

4.3　异步电动机的变压变频（VVVF）调速

4.3.1　变压变频调速的基本原理

由式（4-1）可知，电动机同步转速 n_1 与定子供电频率 f_1 成正比，而且由式（4-3），电动机转速为

$$n = (1 - s)n_1 = n_1 - \Delta n \tag{4-13}$$

稳态速降 Δn 与负载有关。

可见，如果均匀地改变异步电动机的定子供电频率 f_1，就可以平滑地调节电动机转速 n。然而在实际应用中还要考虑对磁场的影响，不仅要求调节电动机的转速，同时还要求调速系统具有优良的调速性能。

三相异步电动机定子每相电动势的有效值为

$$E_g = 4.44 f_1 N_s k_{Ns} \Phi_m \tag{4-14}$$

式中 E_g——气隙磁通在定子每相中感应电动势的有效值；

N_s——定子每相绕组串联匝数；

k_{Ns}——定子基波绕组系数；

Φ_m——每极气隙磁通量。

忽略定子绕组电阻和漏磁感抗压降后，可认为定子相电压 $U_s \approx E_g$，则得

$$U_s \approx E_g = 4.44 f_1 N_s k_{Ns} \Phi_m \tag{4-15}$$

所以，当 f_1 等于常数时，气隙磁通随定子电压的变化而变化。改变频率时，为了保持气隙磁通恒定，应使 E_g/f_1 = 常数，或近似认为 U_s/f_1 = 常数。

1）基频以下调速：当异步电动机在基频以下运行时，如果磁通太弱，就没有充分利用电动机的铁心，是一种浪费；如果磁通过大，又会使铁心饱和，从而导致过大的励磁电流，严重时会因绕组过热而损坏电动机。所以，最好是保持每极磁通量 Φ_m 为额定值 Φ_{mN} 不变。当频率 f_1 从额定值 f_{1N} 向下调节时，必须同时降低 E_g，使

$$\frac{E_g}{f_1} = 4.44 N_s k_{Ns} \Phi_{mN} = \text{常数}$$

即在基频以下应采用电动势频率比为恒值的控制方式。然而，异步电动机绕组中的电动势是难以直接检测与控制的，当电动势值较高时，可忽略定子电阻和漏磁感抗压降，而认为 $U_s \approx E_g$，则得

$$\frac{U_s}{f_1} = \text{常数}$$

这叫做恒压频比的控制方式。

低频时，U_s 和 E_g 都较小，定子电阻和漏感压降所占的分量比较显著，不能再忽略。这时，可以设法把定子电压 U_s 抬高一些，以便近似地补偿定子阻抗压降，称为低频补偿，又叫低频转矩提升。带定子电压补偿的恒压频比控制特性示于图 4-10 中的 b 线，无补偿的控制特性示于图 4-10 中的 a 线。实际应用中，如果负载大小不同，需要补偿的定子电压也不一样。实际产品在控制软件中备有不同斜率的补偿特性，以供用户选择。

2）基频以上调速：在基频以上调速时，频率从 f_{1N} 向上升高。但由于受到电动机绝缘电压和磁路饱和的限制，定子电压 U_s 不能随之升高，最多只能保持在额定电压 U_{sN} 不变。这样将使得磁通与频率成反比地降低，异步电动机工作在弱磁状态。

3）异步电动机电压-频率协调控制：把基频以下和基频以上的控制特性结合起来看，应进行分段控制，称为电压-频率协调控制，如图 4-11 所示。一般认为，异步电动机在不同转速下允许长期运行的电流为额定电流，即能在允许温升下长期运行的电流，额定电流不变时，电动机允许输出的转矩将随磁通变化。在基频以下，由于磁通恒定，允许输出转矩也恒定，属于“恒转矩调速”方式；在基频以上，转速升高时磁通减小，允许输出转矩也随之降低，输出功率基本不变，属于“近似的恒功率调速”方式。

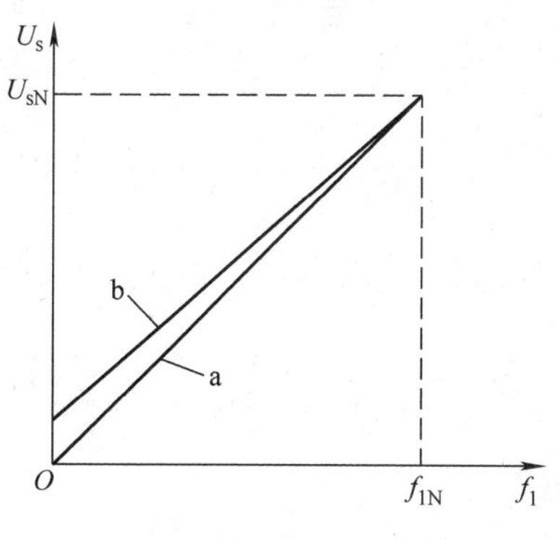

图4-10 恒压频比控制特性

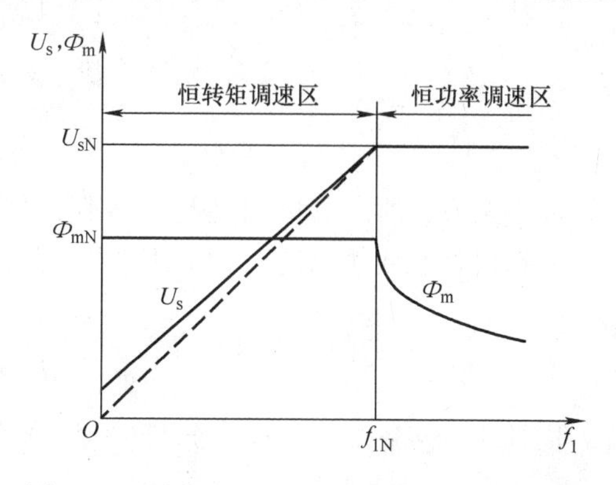

图4-11 异步电动机电压-频率协调控制特性

4.3.2 变压变频调速时的机械特性

将式（4-8）改写为

$$T_e \approx 3n_p\left(\frac{U_s}{\omega_1}\right)^2 \frac{s\omega_1}{R'_r} \propto s \tag{4-16}$$

或

$$s\omega_1 \approx \frac{R'_r T_e}{3n_p\left(\dfrac{U_s}{\omega_1}\right)^2} \tag{4-17}$$

带负载时的转速降落为

$$\Delta n = sn_1 = \frac{60}{2\pi n_p} s\omega_1 \approx \frac{10R'_r T_e}{\pi n_p^2}\left(\frac{\omega_1}{U_s}\right)^2 \tag{4-18}$$

由式（4-18）可见，当 U_s/ω_1 为恒值时，对于同一转矩 T_e，$s\omega_1$ 是基本不变的，因而 Δn 也是基本不变的。这就是说，在恒压频比条件下改变频率时，机械特性基本上是平行下移的，如图4-12所示。它们与他励直流电动机变压调速时特性变化的情况相似。所不同的是，当转矩增大到最大值以后，转速再降低，特性就折回来了。

临界转矩公式（4-7）也可改写为

$$T_{em} = \frac{3n_p}{2}\left(\frac{U_s}{\omega_1}\right)^2 \frac{1}{\dfrac{R_s}{\omega_1} + \sqrt{\left(\dfrac{R_s}{\omega_1}\right)^2 + (L_{ls} + L'_{lr})^2}} \tag{4-19}$$

可见，临界转矩 T_{em} 是随着 ω_1 的降低而减小的。当频率较低时，T_{em} 减小，电动机带负载能力减弱。低频时适当提高定子电压以补偿压降，可以增强带载能力，如图4-12所示。由于带定子压降补偿的恒压频比控制能够基本保持气隙磁通不变，故允许输出转矩也基本不变，因此基频以下的变压变频调速属于恒转矩调速。

下面讨论在基频以下变压变频调速时的转差功率：

$$P_{s}=sP_{em}=s\omega_{1}T_{e}\approx\frac{R_{r}'T_{e}^{2}}{3n_{p}\left(\frac{U_{s}}{\omega_{1}}\right)^{2}} \tag{4-20}$$

它与转速无关，所以又称为转差功率不变型调速方法。

在基频以上变频调速时，由于电压不能从额定值再提高，机械特性方程式可写成

$$T_{e}=3n_{p}U_{sN}^{2}\frac{sR_{r}'}{\omega_{1}[(sR_{s}+R_{r}')^{2}+s^{2}\omega_{1}^{2}(L_{ls}+L_{lr}')^{2}]} \tag{4-21}$$

当 s 很小时，忽略式（4-21）分母中含 s 的各项，则近似为

$$T_{e}\approx3n_{p}\frac{U_{sN}^{2}}{\omega_{1}}\frac{s}{R_{r}'} \tag{4-22}$$

或改写为

$$s\omega_{1}\approx\frac{R_{r}'T_{e}\omega_{1}^{2}}{3n_{p}U_{sN}^{2}} \tag{4-23}$$

带负载时的转速降落为

$$\Delta n=sn_{1}=\frac{60}{2\pi n_{p}}s\omega_{1}\approx\frac{10R_{r}'T_{e}}{\pi n_{p}^{2}}\frac{\omega_{1}^{2}}{U_{sN}^{2}} \tag{4-24}$$

临界转矩表达式可改写成

$$T_{em}=\frac{3}{2}n_{p}U_{sN}^{2}\frac{1}{\omega_{1}[R_{s}+\sqrt{R_{s}^{2}+\omega_{1}^{2}(L_{ls}+L_{lr}')^{2}}]} \tag{4-25}$$

由式（4-25）可见，当角频率提高而电压不变时，同步转速随之提高，临界转矩减小，气隙磁通也势必减弱，允许输出转矩减小而转速升高，允许输出功率基本不变，所以基频以上的变频调速属于弱磁恒功率调速。而式（4-24）表明，对于相同的电磁转矩 T_e，ω_1 越大，转速降落 Δn 越大，机械特性越软。这与直流电动机弱磁调速相似，如图 4-12 中 n_{1N} 以上部分。

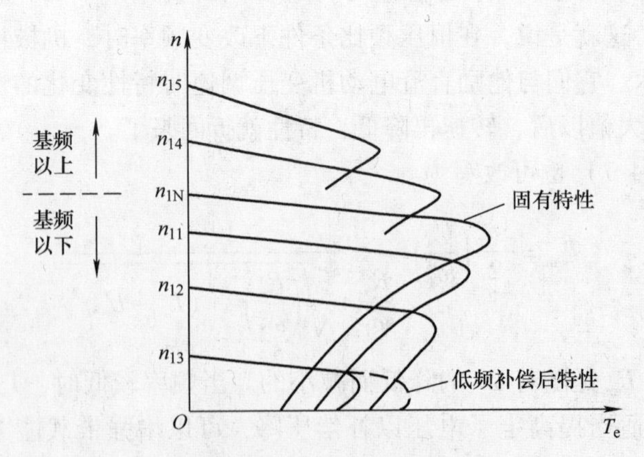

图 4-12　异步电动机变压变频调速机械特性

在基频以上的变频调速时，转差功率为

$$P_s = sP_{em} = s\omega_1 T_e \approx \frac{R_r' T_e^2 \omega_1^2}{3n_p U_{sN}^2} \tag{4-26}$$

带恒功率负载运行时，$T_e^2\omega_1^2 \approx$常数，所以转差功率也基本不变。

在电压-频率协调控制中，如果恰当地提高电压 U_s，使它在克服定子阻抗压降以后，能维持 E_g/ω_1 为恒值（基频以下），则无论频率高低，每极磁通 Φ_m 均为恒值。这种控制方式的临界转差率和临界转矩更大，机械特性更硬，其稳态性能优于上述恒压频比控制。

此外还有恒定子磁通、恒转子磁通的控制方式，请参阅其他文献。

4.4 变压变频（VVVF）调速技术

异步电动机变频调速需要电压与频率均可调的交流电源。目前这种可调电源大都采用由电力电子器件构成的静止式功率变换器，一般称为变频器。变频器按变流方式可分为交—直—交变频器和交—交变频器，其结构框图如图 4-13 所示。交—直—交变频器把交流电经整流器先整流成直流电，直流中间电路对整流电路的输出进行平滑滤波，再经过逆变器把这个直流电变成频率和电压都可变的交流电，称作间接变频。交—交变频器采用晶闸管自然换相方式，工作稳定，可靠。交—交变频的最高输出频率是电网频率的 1/3 ~ 1/2，在大功率低频范围有很大的优势。交—交变频没有直流环节，变频效率高，主电路简单，不含直流电路及滤波部分，与电源之间无功功率处理以及有功功率回馈容易。虽然大功率交—交变频器得到了普遍的应用，但因其功率因数低、高次谐波多、输出频率低、变化范围窄、使用元器件数量多，使之应用受到了一定的限制。它在传统大功率电机调速系统中应用较多。

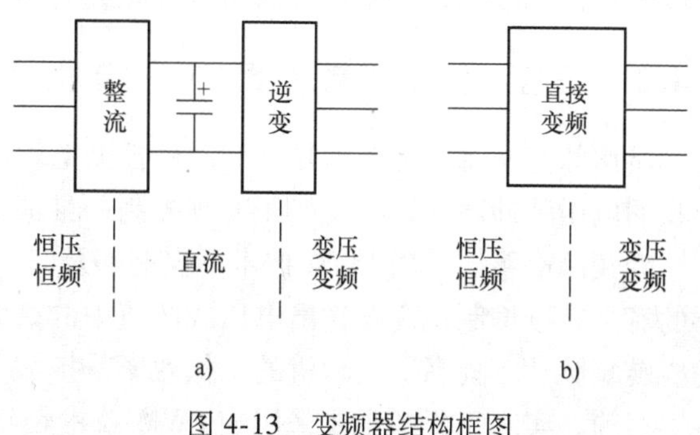

图 4-13 变频器结构框图
a）交—直—交变频器 b）交—交变频器

4.4.1 交—直—交 PWM 变频器主电路

常用的交—直—交 PWM 变频器主电路结构如图 4-14 所示。图中，左边是三相（小容量也可以用单相）不可控整流桥，将交流电整流成电压恒定的直流电压；右边是逆变器，将直流电压变换为频率与电压均可调的交流电；中间的滤波环节是为了减小直流电压脉动而设置的。这种主电路只有一套功率控制级，具有结构简单、控制方便的优点。开关器件采用全控型电力电子器件（如功率场效应晶体管 POWER-MOSFET 和绝缘栅极双极型晶体管 IGBT），开关速度快，损耗小。采用脉宽调制的方法，输出谐波分量小。缺点是当电动机工作在回馈制动状态时能量不能回馈至电网，造成直流侧电压上升，称作泵升电压。

由于元器件电压和电流容量的限制，对于大功率的中、高压变频器可以采用多电平的 PWM 逆变器，读者可详见其他文献。

有些地方可能同时使用多台变频器，可以采用由一套整流装置给直流母线供电，然后再由直流母线供电给多台逆变器。这种方案可以减少整流装置的电力电子器件数量，减少损耗，而且还可以通过直流母线实现能量平衡，某台电动机回馈制动时能量可以送给其他负载，有效地抑制泵升电压。

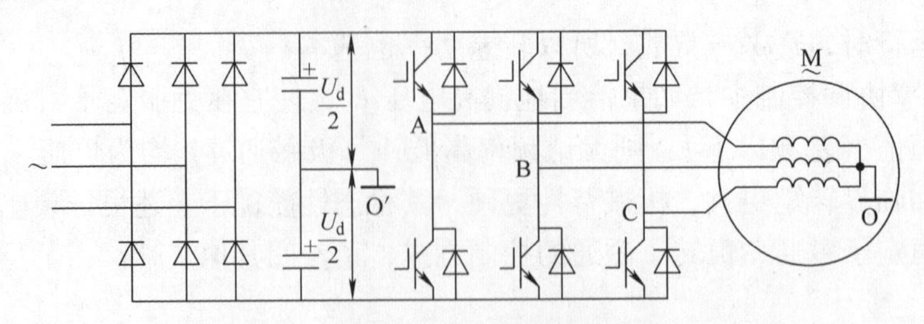

图4-14　交—直—交 PWM 变频器主电路结构

图4-14 所示变频器中间滤波环节储能元件为大电容，称为电压源型变频器。如果采用大电感滤波，可以使直流电流波形比较平直，因而电源内阻抗很大，对负载来说基本上是一个恒流源，所以把这类变频器称为电流源型变频器。

4.4.2　正弦波脉宽调制（SPWM）技术

所谓脉宽调制控制技术是指利用全控型电力电子器件的导通和关断把直流电压变成一定形状的电压脉冲序列，实现变压变频控制并且消除谐波的技术，简称 PWM 技术。

变频调速系统采用 PWM 技术不仅能够及时、准确地实现变压变频控制要求，而且更重要的意义在于抑制逆变器输出电压或电流中的谐波分量，从而降低或消除了变频调速时的电动机转矩脉动，提高了电动机的工作效率，扩大了调速系统的调速范围。

目前，实际工程中主要采用的 PWM 技术是正弦波脉宽调制（SPWM）技术，以使变频器输出电压或电流更接近正弦波形。SPWM 方案多种多样，归纳起来可分为电压正弦 PWM、电流正弦 PWM 和磁通正弦 PWM 三种基本类型，其中电压正弦 PWM 和电流正弦 PWM 是从电源角度考虑的 SPWM，磁通正弦 PWM（也称为电压空间矢量 PWM）是从电动机角度考虑的 SPWM。

1. 电压正弦 PWM 技术

在采样控制理论中有一个重要理论，冲量（窄脉冲的面积）相等而形状不同的窄脉冲加在具有惯性的环节上时，其效果基本相同（指环节的输出响应波形基本相同即响应波形经傅里叶分解后，其低频段特性非常接近，仅在高频段略有差异）。该结论是 PWM 控制的重要理论基础。

对于电压正弦 PWM 技术，可以将电压正弦波正半周分为 N 等份，然后把每一份的正弦曲线与横轴所包围的面积都用一个与此面积相等的等高矩形脉冲来代替，矩形脉冲的中点与正弦波每一等份的中点重合。这样，由 N 个等幅而不等宽的矩形脉冲所组成的脉冲序列就与正弦波的正半周等效。同样，正弦波的负半周也可用相同的方法来等效。

由于每个脉冲的幅值相等，所以逆变器可由恒定的直流电源供电。当逆变器各功率开关器件都是在理想状态下工作时，驱动相应的功率开关器件的信号也应为形状一致的一系列脉冲。这些 SPWM 驱动脉冲可以由硬件电路产生，也可以严格地用微型计算机计算求得脉冲宽度和中心后，由软件控制从接口输出。

硬件实现的方法是调制。以所希望的波形作为调制波，而受它调制的信号作为载波。在

SPWM 中常用等腰三角波作为载波，因为等腰三角波是上下宽度线性对称变化的波形，当它与一个正弦波曲线相交时，在交点时刻产生控制信号，用来控制功率开关器件的通断，就可以得到一组等幅而脉冲宽度正比于对应区间正弦波曲线函数值的矩形脉冲。SPWM 控制方式有单极性和双极性两种。单极性 SPWM 调制是指参加调制的载波三角波和正弦波参考信号极性不变，而双极性 SPWM 调制是指载波三角波和正弦波参考信号是具有正、负极性变化的信号。现介绍双极性控制的 SPWM 方式。例如，A 相正半周时，A 相桥臂上、下两个开关管交替反复通断，图 4-15 表示了此时的调制情况。当 $u_{ra} > u_t$ 时，上管导通，下管关断，$u_A = +U_d/2$；当 $u_{ra} < u_t$ 时，下管导通，上管关断，$u_A = -U_d/2$，所以产生在 $+U_d/2$ 和 $-U_d/2$之间跳变的脉冲波形。同理，u_B 波形是 B 相桥臂上、下管交替通断得到的，u_C 波形是 C 相桥臂上、下管交替通断得到的。u_A、u_B、u_C 是以直流电源中性点 O′为参考点的三相输出电压，由 u_A 减 u_B 即可得到线电压波形 u_{AB}，其幅值 $+U_d$ 在和 $-U_d$ 之间跳变。负载各相的相电压可由下式求出：

$$\begin{cases} u_{AO} = u_A - u_{OO'} \\ u_{BO} = u_B - u_{OO'} \\ u_{CO} = u_C - u_{OO'} \end{cases}$$

因而

$$u_{OO'} = \frac{1}{3}(u_A + u_B + u_C) - \frac{1}{3}(u_{AO} + u_{BO} + u_{CO})$$

设负载为三相对称负载，则有

$$u_{AO} + u_{BO} + u_{CO} = 0$$

$$u_{AO} = u_A - \frac{1}{3}(u_A + u_B + u_C)$$

其脉冲幅值由 $\pm\frac{2}{3}U_d$、$\pm\frac{1}{3}U_d$ 和 0 五种电平组成，波形如图 4-15f 所示。

因为逆变器开关器件的通断时刻是由调制波与载波的交点确定的，故称为“自然采样法”。用硬件电路构成正弦波发生器、三角波发生器和比较器来实现上述的 SPWM 控制是十分方便的。由于调制波与载波的交点（采样点）在时间上具有不确定性，同样的方法用计算机软件实现时运算比较复杂，因此经适当的简化后，提出了“规则采样法”。规则采样法又分对称规则采样法和不对称规则采样法，其中不对称规则采样法所形成的 SPWM 波更接近于正弦波，因而谐波分量的幅值更小。

正弦波脉宽调制法一般要求正弦波参考信号的最大幅值不能大于三角波幅值，即调制度不大于 1。在调制度为 1 时，输出线电压的基波幅值为 $0.866U_d$，即直流电压的利用率仅为 0.866。若调制度大于 1，直流电压的利用率可以提高，但会产生失真现象，谐波分量增加。采用三次谐波注入法，可以有效提高直流电压的利用率。

载波频率与调制波频率（即逆变器输出的基波频率）之比称为载波比，也称为调制比。载波比等于常数的称为同步调制，它低频时产生较大的转矩脉动和较强的噪声。异步调制是保持载波频率不变，这样低频性能改善但难以保证三相输出的对称性，电动机工作不平稳。为了扬长避短，可以采用分段同步调制。

普通的SPWM变频器输出电压带有一定的谐波分量，为降低谐波分量，减少电动机转矩脉动，可以采用消除特定谐波法。消除特定谐波法就是在电压波形特定位置上设置缺口，通过每个周期中逆变器功率开关器件的多次换相，恰当地控制逆变器的脉宽调制电压波形，使逆变器输出的电压中不存在某些特定的谐波。不过，虽然它可消除某些特定谐波，但其他谐波却往往被放大了。谐波效应最小法是进一步改进的方法，它不是按照消除特定谐波来选择开关角，即不要求某些谐波为零，而是以电流谐波有效值最小来选择开关角。

随着PWM变频器的广泛应用，已制成多种专用集成电路芯片作为SPWM信号的发生器，许多用于电动机控制的微机芯片集成了带有死区的PWM控制功能，经功率放大后即可驱动电力电子器件，使用非常方便。

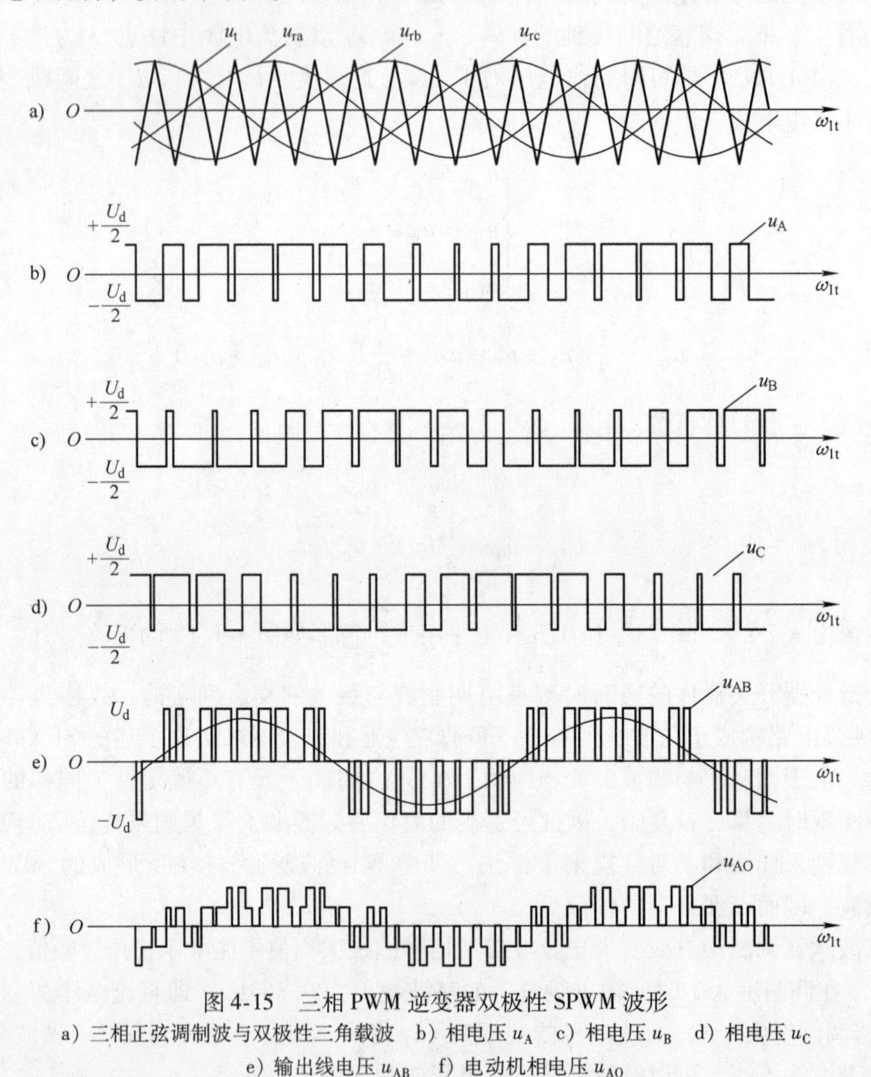

图4-15　三相PWM逆变器双极性SPWM波形

a）三相正弦调制波与双极性三角载波　b）相电压 u_A　c）相电压 u_B　d）相电压 u_C

e）输出线电压 u_{AB}　f）电动机相电压 u_{AO}

2. 电流正弦PWM技术

SPWM控制技术以输出电压接近正弦波为目标，电流波形则因负载的性质和大小而异。对于交流电动机来说，应该保证正弦波的是电流，稳态时在绕组中通入三相平衡的正弦电流才能使合成的电磁转矩为恒定值，不产生脉动，因此以正弦波电流为控制目标更为合适。

目前，实现电流正弦波 PWM 控制的常用方法是 A. B. Plunkett 提出的电流滞环 SPWM，即把正弦电流参考波形和电流的实际波形通过滞环比较器进行比较，其结果决定逆变器桥臂上、下功率开关器件的导通和关断。这种方法的优点是控制简单、响应快、瞬时电流可以被限制，功率开关器件得到自动保护，其缺点是相对的电流谐波较大。

电流滞环控制是一种非线性控制方法，电流滞环跟踪控制的 A 相控制原理图如图 4-16 所示。

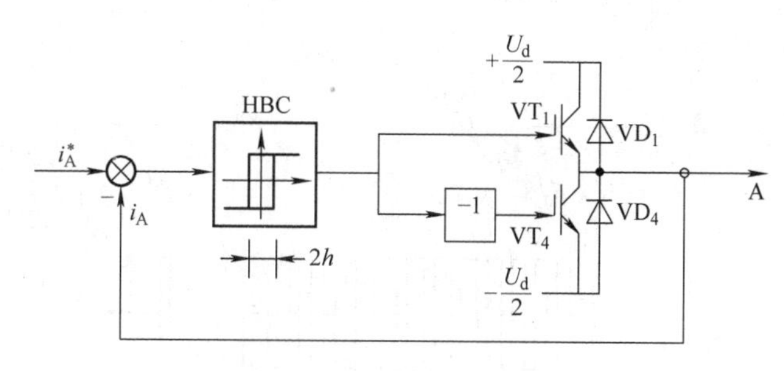

图 4-16 电流滞环跟踪控制的 A 相控制原理图

电流给定信号 i_A^* 与实际相电流信号 i_A 比较后送入电流滞环控制器（HBC）。设 HBC 的环宽为 $2h$，t_0 时刻，$i_A^* - i_A \geqslant h$，则 HBC 输出正电平信号，驱动上桥臂功率开关器件 VT_1 导通，使 i_A 增大。当增大 i_A 到与 i_A^* 相等时，虽然 $\Delta i_A = 0$，但 HBC 仍保持正电平输出，直到 t_1 时刻，$i_A = i_A^* + h$，滞环翻转，HBC 输出负电平，关断 VT_1，并经保护延迟后驱动下桥臂功率开关器件 VT_2。但此时 VT_2 未必能够导通，由于电机绕组的电感作用，电流 i_A 不会反向，而是通过续流二极管 VD_4 维持原方向流动，使 VT_4 受到反向钳位而不能导通，输出电压为负。此后，i_A 逐渐减小，直到 t_2 时刻，i_A 降到滞环偏差的下限值，又重新使 VT_1 导通。这样 VT_1 和 VD_4 交替工作，使输出电流 i_A 快速跟随给定电流 i_A^*，两者的偏差始终保持在 $\pm h$范围内。稳态时，i_A^* 为正弦波，i_A 在 i_A^* 上下做锯齿状变化，输出电流接近正弦波。图 4-17所示为电流滞环跟踪控制 PWM 仿真波形。负半周的工作原理与正半波相同，只是 VT_4 与 VD_1 交替工作。

电流跟踪控制的精度与滞环的宽度有关，同时还受到功率开关器件允许开关频率的制约。当环宽选得较大时，开关频率低，但电流失真较多，谐波分量高；如果环宽小，电流跟踪性能好，但开关频率却增大了。实际应用中，应在器件开关频率允许的前提下，尽可能选择小的环宽。

电流滞环跟踪控制的一个缺点是功率开关器件的开关频率不定，为了克服这个缺点可以采用具有恒定开关频率的电流控制器，或者在局部范围内限制开关频率，但这样会对电流波形产生影响。

具有电流滞环跟踪控制的 PWM 型变频器用于调速系统时，只需改变电流给定信号的频率即可实现变频调速，无需再另外调节逆变器电压。此时电流控制环只是系统的内环，外边还要有转速外环，才能根据负载的变化自动控制给定电流的幅值。

3. 电压空间矢量 PWM 技术（SVPWM）

与上述从电源角度出发的 SPWM 技术不同，电压空间矢量 PWM 技术是从电机的角度出

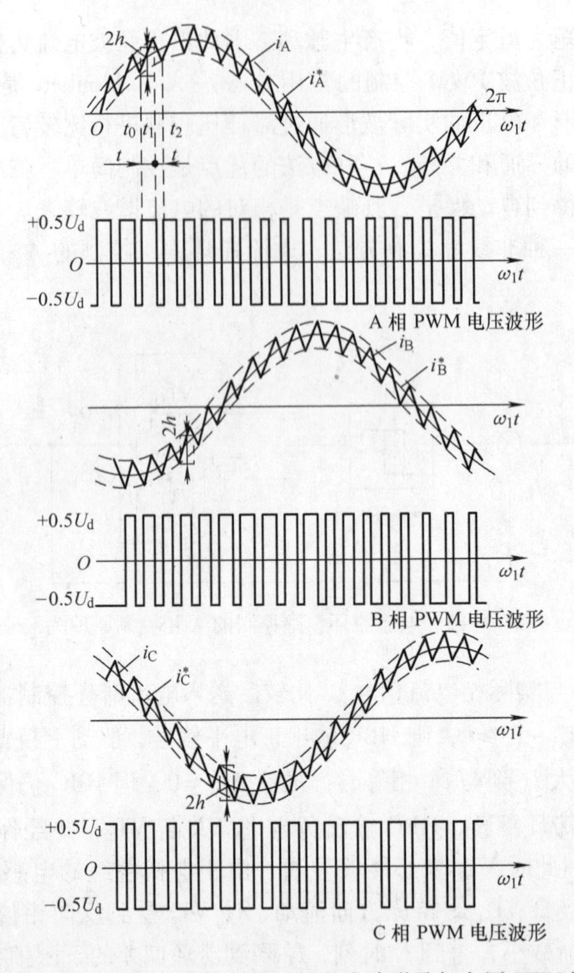

图 4-17　电流滞环跟踪控制的三相电流波形及相电压 PWM 波形

发，目的在于使交流电动机产生圆形磁场。它是以三相对称正弦波电源供电时交流电动机产生的理想磁链圆为基准，通过选择逆变器功率开关器件的不同开关模式，使电动机的实际磁链尽可能逼近理想磁链圆。

(1) 空间矢量的定义

交流电动机绕组的电压、电流、磁链等物理量都是随时间变化的，如果考虑到它们所在绕组的空间位置，可以用空间矢量表示。电压空间矢量如图 4-18 所示。A、B、C 分别表示在空间静止的电动机定子三相绕组的轴线，它们在空间互差$\frac{2\pi}{3}$，三相定子电压 u_{AO}、u_{BO}、u_{CO}分别加在三相绕组上。可以定义 3 个定子电压空间矢量 $\boldsymbol{u}_{AO}$、$\boldsymbol{u}_{BO}$、$\boldsymbol{u}_{CO}$。当 $\boldsymbol{u}_{AO}>0$ 时，$\boldsymbol{u}_{AO}$与 A 轴同向，当 $\boldsymbol{u}_{AO}<0$ 时，$\boldsymbol{u}_{AO}$与 A 轴反向，B、C 两相也一样。则电压矢量可表示为

$$\boldsymbol{u}_{AO}=ku_{AO}$$

$$\boldsymbol{u}_{BO}=ku_{BO}\mathrm{e}^{\mathrm{j}\gamma}$$

其中，$\gamma=\frac{2\pi}{3}$，k 为待定系数。

三相合成矢量为

$$\boldsymbol{u}_{\mathrm{s}} = \boldsymbol{u}_{\mathrm{AO}} + \boldsymbol{u}_{\mathrm{BO}} + \boldsymbol{u}_{\mathrm{CO}} = ku_{\mathrm{AO}} + ku_{\mathrm{BO}}\mathrm{e}^{\mathrm{j}\gamma} + ku_{\mathrm{CO}}\mathrm{e}^{\mathrm{j}2\gamma} \quad (4\text{-}27)$$

某一时刻 $\boldsymbol{u}_{\mathrm{AO}}>0$、$\boldsymbol{u}_{\mathrm{BO}}>0$、$\boldsymbol{u}_{\mathrm{CO}}<0$ 时的电压空间矢量如图4-18所示。

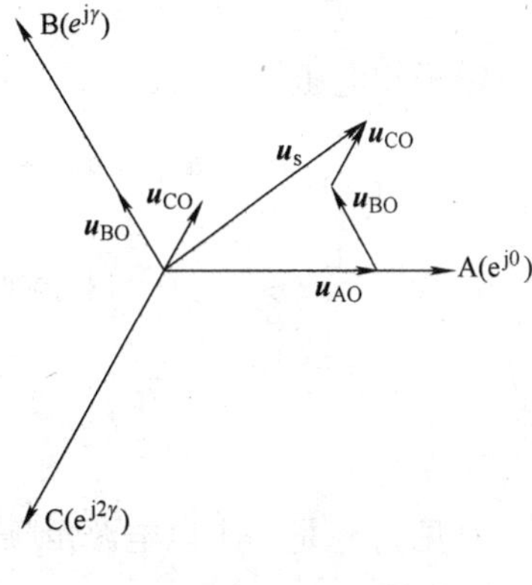

图4-18　电压空间矢量

同理，可以定义定子电流和磁链的空间矢量 $\boldsymbol{i}_{\mathrm{s}}$ 和 $\boldsymbol{\Psi}_{\mathrm{s}}$ 为

$$\boldsymbol{i}_{\mathrm{s}} = \boldsymbol{i}_{\mathrm{AO}} + \boldsymbol{i}_{\mathrm{BO}} + \boldsymbol{i}_{\mathrm{CO}} = ki_{\mathrm{AO}} + ki_{\mathrm{BO}}\mathrm{e}^{\mathrm{j}\gamma} + ki_{\mathrm{CO}}\mathrm{e}^{\mathrm{j}2\gamma} \quad (4\text{-}28)$$

$$\boldsymbol{\Psi}_{\mathrm{s}} = \boldsymbol{\Psi}_{\mathrm{AO}} + \boldsymbol{\Psi}_{\mathrm{BO}} + \boldsymbol{\Psi}_{\mathrm{CO}} = k\Psi_{\mathrm{AO}} + k\Psi_{\mathrm{BO}}\mathrm{e}^{\mathrm{j}\gamma} + k\Psi_{\mathrm{CO}}\mathrm{e}^{\mathrm{j}2\gamma} \quad (4\text{-}29)$$

由上式可得空间矢量功率表达式为

$$\begin{aligned} p' &= \mathrm{Re}(\boldsymbol{u}_{\mathrm{s}}\boldsymbol{i}'_{\mathrm{s}}) \\ &= \mathrm{Re}[k^2(u_{\mathrm{AO}} + u_{\mathrm{BO}}\mathrm{e}^{\mathrm{j}\gamma} + u_{\mathrm{CO}}\mathrm{e}^{\mathrm{j}2\gamma})(i_{\mathrm{AO}} + i_{\mathrm{BO}}\mathrm{e}^{-\mathrm{j}\gamma} + i_{\mathrm{CO}}\mathrm{e}^{-2\mathrm{j}\gamma})] \end{aligned} \quad (4\text{-}30)$$

$\boldsymbol{i}'_{\mathrm{s}}$ 和 $\boldsymbol{i}_{\mathrm{s}}$ 是一对共轭矢量，将式（4-30）展开，得

$$\begin{aligned} p' = {} & k^2(u_{\mathrm{AO}}i_{\mathrm{AO}} + u_{\mathrm{BO}}i_{\mathrm{BO}} + u_{\mathrm{CO}}i_{\mathrm{CO}}) \\ & + k^2\mathrm{Re}(u_{\mathrm{BO}}i_{\mathrm{AO}}\mathrm{e}^{\mathrm{j}\gamma} + u_{\mathrm{CO}}i_{\mathrm{AO}}\mathrm{e}^{\mathrm{j}2\gamma} + u_{\mathrm{AO}}i_{\mathrm{BO}}\mathrm{e}^{-\mathrm{j}\gamma} \\ & + u_{\mathrm{CO}}i_{\mathrm{BO}}\mathrm{e}^{\mathrm{j}\gamma} + u_{\mathrm{AO}}i_{\mathrm{CO}}\mathrm{e}^{-\mathrm{j}2\gamma} + u_{\mathrm{BO}}i_{\mathrm{CO}}\mathrm{e}^{-\mathrm{j}\gamma}) \end{aligned}$$

考虑到 $i_{\mathrm{AO}} + i_{\mathrm{BO}} + i_{\mathrm{CO}} = 0$、$\gamma = \frac{2\pi}{3}$，得

$$\begin{aligned} & \mathrm{Re}(u_{\mathrm{BO}}i_{\mathrm{AO}}\mathrm{e}^{\mathrm{j}\gamma} + u_{\mathrm{CO}}i_{\mathrm{AO}}\mathrm{e}^{\mathrm{j}2\gamma} + u_{\mathrm{AO}}i_{\mathrm{BO}}\mathrm{e}^{-\mathrm{j}\gamma} + u_{\mathrm{CO}}i_{\mathrm{BO}}\mathrm{e}^{\mathrm{j}\gamma} + u_{\mathrm{AO}}i_{\mathrm{CO}}\mathrm{e}^{-\mathrm{j}2\gamma} + u_{\mathrm{BO}}i_{\mathrm{CO}}\mathrm{e}^{-\mathrm{j}\gamma}) \\ & = u_{\mathrm{BO}}i_{\mathrm{AO}}\cos\gamma + u_{\mathrm{CO}}i_{\mathrm{AO}}\cos2\gamma + u_{\mathrm{AO}}i_{\mathrm{BO}}\cos\gamma + u_{\mathrm{CO}}i_{\mathrm{BO}}\cos\gamma + u_{\mathrm{AO}}i_{\mathrm{CO}}\cos2\gamma + u_{\mathrm{BO}}i_{\mathrm{CO}}\cos\gamma \\ & = -(u_{\mathrm{AO}}i_{\mathrm{AO}} + u_{\mathrm{BO}}i_{\mathrm{BO}} + u_{\mathrm{CO}}i_{\mathrm{CO}})\cos\gamma = \frac{1}{2}(u_{\mathrm{AO}}i_{\mathrm{AO}} + u_{\mathrm{BO}}i_{\mathrm{BO}} + u_{\mathrm{CO}}i_{\mathrm{CO}}) \end{aligned}$$

显然可得

$$p' = \frac{3}{2}k^2(u_{\mathrm{AO}}i_{\mathrm{AO}} + u_{\mathrm{BO}}i_{\mathrm{BO}} + u_{\mathrm{CO}}i_{\mathrm{CO}}) = \frac{3}{2}k^2 p \quad (4\text{-}31)$$

式中　p——三相瞬时功率，$p = u_{\mathrm{AO}}i_{\mathrm{AO}} + u_{\mathrm{BO}}i_{\mathrm{BO}} + u_{\mathrm{CO}}i_{\mathrm{CO}}$。

按空间矢量功率 p' 与三相瞬时功率 p 相等的原则，应使 $\frac{3}{2}k^2=1$，即 $k=\sqrt{\frac{2}{3}}$。空间矢量表达式为

$$\boldsymbol{u}_{\mathrm{s}} = \sqrt{\frac{2}{3}}(u_{\mathrm{AO}} + u_{\mathrm{BO}}\mathrm{e}^{\mathrm{j}\gamma} + u_{\mathrm{CO}}\mathrm{e}^{\mathrm{j}2\gamma}) \quad (4\text{-}32)$$

$$\boldsymbol{i}_{\mathrm{s}} = \sqrt{\frac{2}{3}}(i_{\mathrm{AO}} + i_{\mathrm{BO}}\mathrm{e}^{\mathrm{j}\gamma} + i_{\mathrm{CO}}\mathrm{e}^{\mathrm{j}2\gamma}) \quad (4\text{-}33)$$

$$\boldsymbol{\Psi}_{\rm s}=\sqrt{\frac{2}{3}}(\boldsymbol{\Psi}_{\rm AO}+\boldsymbol{\Psi}_{\rm BO}{\rm e}^{{\rm j}\gamma}+\boldsymbol{\Psi}_{\rm CO}{\rm e}^{{\rm j}2\gamma}) \tag{4-34}$$

定子相电压 $u_{\rm AO}$、$u_{\rm BO}$、$u_{\rm CO}$一般为三相平衡正弦电压时，三相合成矢量

$$\begin{aligned}\boldsymbol{u}_{\rm s}&=\boldsymbol{u}_{\rm AO}+\boldsymbol{u}_{\rm BO}+\boldsymbol{u}_{\rm CO}\\&=\sqrt{\frac{2}{3}}\left[U_{\rm m}\cos\omega_1 t+U_{\rm m}\cos\left(\omega_1 t-\frac{2\pi}{3}\right){\rm e}^{{\rm j}\gamma}+U_{\rm m}\cos\left(\omega_1 t-\frac{4\pi}{3}\right){\rm e}^{{\rm j}2\gamma}\right]\\&=\sqrt{\frac{3}{2}}U_{\rm m}{\rm e}^{{\rm j}\omega_1 t}=U_{\rm s}{\rm e}^{{\rm j}\omega_1 t}\end{aligned} \tag{4-35}$$

可见，$\boldsymbol{u}_{\rm s}$ 是一个以电源角频率 ω_1 为角速度作恒速旋转的空间矢量，它的幅值是相电压幅值的$\sqrt{\frac{3}{2}}$倍，当某相电压为最大值时，合成电压矢量 $\boldsymbol{u}_{\rm s}$ 就落在该相的轴线上。在定子绕组由三相平衡正弦电压供电时，若电动机转速已稳定，则定子电流和磁链的空间矢量 $\boldsymbol{i}_{\rm s}$ 和 $\boldsymbol{\Psi}_{\rm s}$ 的幅值恒定，也是以 ω_1 为电气角速度在空间作恒速旋转。

（2）电压与磁链空间矢量的关系

当异步电动机的三相对称定子绕组由三相电压供电时，对每一相都可写出一个电压平衡方程式，求三相电压平衡方程式的矢量和，即可得到合成空间矢量表示的定子电压方程式

$$\boldsymbol{u}_{\rm s}=R_{\rm s}\boldsymbol{i}_{\rm s}+\frac{{\rm d}\boldsymbol{\Psi}_{\rm s}}{{\rm d}t} \tag{4-36}$$

当电动机转速不是很低时，定子电阻压降所占的份额很小，可忽略不计，则式（4-36）可近似为

$$\boldsymbol{u}_{\rm s}\approx\frac{{\rm d}\boldsymbol{\Psi}_{\rm s}}{{\rm d}t} \tag{4-37}$$

或

$$\boldsymbol{\Psi}_{\rm s}\approx\int\boldsymbol{u}_{\rm s}{\rm d}t$$

当电动机由三相平衡的正弦电压供电时，电动机定子磁链矢量顶端的运动轨迹（简称为磁链圆）。定子磁链旋转矢量表示为

$$\boldsymbol{\Psi}_{\rm s}=\Psi_{\rm s}{\rm e}^{{\rm j}(\omega_1 t+\varphi)} \tag{4-38}$$

式中 $\Psi_{\rm s}$——定子磁链矢量幅值；

φ——定子磁链矢量的空间角度。

将式（4-38）对 t 求导，得到

$$\boldsymbol{u}_{\rm s}\approx\frac{\rm d}{{\rm d}t}(\Psi_{\rm s}{\rm e}^{{\rm j}(\omega_1 t+\varphi)})={\rm j}\omega_1\Psi_{\rm s}{\rm e}^{{\rm j}(\omega_1 t+\varphi)}=\omega_1\Psi_{\rm s}{\rm e}^{{\rm j}\left(\omega_1 t+\frac{\pi}{2}+\varphi\right)} \tag{4-39}$$

式（4-39）表明，磁链幅值等于电压与角频率之比，电压矢量的方向与磁链矢量正交，即为磁链圆的切线方向，如图 4-19 所示。当磁链矢量在空间旋转一周时，电压矢量也连续地沿磁链圆的切线方向运动 2πrad。如平行移动电压矢量使其参考点放在一起，则电压矢量的轨迹也是一个圆，如图 4-20 所示。这样，电动机旋转磁场的轨迹问题就转化为电压空间矢量的运动轨迹问题。

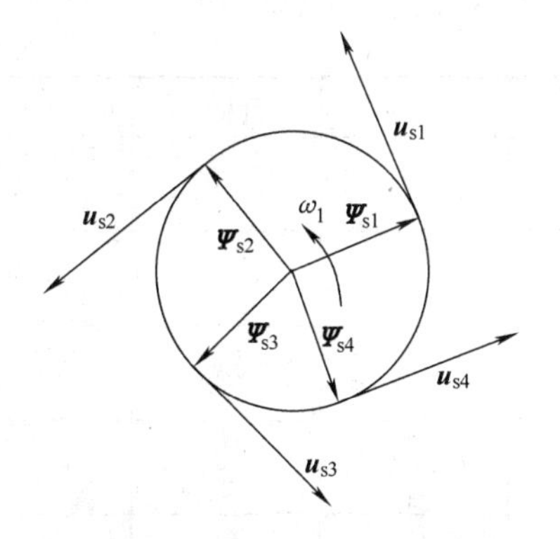

图 4-19　磁链矢量与电压空间矢量运动轨迹

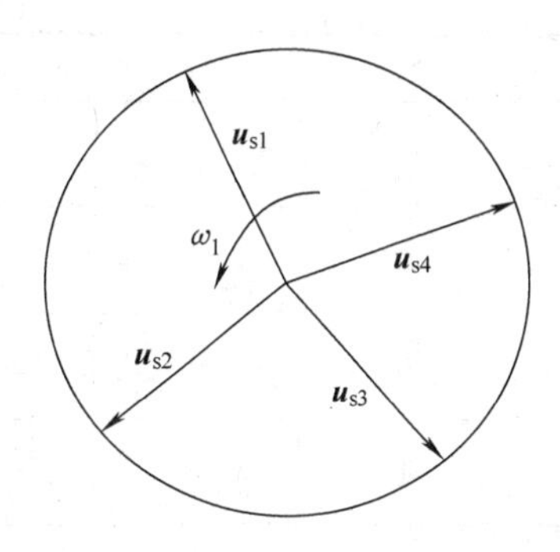

图 4-20　电压矢量圆轨迹

（3）PWM 逆变器基本输出电压矢量

由式（4-32）得

$$\begin{aligned}\boldsymbol{u}_s &= \sqrt{\frac{2}{3}}(u_{AO} + u_{BO}e^{j\gamma} + u_{CO}e^{j2\gamma}) \\ &= \sqrt{\frac{2}{3}}[(u_A - u_{OO'}) + (u_B - u_{OO'})e^{j\gamma} + (u_C - u_{OO'})e^{j2\gamma}] \\ &= \sqrt{\frac{2}{3}}[u_A + u_Be^{j\gamma} + u_Ce^{j2\gamma} - u_{OO'}(1 + e^{j\gamma} + e^{j2\gamma})] = \sqrt{\frac{2}{3}}(u_A + u_Be^{j\gamma} + u_Ce^{j2\gamma})\end{aligned} \tag{4-40}$$

式（4-40）中，$\gamma = \frac{2\pi}{3}$，$1 + e^{j\gamma} + e^{j2\gamma} = 0$，$u_A$、$u_B$、$u_C$ 是以直流电源中性点 O′为参考点的 PWM 逆变器三相输出电压。虽然直流电源中性点 O′与交流电动机中性点 O 的电位不等，但合成电压矢量的表达式相等。所以，三相合成电压空间矢量与参考点无关。

图 4-14 所示的逆变器共有 8 种工作状态，当（S_A，S_B，S_C）为(1，0，0）时，（u_A，u_B，u_C）$= \left(\frac{U_d}{2}, -\frac{U_d}{2}, -\frac{U_d}{2}\right)$，代入式（4-40）得

$$\boldsymbol{u}_1 = \sqrt{\frac{2}{3}}\frac{U_d}{2}(1 - e^{j\gamma} - e^{j2\gamma}) = \sqrt{\frac{2}{3}}U_d \tag{4-41}$$

依次类推，可得 8 个基本输出矢量，其中有 6 个有效工作矢量 $\boldsymbol{u}_1 \sim \boldsymbol{u}_6$ 和两个零矢量 $\boldsymbol{u}_0$ 和 $\boldsymbol{u}_7$，列于表 4-1 中。图 4-21 所示为基本电压空间矢量图。

表 4-1　基本电压空间矢量

	S_A	S_B	S_C	u_A	u_B	u_C	$\boldsymbol{u}_s$
$\boldsymbol{u}_0$	0	0	0	$-\frac{U_d}{2}$	$-\frac{U_d}{2}$	$-\frac{U_d}{2}$	0
$\boldsymbol{u}_1$	1	0	0	$\frac{U_d}{2}$	$-\frac{U_d}{2}$	$-\frac{U_d}{2}$	$\sqrt{\frac{2}{3}}U_d$
$\boldsymbol{u}_2$	1	1	0	$\frac{U_d}{2}$	$\frac{U_d}{2}$	$-\frac{U_d}{2}$	$\sqrt{\frac{2}{3}}U_de^{j\frac{\pi}{3}}$

（续）

	S_A	S_B	S_C	u_A	u_B	u_C	$\boldsymbol{u}_s$
$\boldsymbol{u}_3$	0	1	0	$-\frac{U_d}{2}$	$\frac{U_d}{2}$	$-\frac{U_d}{2}$	$\sqrt{\frac{2}{3}}U_d e^{j\frac{2\pi}{3}}$
$\boldsymbol{u}_4$	0	1	1	$-\frac{U_d}{2}$	$\frac{U_d}{2}$	$\frac{U_d}{2}$	$\sqrt{\frac{2}{3}}U_d e^{j\pi}$
$\boldsymbol{u}_5$	0	0	1	$-\frac{U_d}{2}$	$-\frac{U_d}{2}$	$\frac{U_d}{2}$	$\sqrt{\frac{2}{3}}U_d e^{j\frac{4\pi}{3}}$
$\boldsymbol{u}_6$	1	0	1	$\frac{U_d}{2}$	$-\frac{U_d}{2}$	$\frac{U_d}{2}$	$\sqrt{\frac{2}{3}}U_d e^{j\frac{5\pi}{3}}$
$\boldsymbol{u}_7$	1	1	1	$\frac{U_d}{2}$	$\frac{U_d}{2}$	$\frac{U_d}{2}$	0

（4）正六边形空间旋转磁场

如果使 6 个有效工作矢量按 $\boldsymbol{u}_1 \sim \boldsymbol{u}_6$ 的顺序分别作用时间 Δt，且

$$\Delta t = \frac{\pi}{3\omega_1} \tag{4-42}$$

即每个有效工作矢量作用 $\frac{\pi}{3}$rad，则 6 个有效工作矢量完成一个周期。

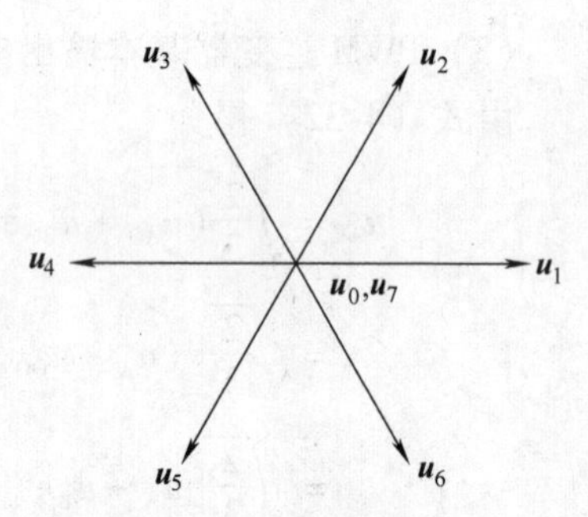

图 4-21　基本电压空间矢量图

在 Δt 时间内，$\boldsymbol{u}_s$ 保持不变，式（4-38）可以用增量式表达为

$$\Delta \boldsymbol{\Psi}_s = \boldsymbol{u}_s \Delta t \tag{4-43}$$

由式（4-43）和表 4-1 可知，各次定子磁链矢量的增量为

$$\Delta \boldsymbol{\Psi}_s(k) = \boldsymbol{u}_s(k)\Delta t = \sqrt{\frac{2}{3}}U_d \Delta t e^{j\frac{(k-1)\pi}{3}} \qquad k = 1,2,3,4,5,6 \tag{4-44}$$

则定子磁链矢量的运动轨迹为

$$\boldsymbol{\Psi}_s(k+1) = \boldsymbol{\Psi}_s(k) + \Delta \boldsymbol{\Psi}_s(k) = \boldsymbol{\Psi}_s(k) + \boldsymbol{u}_s(k)\Delta t \tag{4-45}$$

式（4-45）的关系可用图 4-22 表示。

在一个周期内，6 个有效工作矢量按顺序各作用一次，将 6 个矢量首尾相接，定子磁链轨迹是一个封闭的正六边形，如图 4-23 所示。

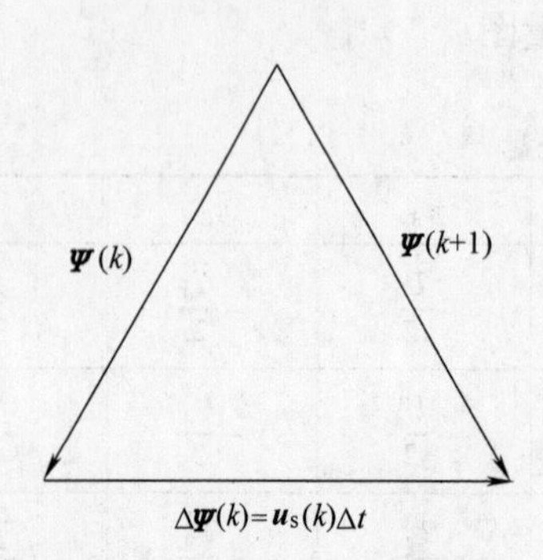

图 4-22　定子磁链矢量增量

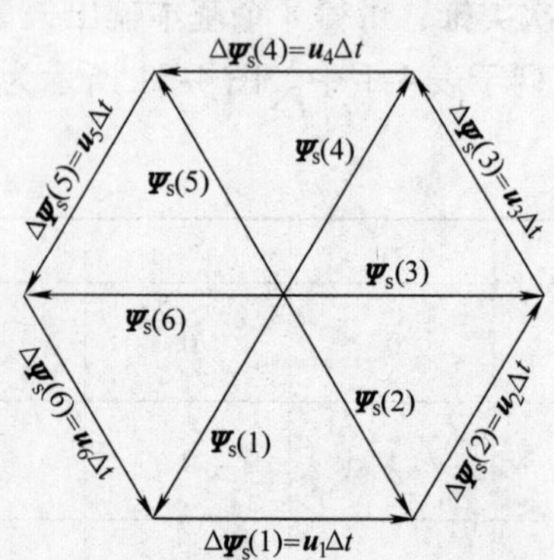

图 4-23　正六边形定子磁链轨迹

根据正六边形的性质，存在以下关系：

$$|\boldsymbol{\Psi}_{\mathrm{s}}(k)| = |\Delta\boldsymbol{\Psi}_{\mathrm{s}}(k)| = |\boldsymbol{u}_{\mathrm{s}}(k)|\Delta t = \sqrt{\frac{2}{3}}U_{\mathrm{d}}\Delta t = \sqrt{\frac{2}{3}}\frac{\pi U_{\mathrm{d}}}{3\omega_1} \tag{4-46}$$

式（4-46）表明，正六边形定子磁链的最大值与直流侧电压 U_{d} 成正比，而与电源角频率 ω_1 成反比。在基频以下调速时，应保持定子磁链最大值恒定，必须使 $\frac{U_{\mathrm{d}}}{\omega_1}$ 为常数，这样变频的同时必须调节直流电压，造成了控制的复杂性。下面找出一种解决办法。

由式（4-43）可知，如果作用的是零矢量，则定子磁链矢量的增量 $\Delta\boldsymbol{\Psi}_{\mathrm{s}}=0$，表明定子磁链矢量保持不变。如果让有效工作矢量的作用时间为 $\Delta t_1<\Delta t$，其余时间 $\Delta t_0=\Delta t-\Delta t_1$ 用零矢量来补，则在 $\frac{\pi}{3}$rad 内定子磁链矢量的增量为

$$\Delta\boldsymbol{\Psi}_{\mathrm{s}}(k) = \boldsymbol{u}_{\mathrm{s}}(k)\Delta t_1 + 0\Delta t_0 = \sqrt{\frac{2}{3}}U_{\mathrm{d}}\Delta t_1 \mathrm{e}^{\mathrm{j}\frac{(k-1)\pi}{3}} \qquad k=1,2,3,4,5,6 \tag{4-47}$$

在时间段 Δt_1 内，定子磁链矢量轨迹沿着有效工作电压矢量方向运行，在时间段 Δt_0 内，零矢量起作用，定子磁链矢量轨迹停留在原地，等待下一个有效工作矢量的到来。

这样，正六边形定子磁链的最大值为

$$|\boldsymbol{\Psi}_{\mathrm{s}}(k)| = |\Delta\boldsymbol{\Psi}_{\mathrm{s}}(k)| = |\boldsymbol{u}_{\mathrm{s}}(k)|\Delta t_1 = \sqrt{\frac{2}{3}}U_{\mathrm{d}}\Delta t_1 \tag{4-48}$$

在直流电压不变的条件下，只要使 Δt_1 为常数，即可保持 $|\boldsymbol{\Psi}_{\mathrm{s}}(k)|$ 恒定。变频时电源角频率越低，$\Delta t=\frac{\pi}{3\omega_1}$ 越大，零矢量作用时间 $\Delta t_0=\Delta t-\Delta t_1$ 越长，定子磁链矢量轨迹停留的时间也越长。可见零矢量的插入有效地解决了定子磁链矢量幅值的控制问题。

（5）期望电压空间矢量的合成

在一个旋转周期内，每个有效工作矢量只作用一次的控制方式只能生成正六边形的旋转磁链，与正弦波供电时产生的圆形旋转磁场相差甚远，其谐波分量大，将导致转矩脉动。按空间矢量的平行四边形合成法则，用相邻的两个有效工作矢量，可合成任意的期望输出电压矢量，使磁链轨迹接近于圆，这就是电压空间矢量PWM（SVPWM）的基本思想。

将电压空间矢量分为对称的6个扇区，如图4-24所示，每个扇区对应 $\frac{\pi}{3}$。当期望输出电压矢量落在某个扇区内时，就用与期望输出电压矢量相邻的两个有效工作矢量等效地合成期望输出矢量。

以在第Ⅰ扇区内的期望输出矢量为例。图4-25表示由有效工作矢量 $\boldsymbol{u}_1$ 和 $\boldsymbol{u}_2$ 的线性组合构成期望的电压矢量 $\boldsymbol{u}_{\mathrm{s}}$，$\theta$ 为期望输出电压矢量与扇区起始边的夹角。在一个开关周期 T_0 中，$\boldsymbol{u}_1$ 的作用时间为 t_1，$\boldsymbol{u}_2$ 的作用时间为 t_2，则合成电压矢量

$$\boldsymbol{u}_{\mathrm{s}} = \frac{t_1}{T_0}\boldsymbol{u}_1 + \frac{t_2}{T_0}\boldsymbol{u}_2 = \frac{t_1}{T_0}\sqrt{\frac{2}{3}}U_{\mathrm{d}} + \frac{t_2}{T_0}\sqrt{\frac{2}{3}}U_{\mathrm{d}}\mathrm{e}^{\mathrm{j}\frac{\pi}{3}} \tag{4-49}$$

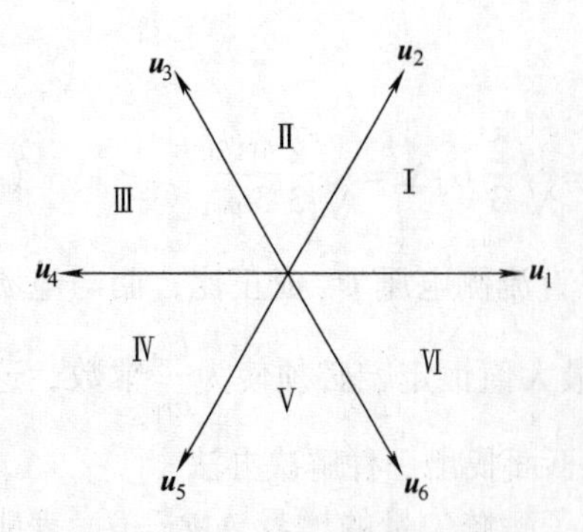

图 4-24 电压空间矢量的六个扇区

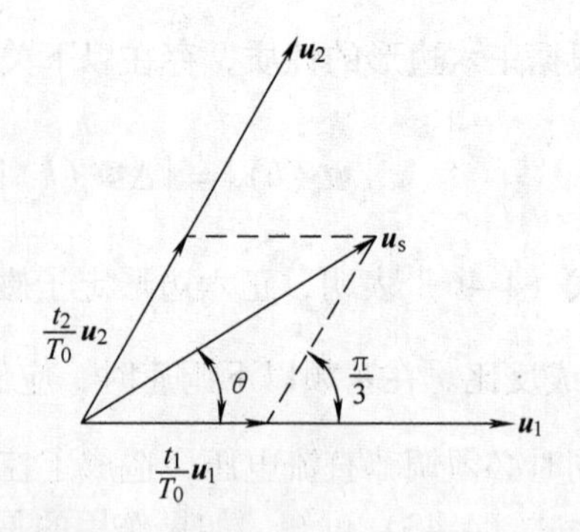

图 4-25 期望输出电压矢量的合成

由正弦定理可得

$$\frac{\frac{t_1}{T_0}\sqrt{\frac{2}{3}}U_{\mathrm{d}}}{\sin\left(\frac{\pi}{3}-\theta\right)}=\frac{\frac{t_2}{T_0}\sqrt{\frac{2}{3}}U_{\mathrm{d}}}{\sin\theta}=\frac{u_{\mathrm{s}}}{\sin\frac{\pi}{3}} \tag{4-50}$$

由此解得

$$t_1=\frac{\sqrt{2}u_{\mathrm{s}}T_0}{U_{\mathrm{d}}}\sin\left(\frac{\pi}{3}-\theta\right) \tag{4-51}$$

$$t_2=\frac{\sqrt{2}u_{\mathrm{s}}T_0}{U_{\mathrm{d}}}\sin\theta \tag{4-52}$$

一般说来 $t_1+t_2<T_0$，其余时间可用零矢量 $\boldsymbol{u}_0$ 或 $\boldsymbol{u}_7$ 来填补，零矢量作用时间为

$$t_0=T_0-t_1-t_2 \tag{4-53}$$

再由式（4-51）、式（4-52）得

$$\frac{t_1+t_2}{T_0}=\frac{\sqrt{2}u_{\mathrm{s}}}{U_{\mathrm{d}}}\left[\sin\left(\frac{\pi}{3}-\theta\right)+\sin\theta\right]=\frac{\sqrt{2}u_{\mathrm{s}}}{U_{\mathrm{d}}}\cos\left(\frac{\pi}{6}-\theta\right)\leqslant 1 \tag{4-54}$$

当 $\theta=\frac{\pi}{6}$时，$t_1+t_2=T_0$ 最大，输出电压矢量最大幅值为

$$u_{\mathrm{smax}}=\frac{U_{\mathrm{d}}}{\sqrt{2}} \tag{4-55}$$

由式（4-35）可知，$U_{\mathrm{s}}=\sqrt{\frac{3}{2}}U_{\mathrm{m}}$，所以基波相电压最大幅值可达

$$U_{\mathrm{mmax}}=\sqrt{\frac{2}{3}}u_{\mathrm{smax}}=\frac{U_{\mathrm{d}}}{\sqrt{3}} \tag{4-56}$$

基波线电压最大幅值为

$$U_{l\mathrm{max}}=\sqrt{3}U_{\mathrm{mmax}}=U_{\mathrm{d}} \tag{4-57}$$

而 SPWM 控制时的基波线电压最大幅值为 $U'_{l\mathrm{max}}=\frac{\sqrt{3}U_{\mathrm{d}}}{2}$，两者的比值

$$\frac{U_{l\mathrm{max}}}{U'_{l\mathrm{max}}}=\frac{2}{\sqrt{3}}\approx 1.15 \tag{4-58}$$

以上分析可以推广到其他各个扇区。

(6) SVPWM的实现方法

由上述已知，一个开关周期包含3段时间，即两个相邻基本电压矢量作用时间及零矢量作用时间，但尚未确定它们的作用顺序。通常以开关损耗和谐波分量都较小为原则，来安排基本矢量和零矢量的作用顺序，一般在减少开关次数的同时，尽量使PWM输出波形对称，以减少谐波分量。下面仍然以第Ⅰ扇区为例介绍SVPWM的两种实现方法。

一种方法是按照对称原则，将两个基本电压矢量 $\boldsymbol{u}_1$、$\boldsymbol{u}_2$ 的作用时间 t_1、t_2 平分后，安排在开关周期的首端和末端，把零矢量的作用时间放在开关周期的中间，并按开关次数最少的原则选择零矢量。

图4-26示意出两种零矢量集中的SVPWM实现方案。其中，图4-26a的作用顺序为 $\boldsymbol{u}_1\left(\frac{t_1}{2}\right)$、$\boldsymbol{u}_2\left(\frac{t_2}{2}\right)$、$\boldsymbol{u}_7(t_0)$、$\boldsymbol{u}_2\left(\frac{t_2}{2}\right)$、$\boldsymbol{u}_1\left(\frac{t_1}{2}\right)$，在中间选用零矢量 $\boldsymbol{u}_7$；图4-26b的作用顺序为 $\boldsymbol{u}_2\left(\frac{t_2}{2}\right)$、$\boldsymbol{u}_1\left(\frac{t_1}{2}\right)$、$\boldsymbol{u}_0(t_0)$、$\boldsymbol{u}_1\left(\frac{t_1}{2}\right)$、$\boldsymbol{u}_2\left(\frac{t_2}{2}\right)$，在中间选用零矢量 $\boldsymbol{u}_0$。两者的共同点是从一个矢量切换到另一个矢量时，只有一相状态发生变化，开关次数是最少的。

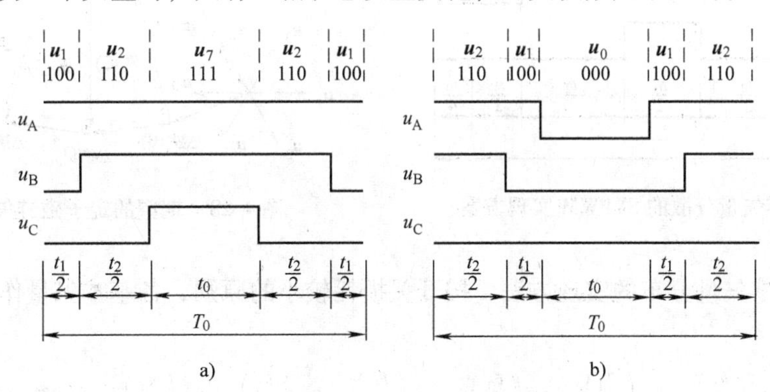

图4-26　零矢量集中的SVPWM实现方案

另一种方法是将零矢量平均分为四份，在开关周期的首、尾各放一份，在中间放两份，将两个基本电压矢量 $\boldsymbol{u}_1$、$\boldsymbol{u}_2$ 的作用时间 t_1、t_2 平分后插在零矢量之间，再按开关损耗较小的原则，首尾的零矢量取 $\boldsymbol{u}_0$，中间的零矢量取 $\boldsymbol{u}_7$。各矢量作用的顺序和时间为 $\boldsymbol{u}_0\left(\frac{t_0}{4}\right)$、$\boldsymbol{u}_1\left(\frac{t_1}{2}\right)$、$\boldsymbol{u}_2\left(\frac{t_2}{2}\right)$、$\boldsymbol{u}_7\left(\frac{t_0}{2}\right)$、$\boldsymbol{u}_2\left(\frac{t_2}{2}\right)$、$\boldsymbol{u}_1\left(\frac{t_1}{2}\right)$、$\boldsymbol{u}_0\left(\frac{t_0}{4}\right)$，如图4-27所示。这种方法每个周期均以零矢量开始，并以零矢量结束，从一个矢量切换到另一个矢量时，只有一相状态发生变化，但在一个开关周期内三相状态各变化一次，开关损耗略大于零矢量集中的方法。

(7) SVPWM空载的定子磁链

如果将占据 $\frac{\pi}{3}$ 的定子磁链矢量轨迹等分为 N 个小区间，每个小区间所占的时间为 $T_0=\frac{\pi}{3\omega_1 N}$，则定子磁链矢量轨迹为正 $6N$ 边形，与正六边形相比较，它更接近于圆，谐波分量小，能有效减小转矩脉动。图4-28所示是 $N=4$ 时期望的定子磁链矢量轨迹，在每个小区间内，定子磁链矢量的增量为 $\Delta\boldsymbol{\Psi}_s(k)=\boldsymbol{u}_s(k)T_0$，而 $\boldsymbol{u}_s(k)$ 是由两个基本矢量合成的。图4-28中，在 $\boldsymbol{\Psi}_s(0)$ 顶端绘出6个工作电压空间矢量，可以看出，由于6个电压矢量方向不同，合成的电压矢量也不同，不同的电压作用后产生的磁链变化也不一样。当 $k=0$ 时，为了产生 $\Delta\boldsymbol{\Psi}_s(0)$，$\boldsymbol{u}_s(0)$ 可用 $\boldsymbol{u}_6$ 和 $\boldsymbol{u}_1$ 合成，即

$$\boldsymbol{u}_s(0)=\frac{t_1}{T_0}\boldsymbol{u}_6+\frac{t_2}{T_0}\boldsymbol{u}_1=\frac{t_1}{T_0}\sqrt{\frac{2}{3}}U_d e^{j\frac{5\pi}{3}}+\frac{t_2}{T_0}\sqrt{\frac{2}{3}}U_d \tag{4-59}$$

则定子磁链矢量的增量为

$$\Delta\boldsymbol{\Psi}_s(0)=\boldsymbol{u}_s(0)T_0=t_1\boldsymbol{u}_6+t_2\boldsymbol{u}_1=t_1\sqrt{\frac{2}{3}}U_d e^{j\frac{5\pi}{3}}+t_2\sqrt{\frac{2}{3}}U_d \tag{4-60}$$

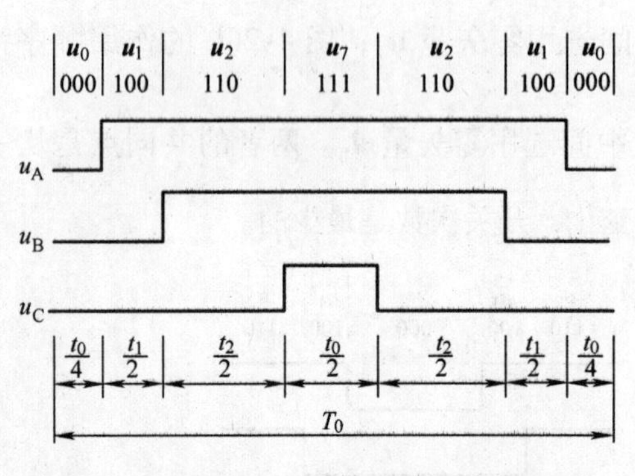

图4-27　零矢量分散的SVPWM实现方案

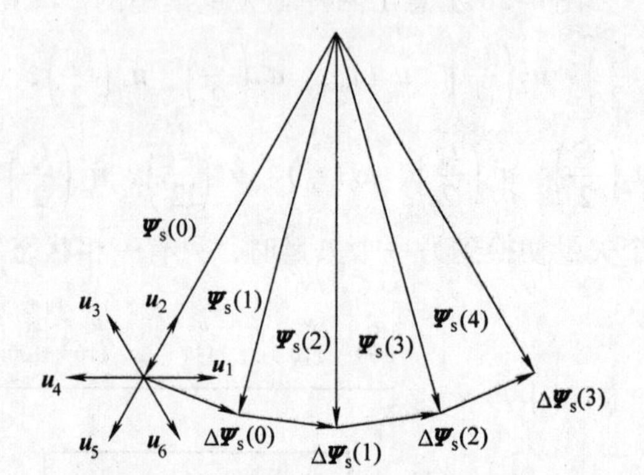

图4-28　期望的定子磁链矢量轨迹

参照前述零矢量分布的实现方法，按开关损耗较小的原则，各基本矢量作用的顺序和时间为

$\boldsymbol{u}_0\left(\frac{t_0}{4}\right)$、$\boldsymbol{u}_1\left(\frac{t_2}{2}\right)$、$\boldsymbol{u}_6\left(\frac{t_1}{2}\right)$、$\boldsymbol{u}_7\left(\frac{t_0}{2}\right)$、$\boldsymbol{u}_6\left(\frac{t_1}{2}\right)$、$\boldsymbol{u}_1\left(\frac{t_2}{2}\right)$、$\boldsymbol{u}_0\left(\frac{t_0}{4}\right)$。这样，在此开关周期 T_0 时间内，定子磁链矢量的运动轨迹分七步完成，即

$$\Delta\boldsymbol{\Psi}_s(0,*)=\begin{cases}1.\ \Delta\boldsymbol{\Psi}_s(0,1)=0\\ 2.\ \Delta\boldsymbol{\Psi}_s(0,2)=\frac{t_2}{2}\boldsymbol{u}_1\\ 3.\ \Delta\boldsymbol{\Psi}_s(0,3)=\frac{t_1}{2}\boldsymbol{u}_6\\ 4.\ \Delta\boldsymbol{\Psi}_s(0,4)=0\\ 5.\ \Delta\boldsymbol{\Psi}_s(0,5)=\frac{t_1}{2}\boldsymbol{u}_6\\ 6.\ \Delta\boldsymbol{\Psi}_s(0,6)=\frac{t_2}{2}\boldsymbol{u}_1\\ 7.\ \Delta\boldsymbol{\Psi}_s(0,7)=0\end{cases} \tag{4-61}$$

式（4-61）用图形示意于图4-29。当 $\Delta\boldsymbol{\Psi}_s(0,*)=0$ 时，定子磁链矢量停留在原地，

$\Delta\boldsymbol{\Psi}_s(0,*)\neq0$ 时，定子磁链矢量沿着电压矢量的方向运动。

$\Delta\boldsymbol{\Psi}_s(1)$ 的分析方法与 $\Delta\boldsymbol{\Psi}_s(0)$ 相同，对于 $\Delta\boldsymbol{\Psi}_s(2)$ 和 $\Delta\boldsymbol{\Psi}_s(3)$，则需用 $\boldsymbol{u}_1$ 和 $\boldsymbol{u}_2$ 合成。图 4-30 所示是在 $\frac{\pi}{3}$rad 内 $N=4$ 时的实际的定子磁链矢量轨迹。

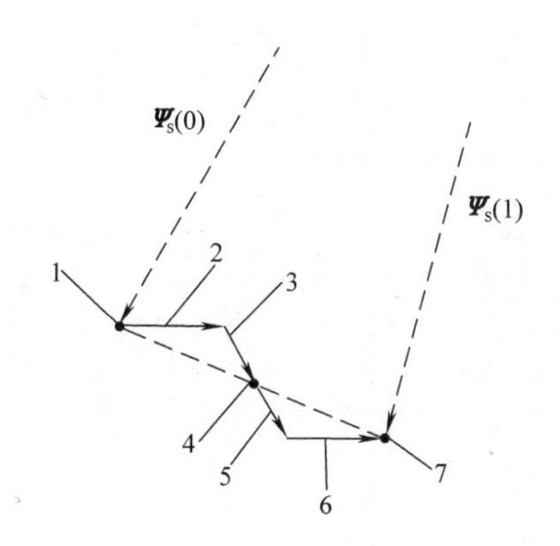

图 4-29　定子磁链矢量运动的七步轨迹

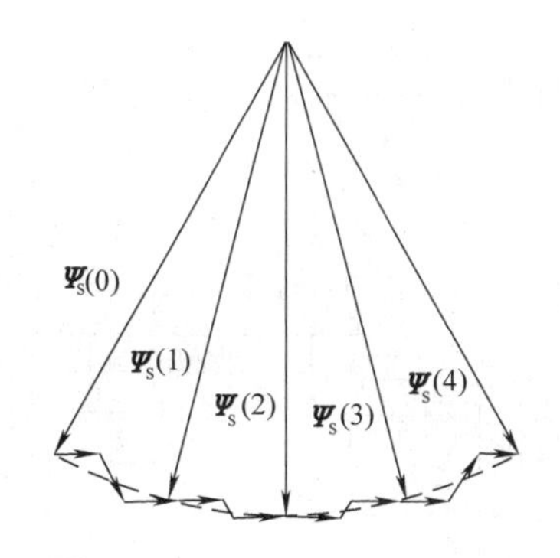

图 4-30　实际的定子磁链矢量轨迹

依次类推，可以画出定子磁链矢量在 0 ~ 2π 的轨迹，如图 4-31 所示。实际的定子磁链矢量轨迹是在期望的磁链圆周围波动的，N 越大，T_0 就越小，磁链轨迹越接近于圆，但开关频率随之增大。由于 N 是有限的，所以磁链轨迹只能接近于圆。

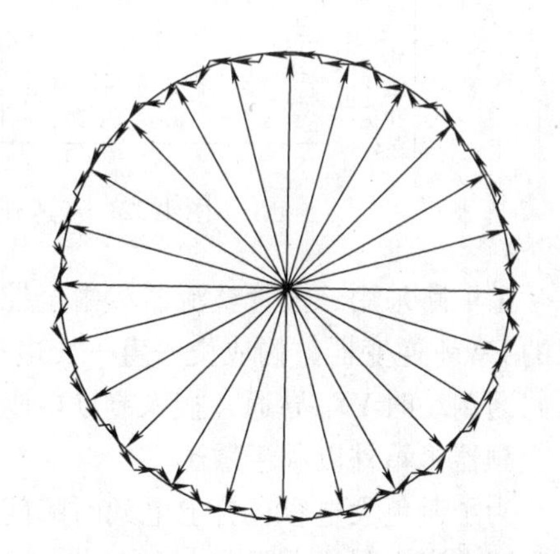

图 4-31　定子磁链矢量在 0 ~ 2π 的轨迹

SVPWM 控制模式总结起来有以下特点：

1）逆变器共有 8 个基本输出矢量，有 6 个有效工作矢量和两个零矢量，在一个旋转周期内，每个有效工作矢量只作用一次的方式只能生成正六边形的旋转磁链，谐波分量大，使得转矩存在脉动。

2）利用相邻的两个有效工作矢量，可合成任意的期望输出电压矢量，使磁链轨迹接近于圆。开关周期 T_0 越小，旋转磁场越接近于圆，但对功率器件的开关频率要求越高。

3）利用电压空间矢量直接生成三相 SPWM 波，计算简便。与一般的 SPWM 相比较，SVPWM 控制方式的输出电压最多可提高约 15%。

4.5　变压变频（VVVF）调速系统的结构和工作原理

风机、水泵等负载对调速性能要求不高，只要能在一定范围内实现高效率的调速即可。对于这类负载，可以根据电动机的稳态模型，采用转速开环电压频率协调控制的方案，这就是一般的通用变频器控制系统。这种系统在负载扰动下存在转速降落，属于有静差调速系统。

图 4-32 所示为转速开环变压变频调速系统硬件结构图。它包括主电路、驱动电路、微

机控制电路、信号采集与故障综合电路，开关器件的吸收电路和其他辅助电路未绘出。

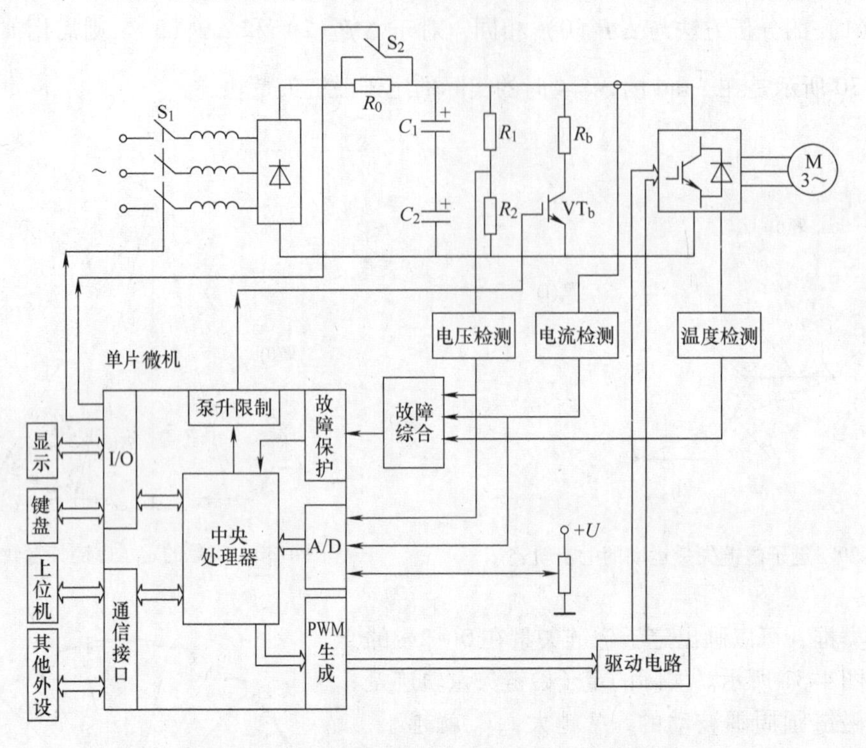

图4-32　转速开环变压变频调速系统硬件结构图

主电路采用二极管整流器和由全控开关器件 IGBT（小容量可用智能功率模块 IPM）组成的 PWM 逆变器，构成交—直—交电压源型变压变频器。VT_b 和 R_b 为泵升限制电路，电动机回馈制动时 VT_b 导通，接入制动电阻 R_b 限制泵升电压，制动电阻 R_b 一般作为附件单独装在变频器机箱外以利于散热。

为了避免大电容在合上电源时瞬间产生过大的充电电流，在整流器和滤波电容之间的直流回路上串入限流电阻 R_0，刚通电时由 R_0 限制充电电流，延时后经开关 S_2 将 R_0 短接，以免长期接入徒增损耗。

驱动电路的作用是将微机控制电路产生的 PWM 信号经功率放大后，控制电力电子器件的开通或关断，同时将强电与弱电隔离开来。

信号采集与故障综合电路将电压、电流、温度等检测信号进行变换、光电隔离、滤波、放大等综合处理，如为模拟信号还要进行 A/D 转换，然后输入给中央处理器（CPU）进行运算、判断、处理，并同时用于显示和故障保护。

微机数字控制电路接收各种设定信息和指令，再根据它们的要求形成驱动逆变器工作的 PWM 信号。微机芯片主要采用单片机、DSP 等。PWM 信号可以由微机软件产生在 PWM 端口输出，也可以采用专用的 PWM 生成电路芯片（如 HEF4752、SLE4520 等）。微机控制软件是系统的核心，除了生成 PWM、给定积分和压频比控制等主要功能外，还包括信号采集、故障综合及分析、键盘及电位器输入、显示、通信等辅助功能。

转速开环变频调速系统可以满足平滑调速的要求，但稳、动态性能不够理想。采用转速闭环控制可提高稳、动态性能，实现稳态无静差，但需增加转速传感器及相应的检测电路和测速软件等。提高调速系统动态性能主要依靠控制转速的变化率，而根据电动机运动方程式 $T_e - T_L = J\mathrm{d}\omega/\mathrm{d}t$，控制电磁转矩就能控制 $\mathrm{d}\omega/\mathrm{d}t$，所以归根结底，调速系统的动态性能就是控制转矩的能力。

对异步电动机恒气隙磁通的转矩公式进行简化，当电动机稳态运行时，转差率 s 较小，转差角频率 $\omega_s = s\omega_1$ 也较小，转矩可近似表示为

$$T_e \approx K_m \Phi_m^2 \frac{\omega_s}{R'_r} \tag{4-62}$$

式中　K_m——电动机的结构常数。

式（4-62）表明，在 s 值很小的稳态运行范围内，如果能够保持气隙磁通不变，异步电动机的转矩就近似与转差角频率成正比。这就是说，在异步电动机中控制 ω_s，就和直流电动机中控制电枢电流一样，能够达到间接控制转矩的目的。

那么如何能保持 Φ_m 恒定呢？按恒 E_g/ω_1 控制时可保持 Φ_m 恒定，由异步电动机等效电路可得定子电压为

$$\dot{U}_s = \dot{I}_s(R_s + \mathrm{j}\omega_1 L_{ls}) + \dot{E}_g = \dot{I}_s(R_s + \mathrm{j}\omega_1 L_{ls}) + \left(\frac{\dot{E}_g}{\omega_1}\right)\omega_1 \tag{4-63}$$

由此可见，要实现恒 E_g/ω_1 控制，必须采用定子电压补偿控制，以抵消定子电阻和漏抗的压降。理论上说，定子电压补偿应该包括幅值和相位的补偿，但这样太复杂，若忽略电流相量相位变化的影响，仅采用幅值补偿，则电压频率特性为

$$U_s = f(\omega_1, I_s) = \sqrt{R_s^2 + (\omega_1 L_{ls})^2} I_s + E_g = Z_{ls}(\omega_1) I_s + C_g \omega_1 \tag{4-64}$$

式中　C_g——常数。

采用定子电压补偿恒 E_g/ω_1 控制的电压-频率特性曲线如图 4-33 所示。高频时，定子漏抗压降占主导地位，可忽略定子电阻，式（4-64）可简化为

$$U_s = f(\omega_1, I_s) \approx \omega_1 L_{ls} I_s + C_g \omega_1$$

电压频率特性近似呈线性。低频时，R_s 影响不可忽略，曲线呈非线性。

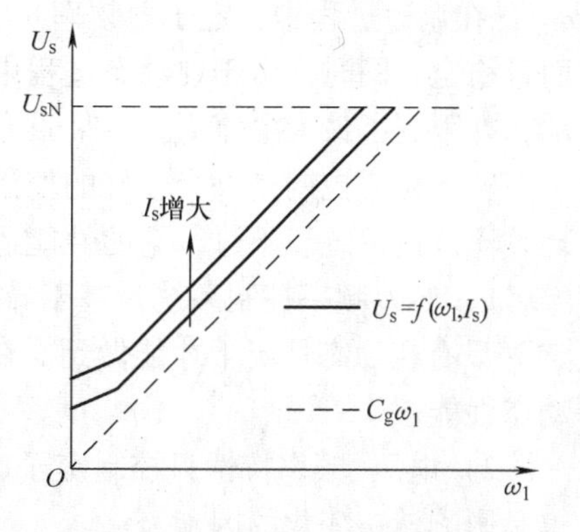

图 4-33　电压-频率特性曲线

实现上述转差频率控制的转速闭环变压变频调速系统原理图如图 4-34 所示。转速调节器（ASR）的输出信号是转差频率给定 ω_s^*（相当于电磁转矩给定），ω_s^* 与实测转速信号 ω 相加，即得定子频率给定信号 ω_1^*，即 $\omega_1^* = \omega_s^* + \omega$。由 ω_1^* 和电流反馈信号 I_s 从微机存储的 $U_s^* = f(\omega_1^*, I_s)$ 函数表格中查得定子电压给定信号 U_s^*，用 U_s^* 和 ω_1^* 控制 PWM 逆变器，即可实现对异步电动机转差频率控制的变频调速。

从系统结构上看，共有两个转速反馈控制，FBS 为速度传感器。内环为正反馈，它是不稳定结构，必须设置转速负反馈外环，才能使系统稳定运行。下面以 ASR 采用 PI 调节器，系统带恒转矩负载为例说明系统的起动过程。

开始突加给定，假定 ASR 的比例系数足够大，则 ASR 很快进入饱和，输出为限幅值

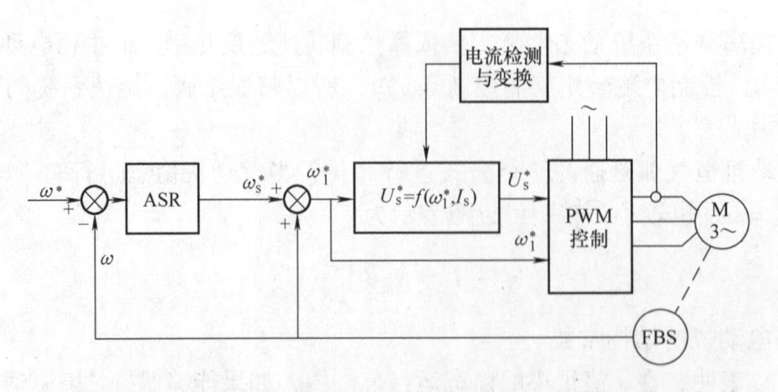

图 4-34　转差频率控制的转速闭环变压变频调速系统原理图

ω_{smax}，由于转速和电流尚未建立，即 $\omega=0$、$I_s=0$，给定定子频率为 $\omega_1^*=\omega_{smax}$，定子电压为 $U_s=C_g\omega_{smax}$。在此作用下，电流和转矩快速上升，并达到最大允许值，电动机在允许的最大输出转矩下加速运行。当转速 ω 达到并超过给定值 ω^*，ASR 开始退出饱和，转速略有超调后到达稳态 $\omega=\omega^*$，定子电压频率 $\omega_1=\omega+\omega_s$。转差频率 ω_s 与负载有关。

稳定运行后负载变化系统响应又会怎样呢？假定负载转矩由 T_L 增大为 T_L'，在负载转矩的作用下转速 ω 下降，正反馈内环的作用使 ω_1 下降，但在外环的作用下，给定转差频率 ω_s^* 上升，定子电压频率 ω_1 上升，电磁转矩 T_e 增大，转速 ω 回升，到达稳态时，转速 ω 仍等于给定值 ω^*，电磁转矩等于负载转矩 T_L'。由式（4-63）可知，转矩与转差频率成正比，所以当 $T_L'>T_L$ 时，转差频率 $\omega_s'>\omega_s$，定子电压频率 $\omega_1'=\omega+\omega_s'>\omega_1=\omega+\omega_s$。与直流调速系统相似，在转速负反馈外环的控制作用下，转速稳态无静差。

转差频率控制系统具有突出优点：转差角频率 ω_s^* 与实测转速 ω 相加后得到定子角频率 ω_1^*，在调速过程中，定子角频率 ω_1 随着实际转速 ω 同步地上升或下降，因此加、减速平滑而且稳定。同时，由于在动态过程中 ASR 饱和，系统以对应于 ω_{smax} 的最大转矩 T_{emax} 起、制动，并限制了最大电流 I_{smax}，保证了在允许条件下的快速性。

转差频率控制是一个较好的控制策略，其调速系统的稳、动态性能接近转速、电流双闭环直流调速系统。不过，它的性能还不能完全达到双闭环直流调速系统，其原因如下：

1）转差频率控制系统是基于异步电动机的稳态数学模型的，所谓的“保持磁通 Φ_m 恒定”只有在稳态情况下才能做到。在动态过程中难以保持磁通 Φ_m 恒定，这将影响到系统的动态性能。

2）电压-频率特性只控制定子电流的幅值，没有考虑到电流的相位，而在动态中相位也是影响转矩变化的因素。

3）如果转速检测信号不准确或存在干扰，也会直接给频率造成误差，而这些误差和干扰都以正反馈的形式毫无衰减地传递到频率控制信号上。

要进一步提高异步电动机的性能，必须从异步电动机的动态模型出发，研究其控制规律，设计出高动态性能的异步电动机调速系统。

4.6　高性能异步电动机调速系统

前面讨论的恒压频比控制或转差频率控制的 VVVF 交流调速系统解决了异步电动机平滑

调速的问题，使系统能够满足许多工业应用的要求。但如果遇到轧钢机、数控机床、机器人、载客电梯等需要高动态性能的调速系统或伺服系统，这种控制还是比直流调速系统略逊一筹。究其原因在于：他励直流电动机的励磁回路和电枢回路是互相独立的，电枢电流的变化并不影响磁极磁场，因此可以通过控制电枢电流的大小，去控制电磁转矩。如要得到高性能的异步电动机调速系统，就要基于交流电动机动态数学模型去设计。

交流电动机的动态数学模型有以下特点：

1）异步电动机变压变频调速时需要进行电压（或电流）和频率的协调控制，有电压（电流）和频率两个独立的输入变量。输出变量中，除转速外，磁通也得算一个独立的变量。因为电动机只有一个三相电源，磁通的建立和转速的变化是同时进行的，为了获得良好的动态性能，也希望对磁通施加某种控制，使它在动态过程中尽量保持恒定，才能产生较大的动态转矩。由于这些原因，异步电动机是一个多变量（多输入、多输出）系统，而且电压（电流）、频率、磁通、转速之间又互相影响，所以还是强耦合系统。

2）在异步电动机中，电流乘磁通产生转矩，转速乘磁通得到感应电动势，与直流电动机不同，它们都是同时变化的，在动态数学模型中就含有两个变量的乘积项。这样一来，即使不考虑磁饱和等因素，数学模型也是非线性的。

3）三相异步电动机定子绕组有3个绕组，转子也可等效为3个绕组，各绕组间存在交叉耦合，每个绕组产生磁通时都有自己的电磁惯性，再加上运动系统的机电惯性和转速与转角的积分关系，即使不考虑变频装置的滞后因素，也是一个高阶系统。

总之，异步电动机的动态数学模型是一个高阶、非线性、强耦合的多变量系统。为了使异步电动机动态数学模型具有可控性、可观性，必须借鉴直流电动机转矩产生的机理，对其进行变换、解耦，使其成为一个线性、解耦的系统。由于动态数学模型及其变换相当复杂，在此不深入展开，这里主要从物理过程上说明思路和系统结构。

4.6.1　矢量控制的交流变频调速系统

异步电动机矢量控制的目的是仿照直流电动机的控制方式，利用坐标变换的手段，把交流电动机的定子电流分解为磁场分量电流（相当于励磁电流）和转矩分量电流（相当于电枢电流）分别加以控制，以获得类似于直流调速系统的动态性能。因为用来进行坐标变换的物理量是空间矢量，所以将这种控制系统称为矢量变换控制系统（Transvector Control System），简称为矢量控制系统（Vector Control System，VC）。

图4-35所示是基于电流跟随控制变频器的矢量控制系统原理框图。最右边3个方框为三相异步电动机的模型，为将它变换成直流电动机，设想将产生旋转磁场的三相电流 i_A、i_B、i_C 经3/2（三相至二相）变换器，变换成二相交流电 $i_{s\alpha}$、$i_{s\beta}$，再经过坐标旋转 φ 角变换器（2s/(2r)）变换，即静止两相—旋转正交变换），变换成相当于直流电动机励磁电流的 i_{sm} 和相当于电枢电流的 i_{st}。i_{sm} 与 i_{st} 后面的对象便是等效的直流电动机模型。旋转的 φ 角，可以通过检测三相异步电动机的电压、电流、转速和反馈环节，由微型计算机计算得到。

不难想象，若在异步电动机前面设置两个变换器，一个为反旋转变换器（2r/(2s)），可以与电动机内部设想的旋转 φ 角变换器（2s/(2r)）的作用相抵消，另一个为2/3变换器（二相至三相），它可以与电动机内部设想的3/2变换器的作用相抵消，若忽略变频器中可能产生的滞后，认为电流跟随控制的传递函数为近似为1，则图4-35中点画线框内的部分可以用传递函数为 1 的直线代替，那么矢量控制系统就相当于直流调速系统了。

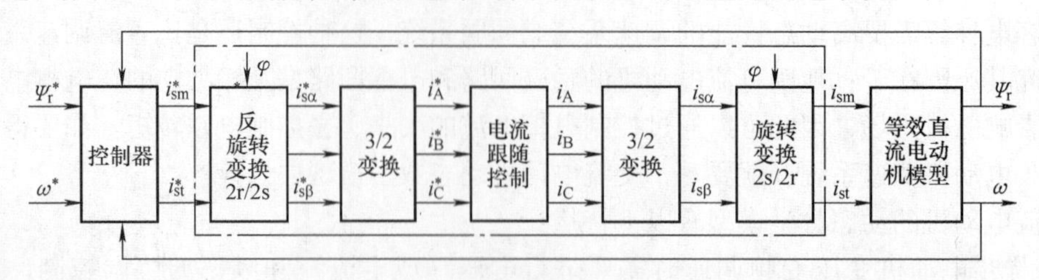

图 4-35　矢量控制系统原理框图

当然，以上这些变换与控制，都是由微型计算机来完成的。甚至有的变频器采用无速度传感器的矢量控制方式，并不是说没有速度反馈，而是指该系统的速度反馈信号不是来自于速度传感器，而是由软件根据有关变量对旋转磁场的计算获得。

4.6.2　直接转矩控制的交流变频调速系统

直接转矩控制（Direct Torque Control，DTC）系统，是继普通的 VVVF 控制系统和矢量控制系统之后，发展起来的另一种高动态性能交流电动机变压变频调速系统。在它的转速环里面，利用转矩反馈直接控制电动机的电磁转矩，因而得名。

图 4-36 是基于定子磁链控制的直接转矩控制系统原理框图。

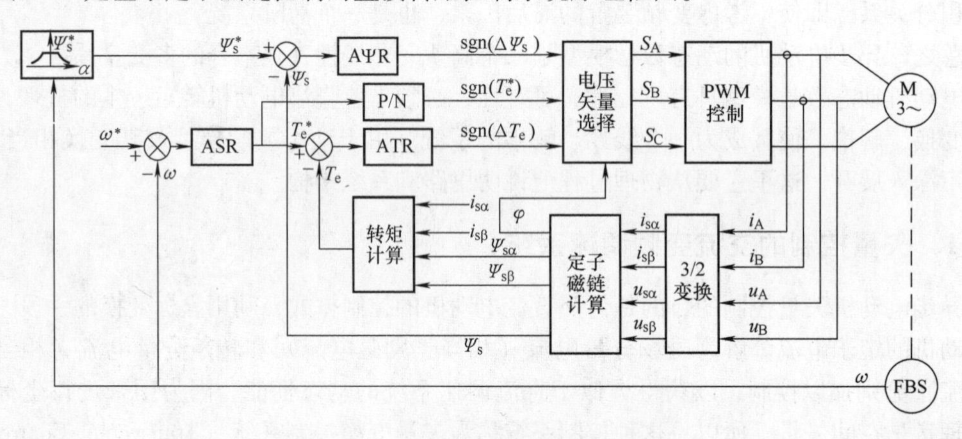

图 4-36　直接转矩控制系统原理框图

图 4-36 中，AΨR 和 ATR 分别为定子磁链调节器和转矩调节器，两个调节器均采用带有滞环的双位式控制器，它们的输出分别为定子磁链偏差 $\Delta\Psi_s$ 的符号函数 sgn($\Delta\Psi_s$) 和电磁转矩偏差 ΔT_e 的符号函数 sgn(ΔT_e)。定子磁链给定值 Ψ_s^* 与实际转速 ω 有关，在额定转速以下，Ψ_s^* 保持恒定，在额定转速以上，Ψ_s^* 随着 ω 的增加而减小。P/N 为给定转矩极性鉴别器，当期望的电磁转矩为正时，sgn(T_e^*) = 1，当期望的电磁转矩为负时，sgn(T_e^*) = 0。转速反馈信号 ω 由速度传感器（FBS）测得，其余反馈信号如 Ψ_s、T_e、φ 均为定子电流、电压经变换计算得到。

当期望的电磁转矩为正，即 P/N 为 1 时，若电磁转矩偏差 $\Delta T_e = T_e^* - T_e > 0$，其符号函数 sgn($\Delta T_e$) = 1，应使定子磁场正向旋转，使实际转矩 T_e 加大。若电磁转矩偏差 ΔT_e =

$T_e^* - T_e < 0$，其符号函数 $\text{sgn}(\Delta T_e) = 0$，一般采用定子磁场停止转动，使电磁转矩减小。

当期望的电磁转矩为负，即 P/N 为 0 时，若电磁转矩偏差 $\Delta T_e = T_e^* - T_e < 0$，其符号函数 $\text{sgn}(\Delta T_e) = 0$，应使定子磁场反向旋转，使实际电磁转矩 T_e 反向增大；若电磁转矩偏差 $\Delta T_e = T_e^* - T_e > 0$，其符号函数 $\text{sgn}(\Delta T_e) = 1$，一般采用定子磁场停止转动，使电磁转矩反向减小。电压矢量选择就是根据上述控制法，由软件查表实现。

直接转矩控制系统和矢量控制系统都是已获得实际应用的高性能交流调速系统。两者在具体控制方法和实际性能上又各有特点，其特点与性能特点比较见表4-2。

表4-2　直接转矩控制系统和矢量控制系统特点与性能比较

性能与特点	直接转矩控制系统	矢量控制系统
磁链控制	定子磁链闭环控制	转子磁链可以闭环控制，也可以开环控制
转矩控制	双位式控制，有转矩脉动	连续控制，比较平滑
电流控制	无闭环控制	闭环控制
坐标变换	静止坐标变换，较简单	旋转坐标变换，较复杂
磁链定向	需知道定子磁链矢量的位置，但无需精确定向	按转子磁链定向
调速范围	不够宽	比较宽
转矩动态响应	较快	不够快

直接转矩控制系统采用双位式控制，根据定子磁链幅值偏差、电磁转矩偏差的符号以及期望电磁转矩的极性，再依据当前定子磁链矢量所在的位置，直接产生 PWM 驱动信号，避开了旋转坐标变换，省掉复杂计算，简化了控制结构。控制定子磁链而不是转子磁链，不受转子参数变化的影响；但两点式控制不可避免地产生转矩脉动，影响低速性能，调速范围受到限制。另一个问题是定子电阻的变化将影响磁链的计算准确性。

矢量控制系统通过电流闭环控制，实现定子电流的两个分量的解耦，进一步实现电磁转矩与转子磁链的解耦，有利于分别设计转速与磁链调节器；实行连续控制，可获得较宽的调速范围。但按转子磁链定向受电动机转子参数变化的影响，降低了系统的鲁棒性。

4.7　绕线转子异步电动机调速系统

前面几节主要讨论了笼型转子异步电动机的调速方法与控制系统，对于绕线转子异步电动机，除了采用上述调速方案外，还可以通过转子电路中串接附加电阻或电动势来调速。特别是绕线转子异步电动机既可以从定子输入或输出功率，也可以从转子输入或输出转差功率，如果同时从定子和转子向电动机馈送功率也能达到调速的目的。

4.7.1　绕线转子异步电动机双馈控制的基本原理

绕线转子异步电动机双馈调速的原理如图4-37所示，在绕线转子异步电动机的三相转子电路中串入一个电压和频率可控的交流附加电动势 E_{add}，通过控制使 E_{add} 与转子电动势 E_r 具有相同的频率，其相位与 E_r 相同或相反。

当绕线转子异步电动机转子没有串接附加电动势，即 $E_{add} = 0$ 时，电动机处在自然机械特性上运行，即处在固有机械特性上运行。当电动机转子串接了附加电动势，即 $E_{add} \neq 0$ 时，

转子电流 I_r 变为

$$I_r = \frac{sE_{r0} \pm E_{add}}{\sqrt{R_r^2 + (sX_{r0})^2}} \tag{4-65}$$

由式（4-65）可见，可以通过调节 E_{add} 的大小来改变转子电流 I_r 的数值，而电动机产生的电磁转矩 T_e 也将随着 I_r 的变化而变化，使电力拖动系统原有的稳定运行条件 $T_e = T_L$ 被破坏，迫使电动机变速。这就是绕线转子异步电动机转子串级调速的基本原理。

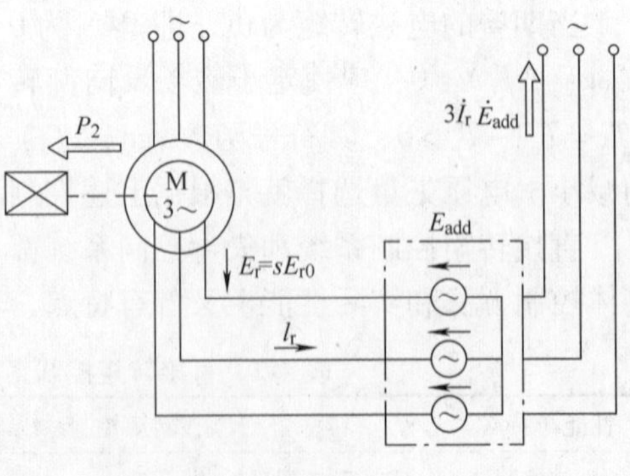

图 4-37　绕线转子异步电动机双馈调速的原理

在串级调速过程中，电动机转子上的转差功率 $P_{sl} = sP_{em}$，只有一小部分消耗在转子电阻上，而大部分被 E_{add} 吸收，再设法通过电力电子装置回馈给电网。因此，串级调速与串电阻调速相比，具有较高的效率。此外，根据电机的可逆性原理，异步电动机既可以从定子输入或输出功率，也可以从转子输入或输出转差功率，如果同时从定子和转子向电动机馈送功率也能达到调速的目的，由此绕线转子异步电动机可以采用从定、转子同时馈电的方式进行调速，故而该方法又称为双馈调速方法。

绕线转子异步电动机有 5 种基本运行状态，其中，调速运行可分为次同步调速和超同步调速两种控制方式。

1）次同步调速方式：使 E_{add} 的相位与 E_r 相差 180°，这时转子电流的表达式为

$$I_r = \frac{sE_{r0} - E_{add}}{\sqrt{R_r^2 + (sX_{r0})^2}} \tag{4-66}$$

这样，增加附加电动势 E_{add} 的幅值，将减少转子电流 I_r，也就是减少转矩 T_e，从而降低电动机的转速 n。在这种控制方式中，转速是由同步转速向下调节的，始终有 $n < n_0$。

2）超同步调速方式：如果使串入的附加电动势 E_{add} 与 E_r 同相，则转子电流 I_r 变为

$$I_r = \frac{sE_{r0} + E_{add}}{\sqrt{R_r^2 + (sX_{r0})^2}} \tag{4-67}$$

这时，随着 E_{add} 的增加，转子电流 I_r 增大，电动机输出转矩 T_e 也增大，使电动机加速。与此同时，转差率 s 将减小，而且随着 s 的减小，I_r 也减小，最终达到转矩平衡，即 $T_e = T_L$。

如果进一步增大 E_{add} 的幅值，电动机就可能加速超过同步转速，这时 $s<0$，E_r 反相，使式（4-68）中的分子项变为 $E_{add} - |sE_{r0}|$，以减小 I_r，最终达到转矩平衡，即 $T_e = T_L$，电动机处于高于同步转速的某值下稳定运行。串入同相位的电动势幅值越大，电动机稳定转速就越高。

绕线转子异步电动机双馈控制的实质在于控制定、转子功率的传递，工作中存在 5 种状态：次同步速电动状态、反转倒拉制动状态、超同步速回馈制动状态、超同步速电动状态和次同步速回馈制动状态。这里主要分析两种电动状态的功率传输过程：

1）转子功率输出状态：由电网向定子绕组供电，工作于电动状态时，它从电网馈入（输入）电功率，而在其轴上输出机械功率给负载，同时从转子输出转差功率 $P_{sl} = sP_{em}$ 给 E_{add}，转速低于同步转速，称为次同步电动状态，又称串级调速。

2）转子功率输入状态：如果电网既向电动机定子供电，也通过 E_{add} 向转子输入转差功率 P_{sl}，此时电动机以超同步转速运行，称为超同步电动状态，又称双馈调速。

因而对于双馈调速系统来说，功率变换单元应能实现功率的双向传递，如图 4-38 所示。

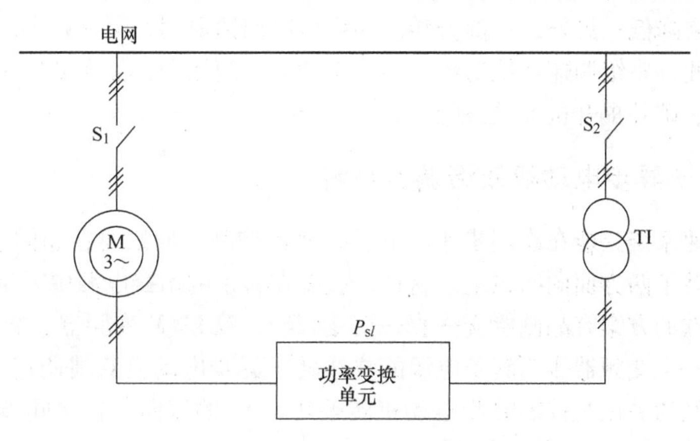

图 4-38　双馈调速基本结构

4.7.2　绕线转子异步电动机串级调速系统

根据绕线转子异步电动机串级调速的原理，需要设置一个能吸收转差功率的电源装置 E_{add}，但是，由于异步电动机转子中感应电动势的 sE_{r0} 频率是随着转速而变化的。为解决这一问题，一个简单的办法是：先经过二极管整流器 RU 将交变的 sE_{r0} 整流后变成直流电压，然后通过晶闸管逆变器 IU 的有源逆变，将直流电压再变成与电网同频率的交流电，最后由逆变变压器 TI 反馈给电网，实现转差功率的回馈过程。

然而由于串级调速系统的机械特性的静差率较大，因此，开环控制系统只能用于对调速精度要求不高的场合。为了提高系统性能，通常采用转速和电流双闭环反馈控制。传统的采用二极管-晶闸管变流器的双闭环串级调速系统如图 4-39所示，其结构与双闭环直流调速系统相同，具有静态稳速和动态恒流控制作用，不同之处是通过控制逆变器吸收异步电动机转子上的转差功率 sP_{em} 来实现调速作用。

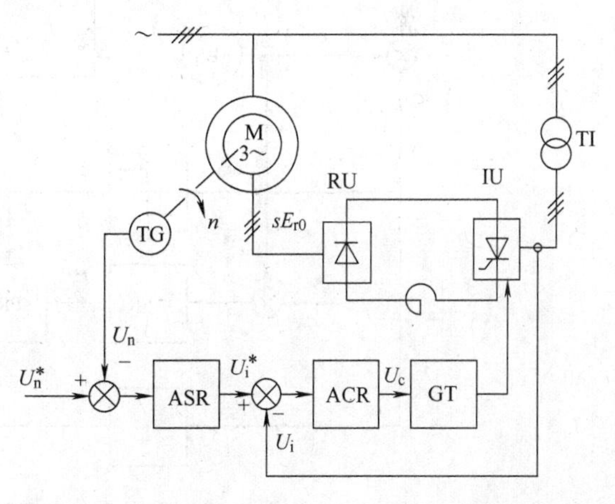

图 4-39　二极管–晶闸管变流器双闭环串级调速系统

过去，传统的串级调速系统一般采用模拟运算放大电路作为 ASR 和 ACR，其系统分析和调节器参数设计也参照直流调速系统方法。

新型的串级调速系统可以采用内馈斩波调速方式，在直流回路增加一个斩波器，通过控制斩波器的占空比来调节电动机的转速，而此时的逆变器仅需要进行调频控制，其逆变角固定，提高了功率因数。此外，采用二极管整流器-PWM 逆变器也是一种串级调速系统的可选方案，系统的控制也大都采用数字计算机来实现。

串级调速系统最大的优点在于：因为交流电源设置在转子电路，当调速范围不大时，电机的转差功率要远低于电磁功率，所以选用的变流装置的容量较小，对主电路开关器件电流和耐压要求也随之降低；另外，一部分转差功率可以回馈电网，调速效率高于转差功率消耗型调速方法。因此，串级调速系统适用于高压大功率应用场合，如大型风机、水泵的节能控制，大型压缩机、矿井提升机等设备的调速等。

4.7.3 绕线转子异步电动机双馈调速系统

上述串级调速系统只能在次同步速以下进行调速控制，如果要在超同步速范围内运行，则需要从定子和转子两方面同时供电。这样，就要在转子的串接电源中采用能使功率双向传递的变流器。可选的方案有晶闸管交—直—交变频器、双 PWM 变频器、交—交变频器等。

一种采用交—交变频器作为转子电源的绕线转子异步电动机双馈调速系统如图 4-40 所示。实现双馈控制的关键是控制异步电动机转差功率 P_{sl} 的流向，在次同步速调速时，应控制 P_{sl} 从转子向变频器传递功率；在超同步调速时，应控制 P_{sl} 由变频器向转子传递功率。为此，图 4-40 所设计的系统就主要通过 P_{sl} 的控制来实现双馈调速。考虑到转差功率应分为有功功率和无功功率两部分，分别对应为有功电流 I_P 和无功电流 I_Q，其关系如图 4-41 所示。

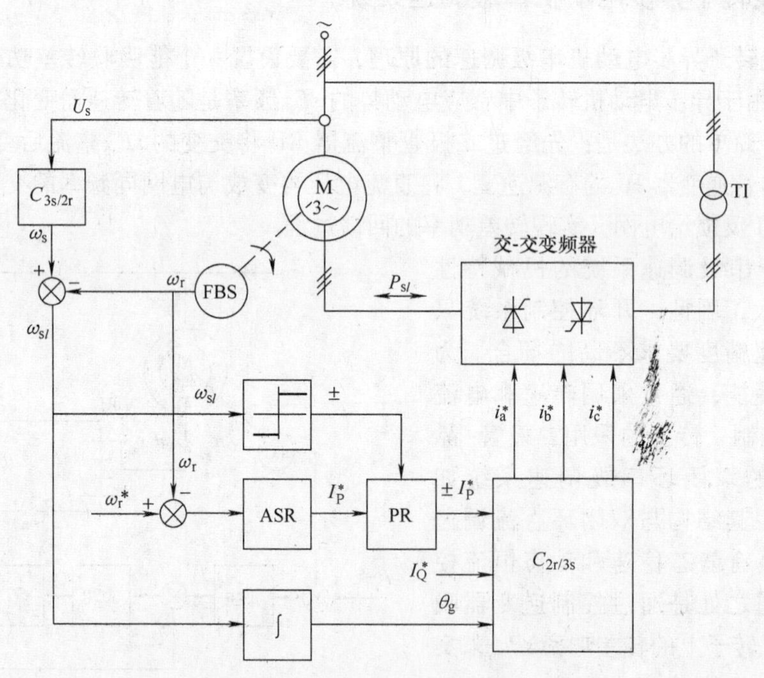

图 4-40 采用交—交变频器的双馈调速系统

在系统中设置一个电流极性转换器（PR），它根据转差角频率 ω_{sl} 的极性来控制电流的极性。其控制策略如下：

1）在次同步速运行时，$\omega_{sl}>0$，因此电流给定 I_P^* 为正值，控制变频器的电流为正方向。

2）在超同步速运行时，$\omega_{sl}<0$，使电流给定反向，I_P^* 为负值，控制变频器的电流为负方向。

3）在同步速运行时，$\omega_{sl}=0$，电流给定 I_{P}^{*} 为直流，控制变频器输出直流励磁电流，异步电动机像转子励磁的同步电动机一样，以同步速运行。

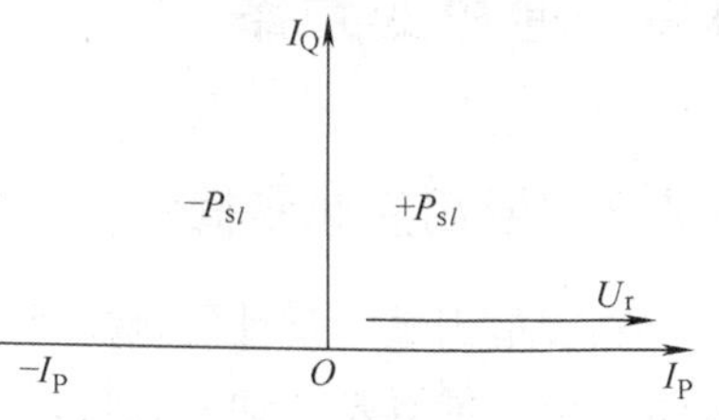

图 4-41　转子电动势、电流与转差功率的关系

双馈调速系统目前常用于风力发电。一个采用绕线转子的风力发电机组成的变速恒频双馈风力发电系统如图 4-42 所示。

双馈风力发电系统的控制策略如下：

1）转差功率控制：对转子侧 PWM 变流器进行转差功率控制，实现有功功率调节和无功功率补偿。不过，风力发电双馈控制系统的转差功率控制与前述的电力传动控制不同，在忽略系统损耗的条件下，定子功率 P_{s}、转差功率 P_{sl} 与电网功率 P_{G} 之间的功率关系为

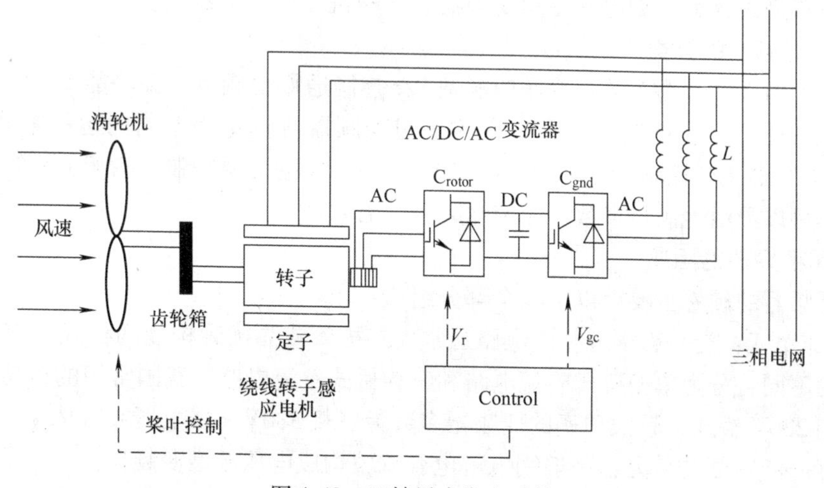

图 4-42　双馈风力发电系统

$$P_{\mathrm{G}} \approx P_{\mathrm{s}} + P_{sl}$$

上式中的转差功率 $P_{sl}=sP_{\mathrm{s}}$，与电力传动应用相反。这说明，当风机在次同步速运行时，由电网通过 PWM 变流器向异步电动机转子提供转差功率 P_{sl}，以避免因风力不足造成的转速下降；当风机在超同步速运行时，由转子通过 PWM 变流器将转差功率 P_{sl} 回馈给电网。由此，双馈风力发电系统输出给电网的功率为

$$P_{\mathrm{G}} = (1-s)P_{\mathrm{s}}$$

2）变速恒频控制：对电网侧的 PWM 变流器则采用变速恒频（VSCF）控制，当风机在次同步速运行时，需要由电网向转子供电，网侧 PWM 变流器应工作在 PWM 整流状态；当风机在超同步速运行时，网侧 PWM 变流器应工作在 PWM 逆变状态，将转子提供的转差功率回馈电网。虽然风机的转速是随风速变化的，但电网频率应保持恒定的工频，所以需要采取 VSCF 控制。

由于通过变换器的功率仅仅是转差功率，因此，双馈风力发电系统特别适合于调速范围不宽而系统容量比较大的风力发电系统，尤其是兆瓦级以上的风力发电系统。类似的，双调速系统也可用于船舶主轴发电系统。

4.8 通用变频器

4.8.1 通用变频器简介

随着电力电子器件的全控型、复合型和模块化，变流电路开关模式的高频化，控制手段的微机化，使异步电动机变频调速装置（简称变频器）的灵活性和适应性不断提高。目前中、小容量（600kV·A以下）的一般用途的变频器已实现了通用化。在这里，“通用”一词有两方面的含义：一是这种变频器可以驱动一般交流电动机（为改善散热和低频输出能力，有厂商制造专用变频电动机）；二是它具有各种可供选择的功能，能适应许多不同性质的负载机械。此外，通用变频器也是相对于专用变频器而言的，专用变频器是专为某些有特殊要求的负载而设计的，如电梯专用变频器、注塑机专用变频器等。

1. 通用变频器的分类

通用变频器大致分为3类：普通功能型 V/f 控制通用变频器、高功能型 V/f 控制通用变频器和高动态性能矢量控制变频器。有的通用变频器可设定为不同的运行方式，如无PG（速度传感器）的 V/f 控制、有PG的 V/f 控制、无PG的矢量控制、有PG的矢量控制、转矩控制等，可以灵活地满足多数工业传动装置的需要。

2. 通用变频器的组成

通用变频器的硬件主要由以下几个部分组成：

1）整流单元：交—直部分整流电路通常由二极管或晶闸管构成的桥式电路组成，根据输入电源的不同，分为单相桥式整流电路和三相桥式整流电路。我国常用的小功率的变频器多数为单相220V输入，较大功率的变频器多数为三相380V（线电压）输入。

2）中间环节-滤波单元：一般用电解电容滤波构成电压源型变频器。

3）逆变单元：直—交部分逆变电路是交—直—交变频器的关键，其中6个开关管按其导通顺序分别用 $VT_1 \sim VT_6$ 表示，与开关管反向并联的二极管（或内部寄生二极管）起续流作用。大功率开关管多为IGBT模块，小功率的常用IPM模块。

4）微处理器控制单元：用于控制整个系统的运行，是变频器的核心。

5）主电路接线端子：电源、电动机、电抗器、制动单元等大电流接线端子。

6）控制电路接线端子：用于连接控制变频器的起动、停止、改变速度以及故障报警、通信等小信号。

7）操作面板：用于变频器的功能与频率设定，以及控制操作等，如设定频率、选择正反转、多段速设定、加减速时间设定、控制参数设定，以及起动、停止、点动等操作。

8）冷却风扇：用于变频器机体内的通风。

某型号变频器的外形如图4-43所示。

4.8.2 变频器的选型、安装及维护

1. 变频器的选择

变频器的选择包括型号选择与容量选择两方面。变频器的生产厂商很多，究竟选用什么品牌的变频器应根据具体要求、性能、价格、售后服务等因素决定。

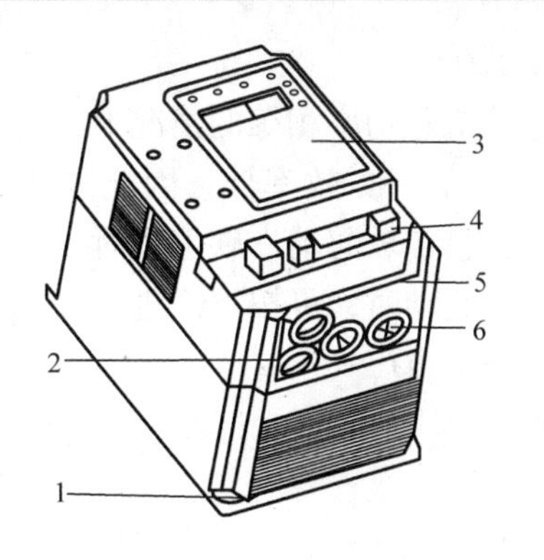

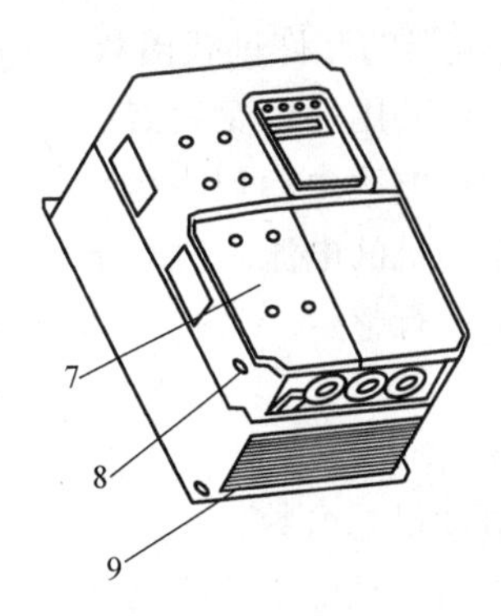

图4-43　变频器外形

1—整机安装孔　2—控制电缆入口　3—操作面板　4—控制板端子
5—主电路端子　6—主电路电缆入口　7—盖板　8—盖板扣位　9—通风孔

采用变频器驱动异步电动机调速，在异步电动机确定后，通常应根据异步电动机的额定电流来选择变频器，或者根据异步电动机实际运行中的电流值（最大值）来选择变频器。

选择变频器容量的基本原则：最大负载电流不能超过变频器的额定电流。一般情况下，按照变频器使用说明书中所规定的配用电动机容量进行选择。

选择时应注意：变频器过载能力允许电流瞬时过载为150%额定电流（每分钟）或120%额定电流（每分钟），这对于设定电动机的起动和制动过程才有意义，而和电动机短时过载200%以上、时间长达几分钟是无法比拟的。凡是在工作过程中可能使电动机短时过载的场合，变频器的容量都应加大一档。在连续运行的场合，由于变频器供给电动机的电流是脉动电流，其脉动值比工频供电时的电流要大，因此需将变频器的容量留有适当的裕量。通常应令变频器的额定输出电流不小于1.05～1.1倍电动机的额定电流（铭牌值）或电动机实际运行中的最大电流。变频器的最大输出转矩是由变频器的最大输出电流决定的，一般情况下，对于短时间的加、减速而言，变频器允许达到额定输出电流130%～150%（视变频器容量有别），在短时加、减速时的输出转矩也可以增大。反之，如只需要较小的加、减速转矩时，也可降低选择变频器的容量，由于电流的脉动原因，此时应将变频器的最大输出电流降低10%后再进行选定。对于频繁加、减速运转时，加速、恒速、减速等各种运行状态下变频器的电流值 I_e 可按下式进行选定：

$$I_e = K_0 \frac{I_1 t_1 + I_2 t_2 + \cdots}{t_1 + t_2 + \cdots} \tag{4-68}$$

式中　I_1、I_2、…——各运行状态下的平均电流（A）；

t_1、t_2、…——各运行状态下的时间（s）；

K_0——安全系数，频繁运行时 K_0 取1.2，一般 K_0 取1.1。

在运行中，如电动机电流不规则变化，不易获得运行特性曲线，这时可使电动机在输出最大转矩时的电流限制在变频器的额定输出电流内进行选定。电动机直接起动时可按下式选取变频器：

$$I_e \geqslant \frac{I_k}{K_g} \tag{4-69}$$

式中　I_k——在额定电压、额定频率下电动机起动时的堵转电流（A）；

K_g——变频器的允许过载倍数，$K_g=1.3\sim1.5$。

当多台电动机共用一台变频器供电时，在电动机总功率相等的情况下，由于由多台小功率电动机组成的一方比由台数少但电动机功率较大的一方效率低，因此两者电流总值并不等，可根据各电动机的电流总值来选择变频器。在整定软起动、软停止时，一定要按起动最慢的那台电动机进行整定。当有一部分电动机直接起动时，可按下式进行计算：

$$I_e \geqslant \frac{N_2 I_K + (N_1 - N_2) I_N}{K_g} \tag{4-70}$$

式中 N_1——电动机总台数；

N_2——直接起动的电动机台数；

I_K——电动机直接起动时的堵转电流（A）；

I_N——电动机额定电流；

K_g——变频器容许过载倍数，$K_g=1.3\sim1.5$；

I_e——变频器额定输出电流。

根据负载的种类，有时需要过载容量大的变频器，但通用变频器过载容量通常多为125%、60s或150%、60s，需要超过此值的过载容量时必须增大变频器的容量。

电动机的实际负载比电动机的额定输出功率小时，多认为选择变频器容量与实际负载相称就可以了。但是对于通用变频器，即使实际负载小，使用比按电动机额定功率选择的变频器容量小的变频器也并不理想。

变频器的容量与适配电动机的最大容量不一定相同，应详细查阅变频器使用说明书。这是因为日本变频器多数是以适配电动机的最大容量来标注变频器的容量，而其他变频器则不一定，有的标注变频器实际消耗的平均功率，有的标注视在功率（kV·A）。变频器适配电动机的最大容量应以说明书为准。

变频器的输出电压应按电动机的额定电压选定。在我国，低压电动机多数为380V，可选用400V系列变频器。应当注意，变频器的工作电压是按V/f曲线变化的，变频器规格表中给出的输出电压是变频器的可能最大输出电压，即基频下的输出电压。

变频器的输入电压有200V系列（线电压220V）和400V系列（线电压380V），又分单相输入和三相输入。在我国，小功率的变频器可以选三相380V输入，也可以选单相220V输入；大功率的变频器一般选三相380V输入。有些进口设备有三相220V输入的变频器，在应用时特别注意。还应该注意，变频器的输出电压不会超过输入电压，如果选用200V系列的变频器，请注意变频器与电动机的电压匹配。

变频器的最高输出频率根据机种不同而有很大不同，有50/60Hz、120Hz、240Hz或更高。50/60Hz的变频器，以在额定速度以下范围进行调速运转为目的，大容量通用变频器几乎都属于此类。最高输出频率超过工频的变频器多为小容量。在50/60Hz以上区域，由于输出电压不变，为恒功率特性，要注意在高速区转矩的减小。但是车床等机床是根据工件的直径和材料改变速度，在恒功率的范围内使用，因此在轻载时采用高速可以提高生产率，只是要注意不要超过电动机和负载的容许最高速度。

考虑以上各种特点后，以变频器的使用目的所确定的最高输出频率来选择变频器。

变频器内部产生的热量大，考虑到散热的经济性，除小容量变频器外几乎都是开启式结构，采用风扇进行强制冷却。变频器使用场所在室外或周围环境恶劣时，最好装在独立盘上，采用具有冷却用热交换装置的全封闭式结构。

对于小容量变频器，在粉尘、油雾多的环境或者棉绒多的纺织厂也可采用全封闭式结构。

对于一般用途大多采用通用变频器，不需要选择变频器的类型，只需根据负载类型进行设置就可以。对于调速精度和动态性能指标都有较高要求，以及要求高精度同步运行等场合，可采用带速度反馈的矢量控制方式的变频器。当使用标准的通用异步电动机进行变频调速时，由于变频器的性能和电动机自身运行工况的改变等原因，在确定电动机的参数时，除按照常规方法选择电动机的型号及参数外，还必须考虑电动机在各个频率段恒速运行时存在的具体问题。

2. 变频器的外围设备及其选择

变频器的运行离不开某些外围设备。选用外围设备常是为了下述目的：①提高变频器的某种性能；②变频器和电动机的保护；③减小变频器对其他设备的影响等。外围设备通常都是选购配件，分常规配件和专用配件，如图4-44所示。

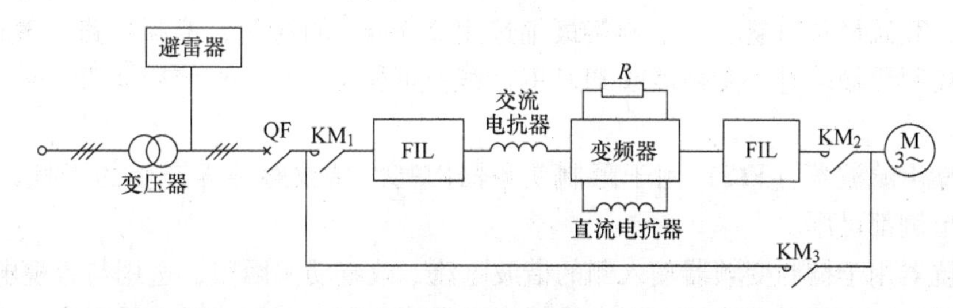

图4-44　变频器的外围设备

如果电网电压不是变频器所需要的数量等级，可使用电源变压器将高压电源变换到通用变频器所需的电压等级。

即使电网电压是变频器所需要的数量等级，为了减小变频器对电网的影响，也可以加变压器隔离。隔离变压器的输入电压和输出电压相同。

变频器的输入电流含有一定量的高次谐波，使电源侧的功率因数降低，若再考虑变频器的运行效率，则变压器的容量（kV·A）常按下式考虑：

$$\text{变压器的容量}=\frac{\text{变频器的输出功率}}{\text{变频器的输入功率因数}\times\text{变频器效率}}$$

其中，变频器功率因数在有输入交流电抗器时取0.8～0.85，无输入交流电抗器时则取0.6～0.8。变频器效率可取0.95，变频器输出功率应为所接电动机的总功率。

变压器容量的参考值常按经验取变频器容量的130%左右。若负载较重，可适当加大变频器的容量。

避雷器能吸收由电源侵入的浪涌电压，可选专用避雷器或用3个压敏电阻代替避雷器。

电源侧断路器QF用于变频器、电动机与电源回路的通断，并且在出现过电流或短路事故时能自动切断变额器与电源的联系，以防事故扩大。如果需要进行接地保护，也可以采用漏电保护的剩余电流断路器。选择方法是断路器的额定电流大于变频器的额定输入电流。

电源侧电磁接触器 KM_1 在电源一旦断电后，自动将变频器与电源脱开，以免在外部端子控制状态下重新供电时变频器自行工作，以保护设备的安全及人身安全；在变频器内部保护功能起作用时，通过接触器使变频器与电源脱开。其选择方法是，交流接触器主触点的额定电流大于变频器的额定输入电流。

电动机侧电磁接触器 KM_2 和工频电网切换用接触器 KM_3 应使变频器和工频电网之间的切换运行是互锁的，这可以防止变频器的输出端接到工频电网上。一旦出现变频器输出端误接到工频电网的情况，将损坏变额器。对于具有内置工频电源切换功能的通用变频器，选择变频器生产厂商提供或推荐的接触器型号；对于变频器用户自己设计的工频电源切换电路，按照接触器常规选择原则进行选择。

变频器都具有内部电子热敏保护功能，不需要热继电器保护电机，但遇到下列情况时，应使用热继电器：10Hz 以下或 60Hz 以上连续运行；一台变频器驱动多台电动机；需要变频和工频之间的切换。

主电路的导线按变频器使用说明书要求的规格选用。在变频器的功率不是很大时，导线可按经验值 $5A/mm^2$ 估算，导线较细时可稍大于 $5A/mm^2$，导线较粗时应小于 $5A/mm^2$，并且导线越粗，载流量取值越小。主电路最细选用 $2.5mm^2$ 的导线。控制电路一般选用 $1mm^2$ 的导线，但控制线较多时，变频器或 PLC 的出线孔可能装不下，可使用 $0.75mm^2$ 或 $0.5mm^2$ 的导线。

无线电噪声滤波器（FIL）用于限制变频器因高次谐波对外界产生的干扰，可酌情选用，输入输出侧都可用。

交流电抗器用于抑制变频器输入侧的谐波电流，改善功率因数，选用与否视电源变压器与变频器容量的匹配情况及电网电压允许的畸变程度而定，一般情况以采用为好。直流电抗器用于改善变频器输出电流的波形，减低电动机的噪声。

制动电阻 R 用于吸收电动机制动时产生的再生电能，可以缩短大惯量负载的自由停车时间，还可以在位能负载下放时实现再生运行。

变频器内部配有制动电阻，但当内部制动电阻不能满足工艺要求时，可选用外部制动电阻。制动电阻阻值及功率计算比较复杂，一般用户可以参照表 4-3 所列最小制动电阻，根据经验选取，也可以由试验来确定。一般可选 200W 管型电阻（可调）或磁盘电阻。

表 4-3　最小制动电阻

电动机功率/kW	0.4	0.75	2.2	3.7	5.5	7.5	11	15	18.5 ~ 45
最小制动电阻/Ω	96	96	64	32	32	32	20	20	12.8

3. 变频器干扰及抑制

变频器的输入侧为整流电路，它具有非线性，使输入电源的电压波形和电流波形发生畸变。配电网络中常接有功率因数补偿电容器及晶闸管整流装置等，当变频器同时接入网络中，在晶闸管换相时，将造成变频器输入电压波形畸变；当电容投入运行时，也造成电源电压畸变。另外，配电网络三相电压不平衡也会使变频器的输入电压和电流波形发生畸变。

变频器输出电压波形为 SPWM 波，调制频率一般为 2 ~ 16kHz，内部的功率器件工作在开关状态，必然产生干扰信号向外辐射或通过线路向外传播，影响其他电子设备的正常工作。

抑制变频器干扰的主要措施如下：

1）当变频器使用在配电变压器容量大于500kV·A，或变压器容量大于变频器容量10倍以上时，要像图4-45那样在变频器输入侧加装交流电抗器。当配电变压器输出电压三相不平衡，且其不平衡率大于3%时，变频器输入电流的峰值很大，会造成连接变频器的电线过热，或者变频器过电压或过电流，或者损坏二极管及电解电容，此时，需要加装交流电抗器。特别是变压器是星形联结时更为严重，除在变频器交流侧加装电抗器外，还需在直流侧加装直流电抗器。

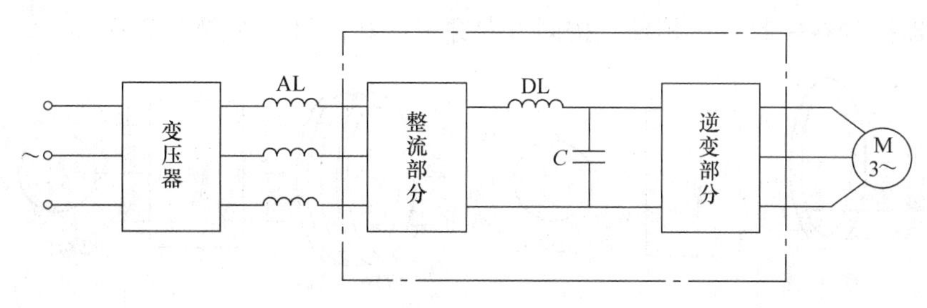

图4-45　电抗器的接法

当配电网络有功率因数补偿电容或晶闸管整流装置时，此时变频器输入电流峰值将变大，会加重变频器中整流二极管负担。

变频器产生的谐波电流输送给补偿电容及配电系统，当配电系统的电感与补偿电容发生谐振呈现最小阻抗时，其补偿电容和配电系统将呈现最大电流，会使变频器及补偿电容都受到损伤。为了防止谐振现象发生，在补偿电容器前应串接一个电抗器，对于5次以上的高次谐波来说，电路呈现感性，可避免谐振现象的产生。

2）变频器的输出侧也存在波形畸变，即也存在高次谐波，且高次谐波的功率较大。这样，变频器就成为一个强有力的干扰源，其干扰途径与一般电磁干扰是一致的，分为辐射、传导、电磁耦合、二次辐射等，如图4-46所示。从图中可以看出，变频器产生的谐波，第一是辐射干扰，它对周围的电子接收设备产生干扰；第二是传导干扰，使直接驱动的电动机产生电磁噪声，增加铁耗和铜耗，使温度升高；第三是谐波干扰，它对电源输入端所连接的电子敏感设备产生影响，造成误动作；第四是在传导的过程中，与变频器输出线相平行敷设的导线会产生电磁耦合，它形成感应干扰。

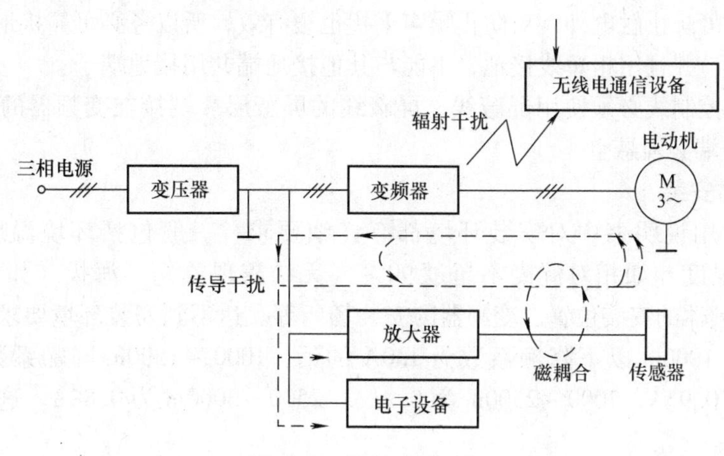

图4-46　谐波干扰途径

为防止干扰，除变频器制造商在变频器内部采取一些抗干扰措施外，还应在安装接线方面使得变频系统的供电电源与其他设备的供电电源尽量相互独立，或在变频器和其他用电设备的输入侧安装隔离变压器，切断谐波电流。

为了减少对电源的干扰，可以在输入侧安装交流电抗器和输入滤波器（要求高时）或零序电抗器（要求低时）。滤波器必须由 *LC* 电路组成。零序电抗器的连接因变频器的容量不同而异，小容量时每相导线按相同方向绕 4 圈以上；容量变大时，若导线太粗不好绕，则将四个电抗器固定在一起，三相导线按同方向穿过内孔即可，如图 4-47 所示。

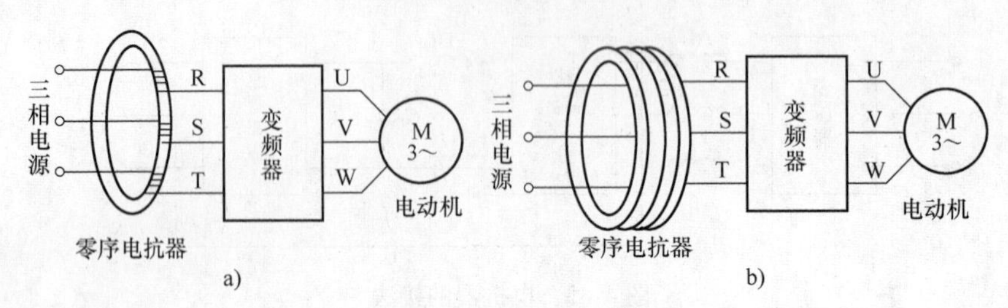

图 4-47　输入端接零序电抗器防止干扰

a）用于 3.7～22kW（三相线同一方向绕 4 匝）

b）用于 30～280kW（4 个磁环重叠在一起，三相线直接穿过）

为了减少电磁噪声，可以在输出侧安装输出电抗器，可以单独配置或同时配置输出滤波器。应注意的是，输出滤波器虽然也是由 *LC* 电路构成，但与输入滤波器不同，不能混用。如果将其接错，则有可能造成变频器或滤波器的损伤。

变频器本身用铁壳屏蔽为好，电动机与变频器之间的电缆应穿钢管敷设或采用铠装电缆。电缆尺寸应保证在输出侧最大电流时电压降为额定电压的 2% 以下。

弱电控制线距离主电路配线至少 100mm 以上，绝对不能与主电路配线放在同一行线槽内，以避免辐射干扰，且相交时要成直角。

控制电路的配线，特别是长距离的控制电路的配线，应该采用双绞线，双绞线的绞合间距应在 15mm 以下。

为防止各路信号的相互干扰，信号线以分别绞合为宜。

如果操作指令来自远方，需要的控制电路配线较长时，可采用中间继电器控制。

接地线除了可防止触电外，对防止噪声干扰也很有效，所以务必可靠接地。接地必须使用专用接地端子，并且用粗短线接地，不能与其他接地端共用接地端子。

模拟信号的控制线必须使用屏蔽线，屏蔽线的屏蔽层一端接在变频器的公共端子（如 COM）上，另一端必须悬空。

4. 变频器的安装

各变频器使用说明书中对安装环境都有详细要求，一般包括环境温度（如 -10～+40℃）、环境湿度［如相对湿度不超过 90%（无结露现象）］、海拔（如海拔 1000m 以下）、振动、变频器的安装位置、变频器的安装场所等。达不到安装环境要求，变频器应降格使用，如海拔 1000m 以下降额系数为 1.0A 的话，1000～1500m 降额系数应为 0.97A，1500～2000m 为 0.95A，2000～2500m 为 0.91A，2500～3000m 为 0.88A。这和一般低压电器的要求差不多。

变频器应垂直安装，在正前方能看到变频器正面的文字位置，请勿斜装、倒装或水平安装。应使用螺栓安装在坚固的物体上。

变频器运行中会发热，为确保冷却空气的通路，应设计留有一定的空间，如图 4-48 所示。由于热量向上散发，所以不要安装在不耐热设备的下方。

变频器运行中散热片的温度可能达到 90℃，变频器背面的安装面板必须使用能承受较高温度的材料。

当将多台变频器安装在同一控制箱内时，为减少相互间的热影响，应横向并列布置。当变频器的数量较多，必须上下安装时，应设置隔板以减少下部产生的热量对上部的影响，或者加大上下变频器的安放间隔，并加大控制箱的排风设施。

变频器安装在控制箱内时，要考虑通风散热，以保证变频器的周围温度不超过规范值。不能将变频器安装在通风不良的小密封箱内。

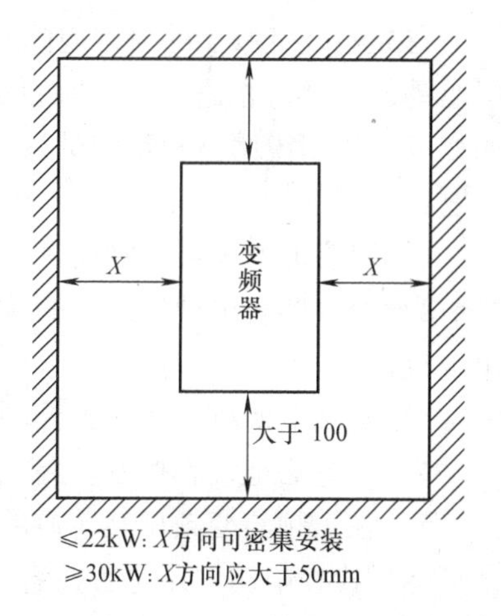

图 4-48 安装方向和周围的空间

对于 30kW 以上的变频器建议用外部冷却的方式安装，使散热片装在柜外，这样可使 70% 的热量散发在柜外。其安装方法在变频器的使用说明书中有详细介绍。

卸下变频器的表面盖板，露出接线端子。端子分为两种，体积大的是主电路端子，体积小的是控制电路端子。

主电路电源端子 R、S、T 通过线路保护用断路器或漏电保护的剩余电流断路器连接至三相交流电源。不需考虑连接相序。

为了使变频器保护功能动作时能切除电源和防止故障扩大，建议在电源电路中连接一个交流接触器，以保证安全。

不要采用主电路电源通断方法控制变频器的运行和停止，而应使用控制电路端子 FWD、REV 或者键盘面板上的 FWD、REV 和 STOP 键控制变频器的运行和停止。对于多台变频器同步运行的场合，只能使用控制电路端子 FWD、REV。

变频器的输出端子 U、V、W 按正确相序连接至三相电动机。如电动机旋转方向不对，则交换 U、V、W 中任意两相的接线即可。

变频器输出侧不能连接电容器和电涌吸收器，否则容易损坏主电路元器件。

变频器和电动机之间配线很长时，由于线间分布电容，产生较大的高频电流会造成变频器过电流跳闸，另外漏电流增加也会使电流值指示精度变差。因此，对不大于 3.7kW 的变频器，至电动机的配线长度应小于 50m，更大容量时则小于 100m 为好。如果配线很长，则要连接输出侧滤波器。

为了安全和减少噪声，变频器的接地端子必须良好接地。为了防止电击和火灾事故，电气设备的金属外壳和框架均应按有关标准要求接地。

变频器接地线要粗而短，采用专用接地极，禁止与其他机器或变频器共用接地线。

不同型号变频器控制电路的接线端子差别较大，请详阅使用说明书。

5. 变频器的调试

变频器安装好之后，可以进行调试和运行。当然，在变频器通电之前必须进行必要的检查。

（1）通电前的检查

首先检查变频器的安装空间和安装环境是否合乎要求，察看变频器的铭牌，数据是否与所驱动的电动机相适应。然后检查变频器的主电路接线和控制电路接线是否合乎要求，应对照变频器使用说明书和系统设计图样进行。在检查接线的过程中，主要应注意以下几方面的问题：

1）交流电源不要加到变频器的输出端上。

2）变频器与电动机之间的接线不能超过变频器允许的最大布线距离，否则应加交流输出电抗器。

3）交流电源线不能接到控制电路端子上。

4）主电路地线和控制电路地线、公共端、零线的接法是否合乎要求。

5）在工频与变频相互转换的应用中，应注意电气与机械的互锁。

然后检查电源电压是否在容许的电源电压值以内，测试变频器的控制信号（模拟量信号、开关量信号）是否满足工艺要求。

（2）系统功能设定

为了使变频器和电动机能在最佳状态下运行，必须对变频器的运行频率和功能码进行设定。

1）频率的设定：变频器的频率设定有 3 种方式。一种方式是通过键盘上的增/减键来直接输入变频器的运行频率；另一种方式是在 RUN 或 STOP 状态下，通过外部信号输入端子（电位器端子、电压端子或电流端子）直接输入变频器运行频率；还有一种方式是通过几个输入点的排列组合进行段速设定。3 种方式的频率设定只能选择其中之一，可通过对功能码的设定来完成。

2）功能码设定：变频器的所有功能码均可在 STOP 状态下设定，仅有一小部分功能码可在 RUN 状态下设定。不同类型的变频器功能码不同，请参阅有关变频器随机使用说明书。

3）变频器系统功能设定：虽然变频器在出厂时所有的功能码都已经设定了，但是在变频器系统运行时，应根据系统的工艺要求对有些功能码重新设定。

（3）变频器的试运行

变频器在正式投入运行前，应驱动电动机进行空载试运行。试运行可以在 5Hz、10Hz、15Hz、20Hz、25Hz、30Hz、35Hz、50Hz 等几个频率点进行。此时应该检查以下几点：

1）校对电动机的旋转方向。

2）电动机是否有不正常的振动和噪声。

3）电动机的温升是否过高。

4）电动机轴旋转是否平稳。

5）电动机升降速时是否平滑。

试运行正常以后，按照系统的设计要求进行功能单元操作或控制端子操作。

6. 变频器的维护

变频器是一种精密的电子装置，虽然制造商进行了可靠性设计，但是如果使用不当，仍可能发生故障或出现运行不佳等情况，甚至损坏变频器。因此，日常维护与定期检查是必要的。

在变频器运行过程中，可以从外部检查运行状况有无异常，通常检查的项目如下：

1）显示的常用技术参数是否正常。

2）温度、湿度、灰尘污垢等周围环境是否符合要求。

3）冷却风扇是否有异常振动和噪声等异常现象。

4）变频器、电动机是否有异常振动和噪声。

5）变频器、电动机、变压器、电抗器是否过热、变色或有异味。

6）滤波电容器是否有液体漏出、异味，安全阀是否突出和膨胀。

定期检查的重点放在变频器运行时不易检查的部位。定期检查时，待变频器停止运行后切断电源，打开机壳进行。但必须注意：即使切断了电源，主电路直流部分滤波电容器放电也需要时间，必须待充电指示灯熄灭后，用万用表测量直流电压已降到安全电压（DC24V以下），然后进行检查。

变频器由多种部件组装而成，某些部件经长期使用后性能降低、劣化，这是故障发生的主要原因。为了长期安全生产，下列部件必须及时检查、更换：

1）更换冷却风扇。变频器主电路中的半导体器件是由冷却风扇强制散热，以保证其工作在允许的温度范围内。冷却风扇的寿命受限于轴承（10～35kh），因此当变频器连续运行时，需要2～3年更换一次风扇或轴承。

2）更换滤波电容器。在变频器直流回路中使用的是大容量电解电容器，其性能劣化受周围温度及使用条件的影响很大，在一般情况下，其使用周期大约为5年。由于滤波电容器劣化经过一定时间后发展会十分迅速，所以检查周期最长为1年，接近使用寿命时，检查周期最好在半年以内。

3）定时器在使用数年以后，动作时间会有很大变化，所以在检查出其动作时间不准确之后，应进行更换。

4）继电器和接触器经过长久使用会发生接触不良现象，需根据开关寿命进行更换。

5）熔断器的额定电流大于负载电流，在正常使用条件下，寿命约为10年，可按此时间更换。

变频器一般都具有先进的自诊断、报警及保护功能，通常，变频器的故障现象及主要原因如下：

1）重新起动时，一升速就跳闸。这是过电流十分严重的表现，主要原因有：负载侧短路；工作机械卡住；逆变器损坏；电动机的起动转矩过小。

重新起动时并不立即跳闸，而是在运行过程（包括升速和降速运行）中跳闸，可能的原因有：升速时间设定太短，降速时间设定太短，转矩补偿（U/f）设定较大从而引起低频时空载电流过大。电子热继电器整定不当，动作电流设定得太小，引起误动作。

2）过电压跳闸。主要原因有：电源电压过高，降速时间设得太短，再生制动过程中制动单元工作不理想。

3）欠电压跳闸。可能的原因有：电源电压过低，电源断相，整流桥故障。

4）电动机不转。主要原因有：功能预置不当，如上限频率与最高频率或基本频率与最高频率设定矛盾，最高频率的预置值必须大于上限频率和基本频率的预置值；使用外接给定时，未对“键盘给定/外接给定”的选择进行预置；其他的不合理预置。在使用外接给定方式时，无“起动”信号。当使用外接给定信号时，必须由起动按钮或其他触点来控制其起动，若不需要由起动按钮或其他触点控制，则应将RUN端（或FWD端）与CM端之间短接起来。机械有卡住现象，电动机的起动转矩不够，变频器发生电路故障。

5）变频器过热、散热片过热。可能原因有：冷却风扇损坏，散热器堵塞，环境温度过高，负载过大等。

6）电动机能运行但不变速。可能原因有：参数设置错误，频率给定信号丢失，接线不正确等。

表4-4列出了CHE系列变频器的故障信息及排除方法。

表4-4 CHE系列变频器的故障信息及排除方法

故障代码	故障类型	可能的故障原因	对策
OUt1	逆变单元U相故障	1. 加速太快 2. 该相IGBT内部损坏 3. 干扰引起误动作 4. 接地是否良好	1. 增大加速时间 2. 寻求支援 3. 检查外围设备是否有干扰源
OUt2	逆变单元V相故障		
OUt3	逆变单元W相故障		
OC1	加速运行过电流	1. 加速太快 2. 电网电压偏低 3. 变频器功率偏小	1. 增大加速时间 2. 检查输入电源 3. 选择功率大一档的变频器
OC2	减速运行过电流	1. 减速太快 2. 负载惯性转矩大 3. 变频器功率偏小	1. 增大减速时间 2. 外加合适的能耗制动组件 3. 选择功率大一档的变频器
OC3	恒速运行过电流	1. 负载发生突变或异常 2. 电网电压偏低 3. 变频器功率偏小	1. 检查负载或减小负载的突变 2. 检查输入电源 3. 选择功率大一档的变频器
OV1	加速运行过电压	1. 输入电压异常 2. 瞬间停电后，对旋转中电动机实施再起动	1. 检查输入电源 2. 避免停机再起动
OV2	减速运行过电压	1. 减速太快 2. 负载惯量大 3. 输入电压异常	1. 增大减速时间 2. 增大能耗制动组件 3. 检查输入电源
OV3	恒速运行过电压	1. 输入电压发生异常变动 2. 负载惯量大	1. 安装输入电抗器 2. 外加合适的能耗制动组件
UV	母线欠电压	1. 电网电压偏低	1. 检查电网输入电源
OL1	电动机过载	1. 电网电压过低 2. 电动机额定电流设置不正确 3. 电动机堵转或负载突变过大 4. 小马拉大车	1. 检查电网电压 2. 重新设置电动机额定电流 3. 检查负载，调节转矩提升量 4. 选择合适的电动机
OL2	变频器过载	1. 加速太快 2. 对旋转中的电动机实施再起动 3. 电网电压过低 4. 负载过大	1. 增大加速时间 2. 避免停机再起动 3. 检查电网电压 4. 选择功率更大的变频器
SPI	输入侧断相	输入R、S、T有断相	1. 检查输入电源 2. 检查安装配线

（续）

故障代码	故障类型	可能的故障原因	对 策
SPO	输出侧断相	U、V、W断相输出（或负载三相严重不对称）	1. 检查输出配线 2. 检查电动机及电缆
OH1	整流模块过热	1. 变频器瞬间过电流 2. 输出三相有相间或接地短路 3. 风道堵塞或风扇损坏 4. 环境温度过高 5. 控制板连线或插件松动 6. 辅助电源损坏，驱动电压欠压 7. 功率模块桥臂直通 8. 控制板异常	1. 参见过电流对策 2. 重新配线 3. 疏通风道或更换风扇 4. 降低环境温度 5. 检查并重新连接 6. 寻求服务
OH2	逆变模块过热		
EF	外部故障	1. SI外部故障输入端子动作	1. 检查外部设备输入
CE	通信故障	1. 波特率设置不当 2. 采用串行通信的通信错误 3. 通信长时间中断	1. 设置合适的波特率 2. 按STOP/RST键复位，寻求服务 3. 检查通信接口配线
ItE	电流检测电路故障	1. 控制板连接器接触不良 2. 辅助电源损坏 3. 霍尔器件损坏 4. 放大电路异常	1. 检查连接器，重新插线 2. 寻求服务
tE	电动机自学习故障	1. 电动机容量与变频器容量不匹配 2. 电动机额定参数设置不当 3. 自学习出的参数与标准参数相差过大 4. 自学习超时	1. 更换变频器型号 2. 按电动机铭牌设置额定参数 3. 使电动机空载，重新辨识 4. 检查电动机接线，参数设置
EEP	EEPROM读写错误	1. 控制参数的读写发生错误 2. EEPROM损坏	1. 按STOP/RST键复位 2. 寻求服务
PIDE	PID反馈断线故障	1. PID反馈断线 2. PID反馈源消失	1. 检查PID反馈信号线 2. 检查PID反馈源
bCE	制动单元故障	1. 制动线路故障或制动管损坏 2. 外接制动电阻阻值 偏小	1. 检查制动单元，更换新制动管 2. 增大制动电阻
	厂商保留		

本章小结

本章介绍了各种形式的异步电动机调速系统。交流调速已成为目前主要的电力传动系统方案，通用变频器得到大量使用。基于异步电动机稳态模型的调速系统结构简单，控制方便，适用于软起动和节能控制的场合以及对调速性能要求不高的场合。基于动态模型的矢量控制和直接转矩控制具有优良的系统稳态、动态特性，适用于高性能场合。而异步电动机双馈控制系统在大功率电力传动中有特殊优势。着眼于应用，本章对通用变频器的使用和维护事项也作了详细介绍。

思考题与习题

4-1 异步电动机的变压调速需要何种交流电源？有哪些交流调压方法？

4-2 异步电动机变压调速开环控制系统存在什么缺点？而闭环控制系统是如何改进性能的？

4-3 什么是 SPWM 控制技术？什么是 SVPWM 控制技术？

4-4 矢量控制系统的基本思想是什么？为何采用矢量控制可以使交流调速系统达到与直流调速系统相当的性能？

4-5 直接转矩控制系统的基本思想是什么？试分析比较矢量控制系统与直接转矩控制系统各有何特点。

4-6 一台三相笼型异步电动机的铭牌数据为：额定电压 $U_N=380V$，额定转速 $n_N=960r/min$，额定频率 $f_N=50Hz$，定子绕组为Y形联结。定子电阻 $R_s=0.34\Omega$，定子漏感 $L_{ls}=0.006H$，定子绕组产生气隙主磁通的等效电感 $L_m=0.25H$，折算到定子侧的转子电阻 $R_r'=0.49\Omega$，转子漏感 $L_{lr}'=0.007H$，忽略铁心损耗。

（1）画出异步电动机 T 形等效电路和简化等效电路；

（2）求：额定运行时的转差率 s_N、定子额定电流 I_{1N} 和额定电磁转矩 T_{eN}；

（3）求：定子电压和频率均为额定值时，求理想空载时的励磁电流 I_0；

（4）求：定子电压和频率均为额定值时，求临界转差率 s_m 和临界转矩 T_{em}，画出异步电动机的机械特性。

4-7 异步电动机参数同题 4-6，画出变压调速时的机械特性，计算临界转差率 s_m 和临界转矩 T_m，分析气隙磁通的变化和在额定电流下的电磁转矩，分析在恒转矩负载和风机类负载两种情况下变压调速的稳定运行范围。

4-8 按基波以下和基波以上分析电压频率协调的控制方式，画出：

（1）恒压恒频正弦波供电时异步电动机的机械特性；

（2）基频以下电压频率协调控制时异步电动机的机械特性；

（3）基频以上恒压变频控制时异步电动机的机械特性；

（4）电压频率特性曲线 $U=f(f)$。

4-9 异步电动机参数同题 4-6，输出频率时 $f=f_N$，输出电压 $U=U_N$。考虑低频补偿，若频率 $f=0$，输出电压 $U=10\% U_N$。

（1）求出基频以下电压频率特性曲线 $U=f(f)$ 的表达式，并画出特性曲线；

（2）当 $f=5Hz$ 和 $f=2Hz$ 时，比较补偿和不补偿的机械特性曲线，以及两种情况下的临界转矩 T_{emax}。

4-10 若三相电压分别为 u_{AO}、u_{BO}、u_{CO}，如何定义三相定子电压空间矢量 $\boldsymbol{u}_{AO}$、$\boldsymbol{u}_{BO}$、$\boldsymbol{u}_{CO}$ 和合成矢量 $\boldsymbol{u}_s$？写出它们的表达式。

4-11 试论述转速闭环转差频率控制系统的控制规律、实现方法及系统的优缺点。

4-12 通用变频器为什么经常要外接一个制动电阻？

4-13 串级调速系统的效率比绕线转子串电阻调速的效率要高的原因是什么？

4-14 简述异步电动机双馈调速的基本原理和异步电动机双馈调速的五种工况。

第 5 章　同步电动机调速系统

本章教学要求与目标

- 掌握同步电动机的稳态数学模型与调速方法
- 熟悉无刷直流电动机控制系统
- 熟悉正弦波永磁同步电动机控制系统
- 了解其他高性能同步电动机控制系统

5.1　同步电动机的稳态数学模型与调速方法

5.1.1　同步电动机的特点

与异步电动机相比，同步电动机具有以下鲜明特点：

1）同步电动机的稳态转速等于其同步转速，它总是与电源频率严格同步，即有

$$n = n_1 = \frac{60f_1}{n_p} = \frac{60\omega_1}{2\pi n_p}$$

因此，同步电动机的机械特性很硬，而且由于同步电动机没有转差，也就没有转差功率，所以同步电动机调速系统只能是转差功率不变型（恒等于零）的。

2）异步电动机的转子磁动势由感应产生，而同步电动机在转子侧有独立的直流励磁绕组，或者靠永久磁钢励磁。

3）异步电动机和同步电动机的定子结构基本相同，一般都有三相绕组。而转子结构不同，同步电动机的转子除直流励磁绕组（或永久磁钢）外，还可能有笼型起动绕组。

4）同步电动机转子磁极有隐极与凸极之分。隐极式电动机气隙均匀；凸极式则不均匀，磁极直轴磁阻小，极间交轴磁阻大，两轴的电感系数不等，使数学模型更复杂一些。

5）同步电动机转子有独立励磁，在极低的电源频率下也能运行，因此同步电动机的调速范围比异步电动机更宽。

6）异步电动机要靠加大转差才能提高转矩，而同步电动机只需加大功角就能增大转矩，同步电动机比异步电动机对转矩扰动具有更强的承受能力，动态响应快。

5.1.2　同步电动机的分类

同步电动机按励磁方式分为可控励磁同步电动机和永磁同步电动机两种。

可控励磁同步电动机在转子侧有独立的直流励磁，可以通过调节转子的直流励磁电流，改变输入侧功率因数，可以滞后，也可以超前。当功率因数 $\cos\varphi = 1.0$ 时，电枢铜耗最小。

永磁同步电动机的转子用永磁材料制成，无需直流励磁。永磁同步电动机具有以下突出的优点，被广泛应用于运动控制系统：

1）采用了永磁材料磁极，特别是稀土金属永磁体，如钕铁硼（NdFeB）、钐钴（SmCo）等，磁能积高，体积小、重量轻；稀土永磁同步电动机的起动力矩和过载能力均比三相异步电动机高出一个功率等级，最大起动力矩与额定力矩之比可达3.6倍，而一般异步电动机仅有1.6倍。

2）转子没有铜耗和铁耗，没有集电环和电刷的摩擦损耗，结构简单，运行效率高。

3）转动惯量小，允许脉冲转矩大，可获得较高的加速度，动态性能好。

4）功率因数高，节电效果明显。

永磁同步电动机按气隙磁场分布又可分为以下两种：

1）正弦波永磁同步电动机：磁极采用永磁材料，输入三相正弦波电流时，气隙磁场为正弦分布，称为正弦波永磁同步电动机，或简称永磁同步电动机，英文缩写为PMSM。在电动机端盖外面装有光电编码器或无刷旋转变压器以检测转子位置。

2）梯形波永磁同步电动机：气隙磁场呈梯形波分布，性能更接近于直流电动机。梯形波永磁同步电动机构成的自控变频同步电动机又称为无刷直流电动机，英文缩写为BLDM。在电动机内部装有3个霍尔传感器检测磁极位置。

5.1.3 同步电动机的转矩角特性和稳定运行

凸极同步电动机的电磁转矩为

$$T_e=\frac{3U_sE_s}{\omega_m x_d}\sin\theta+\frac{3U_s^2(x_d-x_q)}{2\omega_m x_d x_q}\sin 2\theta \tag{5-1}$$

式中 U_s——定子相电压有效值；

E_s——转子磁动势在定子绕组上产生的感应电动势；

x_d——定子直轴电抗；

x_q——定子交轴电抗；

θ——$\dot{U}_s$与$\dot{E}_s$间的相位角，称为功率角或转矩角；

ω_m——机械角速度。

可见，电磁转矩由两部分组成，第一部分由转子磁动势产生，是同步电动机的主转矩；第二部分由于磁路不对称产生，称作磁阻反应转矩。按式（5-1）可画出凸极同步电动机的转矩角特性，如图5-1所示。由于磁阻反应转矩正比于$\sin 2\theta$，使最大转矩位置提前。

对于隐极同步电动机，$x_d=x_q$，故隐极同步电动机的电磁转矩为

$$T_e=\frac{3U_sE_s}{\omega_m x_d}\sin\theta \tag{5-2}$$

画出其转矩角特性如图5-2所示，当$\theta=\frac{\pi}{2}$时，电磁转矩最大，为

$$T_{emax}=\frac{3U_sE_s}{\omega_m x_d} \tag{5-3}$$

下面以隐极同步电动机为例，分析同步电动机恒频恒压时的稳定运行问题。

1）在$0<\theta<\frac{\pi}{2}$范围内：θ在$0\sim\pi$范围内的转矩角特性分别如图5-3和图5-4所示。在

图5-3中，若同步电动机运行于θ_1，$0<\theta_1<\frac{\pi}{2}$，此时电磁转矩T_{e1}和负载转矩T_{L1}相平衡。当负载加大为T_{L2}时，转子速度减慢，转子感应电动势滞后，θ角增大；当$\theta=\theta_2<\frac{\pi}{2}$时，电磁转矩和负载转矩又达到平衡，同步电动机仍以同步转速稳定运行。同理，若负载转矩又恢复为T_{L1}，则θ角恢复为θ_1，电磁转矩恢复为T_{e1}。因此，在$0<\theta<\frac{\pi}{2}$范围内同步电动机能够稳定运行。

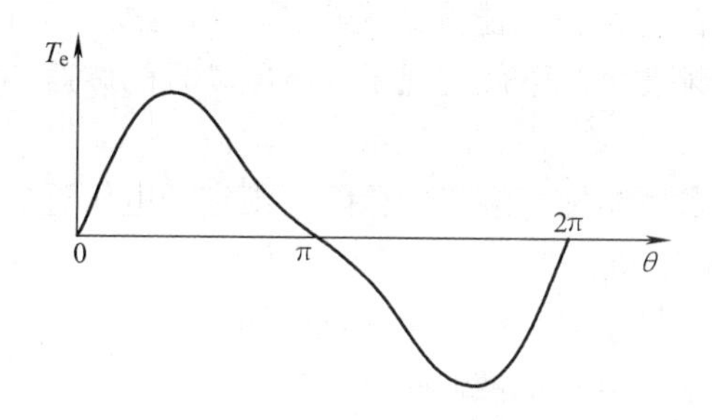

图5-1　凸极同步电动机的转矩角特性

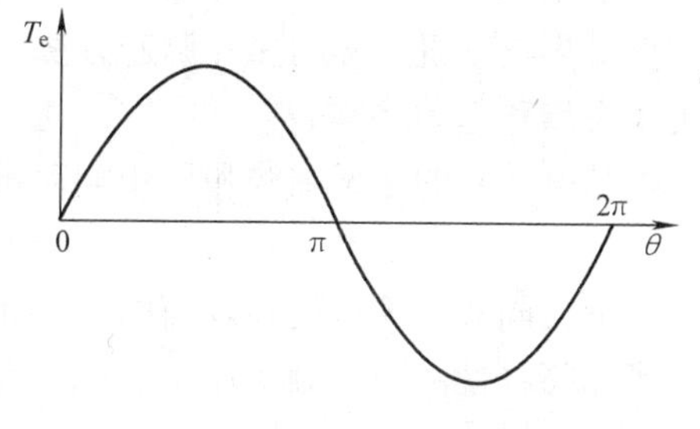

图5-2　隐极同步电动机的转矩角特性

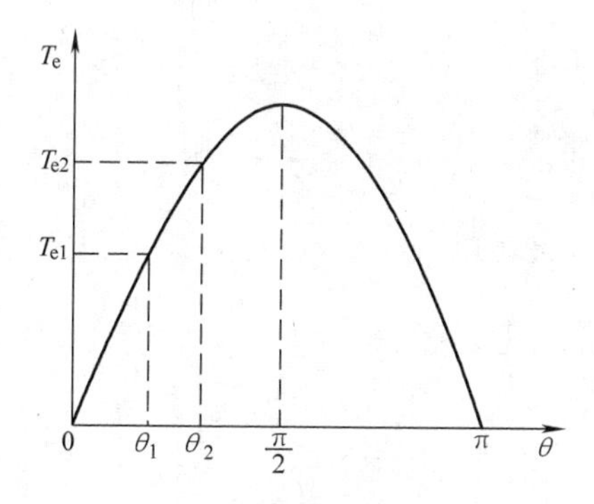

图5-3　运行情况1时转矩角特性

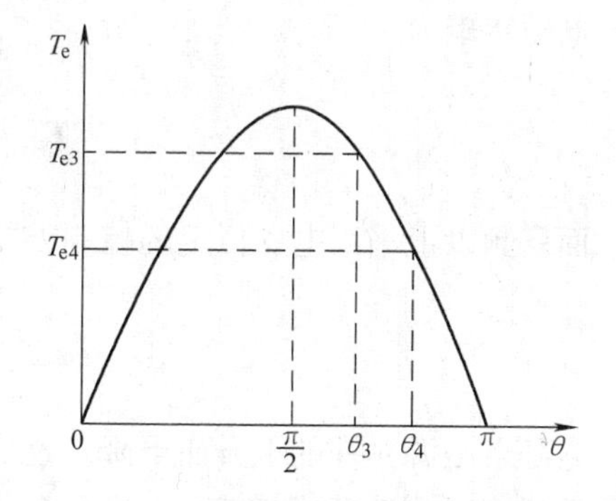

图5-4　运行情况2时转矩角特性

2）在$\frac{\pi}{2}<\theta<\pi$范围内：在图5-4中，若同步电动机运行于θ_3，$\frac{\pi}{2}<\theta_3<\pi$，电磁转矩$T_{e3}$和负载转矩$T_{L3}$相等。当负载转矩加大为$T_{L4}$时，转子减速，使$\theta$角增加，但随着$\theta$角增加，电磁转矩反而减小。而由于电磁转矩的减小，导致θ角继续增加，电磁转矩持续减小。最终，同步电动机偏离同步转速，这种现象称为“失步”。所以在$\frac{\pi}{2}<\theta<\pi$范围内同步电动机不能稳定运行。

5.1.4　同步电动机的起动

当同步电动机在工频电源下起动时，原来转子是静止的，而定子旋转磁场立即以同步转速（例如两极电动机$n_1=3000\text{r/min}$，四极电动机$n_1=1500\text{r/min}$）对转子作相对运动，由于转子的机械惯性，电动机转速具有较大的滞后，不能快速跟上同步转速；转矩角θ以2π为周期变化，电磁转矩呈周期性正负变化，如图 5-1、图 5-2 所示。这样，作用于转子的电磁转矩平均值为零，不能自行起动，这是同步电动机的一个重大缺点。在实际的同步电动机中，转子都有类似异步电动机的笼型起动绕组，使电动机按异步电动机的方式起动，当转速接近同步转速时再通入励磁电流牵入同步。对三相永磁同步电动机，通常采用变频起动的方法，即采取使电动机电源的频率从零逐渐增大的办法来起动。当定子电源频率很低时，同步转速 n_1 也很低，这样，定子旋转磁场就可以“吸住”永磁转子跟着转动。

5.1.5 同步电动机的调速

同步电动机有确定的极对数，所以同步电动机的调速只能是改变电源频率的变频调速，没有像异步电动机那样的多种调速方法。采用变频技术，不仅实现了同步电动机的调速，也解决了失步和起动问题。

同步电动机的定子结构和异步电动机相同，若忽略定子漏阻抗压降，则定子电压近似为

$$U_s \approx 4.44 f_1 N_s k_{Ns} \Phi_m \tag{5-4}$$

可见，同步电动机变频调速的电压频率特性与异步电动机变频调速相同，基频以下采用带定子压降补偿的恒压频比控制方式，基频以上采用电压恒定的控制方式。

根据式（5-3），基频以下采用带定子压降补偿的恒压频比控制方式时，$\dfrac{U_s}{\omega_m}$ = 常数，则最大电磁转矩为

$$T_{emax} = \frac{3E_s}{x_d}\frac{U_s}{\omega_m} = 常数$$

而基频以上采用电压恒定的控制方式时的最大电磁转矩

$$T_{emax} = \frac{3U_{sN}E_s}{\omega_m x_d} \propto \frac{1}{\omega_m} \propto \frac{1}{n_1}$$

它随着电源频率的上升而下降。这样，画出同步电动机变频调速的机械特性如图 5-5 所示。

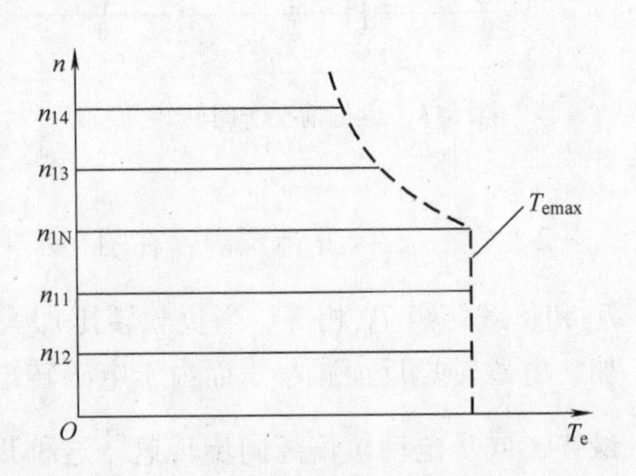

图 5-5 同步电动机变频调速的机械特性

从频率控制的方式来看，同步电动机变频调速系统可以分为两种：

1）他控变频同步电动机调速系统：采用独立的变压变频器给定子供电，并由专门的晶闸管整流器提供直流给转子励磁。

2）自控变频同步电动机调速系统：由 PWM 变频器供电，用电动机轴上所带的转子位置传感器（BQ）提供的信号来控制 PWM 变频器的换相时刻。

目前已发展了用于同步电动机调速系统的高性能控制策略，有两大类：

1）矢量控制：磁场定向控制。其中又可采用：①按转子励磁磁链定向控制；②按定子磁链定向控制；③按气隙磁链定向控制；④按阻尼磁链定向控制。

2）直接转矩控制：按转矩和定子磁链采用 Bang-Bang 控制方式。

5.2 他控变频同步电动机调速系统

他控变频同步电动机调速的特点是电源频率与同步电动机的实际转速无直接的必然联系，其控制系统结构简单，可以同时实现多台同步电动机调速，但是仍有可能产生失步现象。

5.2.1 转速开环恒压频比控制的同步电动机群调速系统

图5-6所示是转速开环恒压频比控制的同步电动机群调速系统，就是一种最简单的他控变频调速系统，常用于化工、纺织工业小容量多电动机拖动系统中。多台同步电动机并联在变频器输出母线上，由统一的频率给定信号同时调节各台电动机的转速。这里的变频器采用电压源型PWM变压变频器，缓慢地改变频率给定信号可以逐渐地同时改变各台电动机的转速。这种开环调速系统尽管简单，但不能彻底解决转子振荡和失步问题。因此各台同步电动机的负载不能太大，否则会造成负载大的同步电动机失步，整个拖动系统无法正常工作。

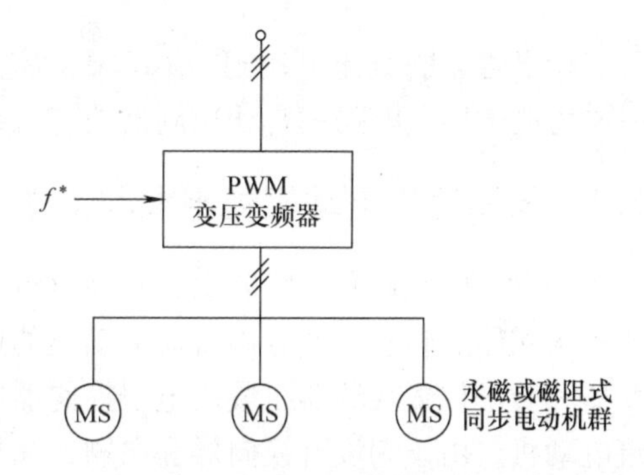

图5-6 转速开环恒压频比控制的同步电动机群调速系统

5.2.2 大功率同步电动机调速系统

大功率同步电动机定子由变频器供电，转子上一般都有励磁绕组，通过集电环由直流励磁电源供电，或者由交流励磁发电机经过与转子一起旋转的整流器供电。闭环控制的同步电动机调速系统如图5-7所示。

一些无齿轮传动的可逆轧机、矿井提升机、水泥转窑转速很低，可以由交—交变频器供电，其输出频率为20～25Hz（当电网频率为50Hz时），对于一台20极的同步电动机来说，它的同步转速为120～150r/min。这样直接来拖动低速大型设备比较合适，可以省去庞大的齿轮传动装置。

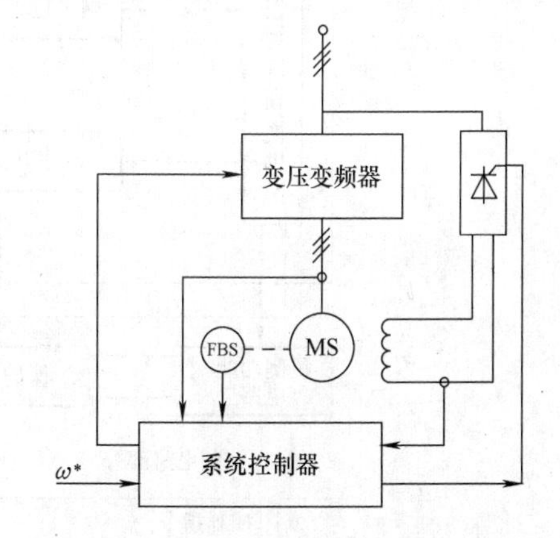

图5-7 闭环控制的同步电动机调速系统

大功率同步电动机也可以采用恒压频比控制，在起动过程中，同步电动机定子供电频率按斜坡规律上升，将动态转差限制在允许的范围内，以保证同步电动机顺利起动，待起动结束后同步电动机转速等于同步转速，稳态转差等于零。大功率同步电动机一般带有阻尼绕组，在起动或制动时，阻尼绕组相当于异步电动机的转子绕组，有利于起、制动，达到稳态时，同步电动机转差为零，阻尼绕组就不起作用了。

大功率同步电动机调速性能要求较高时还可以采用转速闭环控制的矢量控制或直接转矩

控制，一方面在运行过程中自动调整同步电动机定子供电频率，将转矩角限制在 $0<\theta<\frac{\pi}{2}$ 范围内，另一方面，可根据转速给定值和转速反馈值控制变频器的输出频率，采用积分给定可以使转速逐步上升，所以，其既能解决起动问题又能抑制失步。其实，这种转速闭环的同步电动机调速系统也可以看作一种自控变频的调速系统。

除了转速闭环控制外，同步电动机调速系统还可能带有电枢电流、励磁电流、转矩和磁链的闭环控制。

5.3 三相永磁无刷直流电动机控制系统

三相永磁无刷直流电动机（BLDM）实质上就是一种永磁同步电动机—磁极位置传感器—电力电子供电电路—自动控制器的有机结合体，也称梯形波永磁自控变频同步电动机。

5.3.1 无刷直流电动机的组成和工作原理

无刷直流电动机和一般的永磁有刷直流电动机相比，在结构上有很多相近或相似之处，用装有永磁体的转子取代有刷直流电动机的定子磁极，用具有三相绕组的定子取代电枢，用逆变器和转子位置检测器组成的电子换向器取代机械换向器和电刷，就得到了三相永磁无刷直流电动机。由于它没有换向器和电刷，又采用直流供电，所以称之为无刷直流电动机。其系统框图如图 5-8 所示。

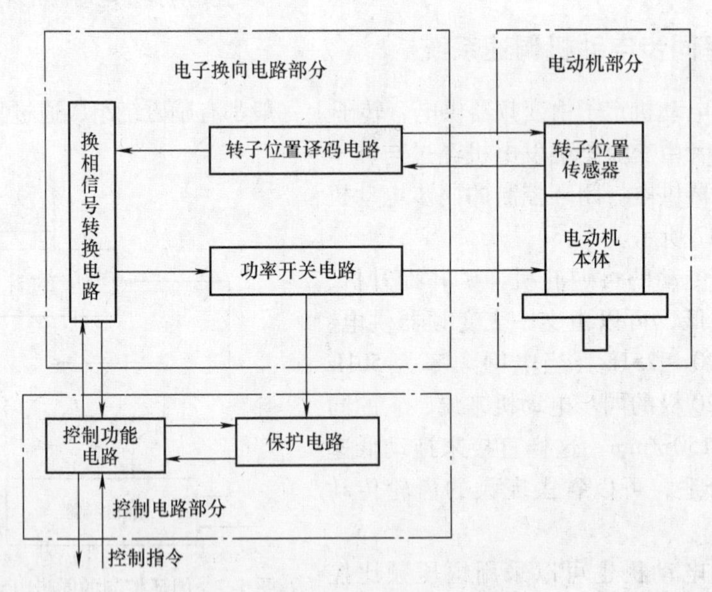

图 5-8　无刷直流电动机控制系统框图

无刷直流电动机转子上安置永久磁铁的方式有两种：一种是将成型的永久磁铁装在转子表面，即所谓外装式；另一种是将成型永久磁铁埋入转子里面，即所谓内装式。永久磁铁的形状可分为扇形和矩形两种，矩形磁铁可以径向放置也可以切向放置。

扇形磁铁构造的转子具有电枢电感小，齿槽效应转矩小的优点，但易受电枢反应的影响，且由于磁通不可能集中，气隙磁通密度低。矩形磁铁构造的转子呈现凸极特性，电枢电感大，虽有齿槽效应，但磁通可以集中，形成高磁通密度，故适于大容量电动机。而且其凸极特性产生磁阻转矩可以利用。此外，这种转子结构的永久磁铁不易飞出，所以适合于高速运转。

位置传感器是无刷直流电动机的组成部分，也是区别于有刷直流电动机的主要标志。其作用是检测转子在运动过程中的位置，将转子磁钢磁极的位置信号转换成电信号，为逻辑开关电路提供正确的换相信息，以控制它们的导通与截止，使电动机电枢绕组中的电流随着转子位置的变化按次序换向，形成气隙中步进式的旋转磁场，驱动永磁转子连续不断地旋转。

位置传感器的种类很多，有电磁式、光电式、磁敏式等。以霍尔效应原理构成的霍尔元件、霍尔集成电路、霍尔组件统称为霍尔效应磁敏传感器，简称霍尔传感器。由于它具有结构简单、体积小、安装灵活方便等优点，因此无刷直流电动机一般都采用霍尔传感器。

霍尔传感器按功能可分为线性型、开关型、锁定型 3 种，线性型用于磁场测量，无刷直流电动机使用的是开关型。

无刷直流电动机的霍尔位置传感器一般装在电动机后罩内，转子轴上置入感应磁钢（或者直接利用电动机的永磁转子），若干个霍尔元件按一定的间隔，等距离地安装在传感器定子上，磁钢经过时霍尔传感器就可以输出信号，从而可间接检测出磁极的位置。

无刷直流电动机要求位置传感器在永磁转子每转过一对磁极（N、S 极）的转角，即每转过 360°电角度时，就要产生出与电动机绕组逻辑分配状态相对应的开关状态数，以完成电动机的一个换流全过程。转子的极对数越多，在 360°机械角度内完成该换流全过程的次数也就越多。

位置传感器得到的开关信号必须满足以下两个条件：

1）位置传感器在一个电周期内所产生的开关状态是不重复的，每一个开关状态所占的电角度应该相等。

2）位置传感器在一个电周期内所产生的开关状态数应和电动机的工作状态数相对应。

如果位置传感器输出的开关状态能满足上述条件，那么总可以通过一定的逻辑变换将位置传感器的开关状态与电动机的换向状态对应起来，从而完成换向。

对于三相无刷直流电动机，其位置传感器的霍尔元件的数量是 3，其安装位置应当间隔 120°电角度。若设霍尔元件面对 N 极时输出高电平“1”，则面对 S 极时就会输出低电平“0”，各占 180°电角度，如图 5-9 所示。

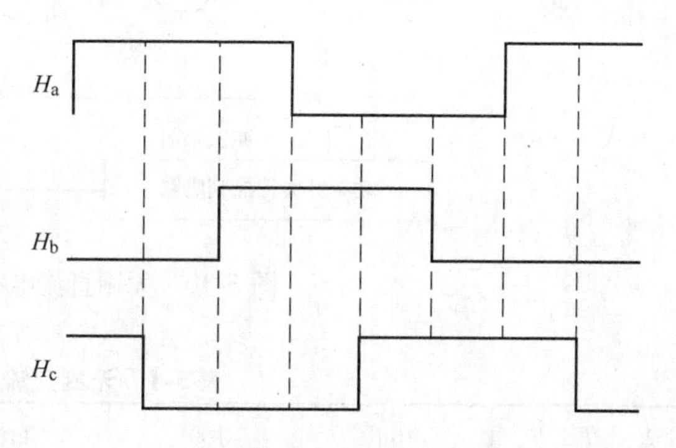

图 5-9　霍尔传感器的三相波形

一般无刷直流电动机的引出线有 8 根。其中，3 根粗线为三相定子绕组进线，其颜色分别为棕色对应 U/A 相、蓝色对应 V/B 相、白色对应 W/C 相；5 根细线为霍尔传感器引线，其颜色分别为红黑色对应传感器工作电源（直流 5 ~ 12V）正、负极，蓝色对应输出信号 H_a、绿色对应输出信号 H_b、灰色对应输出信号 H_c（注意：不同厂商，电动机引出线颜色可能不同）。

图 5-9 表明，三相永磁无刷直流电动机转子位置传感器输出信号 H_a、H_b、H_c 在每个 360°电角度内给出了 6 个代码，按其顺序排列，依次为 101、100、110、010、011、001。当然，这一顺序与电动机的转动方向有关，如果转向反过来，则代码的顺序也将倒过来。

图 5-10 所示为无刷直流电动机电子换向原理图。电动机定子绕组为 U、V、W 三相绕组，接成星形，转子为稀土永磁磁极，功率开关管 V_1 ~ V_6 组成三相逆变器。6 只开关管起“电子开关”作用。根据转子位置传感器测得的磁极位置，通过控制电路（单片机或专用集成电路）产生驱动信号，向 V_1 ~ V_6 发出通断指令，使定子绕组的电流及其产生的磁场 B_a 跟随磁极磁场 B_f 的转动而改变，并使 B_a 尽量与 B_f 垂直。以图 5-10 中状态为例，此时磁极位置对应的霍尔传感器输出代码为 101，控制电路使得 V_1 和 V_6 导通，其余管子关断，电流将由电源（+）极→V_1→U 相绕组流入→V 相绕组流出→V_6→电源（-）极（图中粗线条即为电流通路）。由于 W 相绕组不通电，U 相和 V 相电流相等，其产生的定子合成磁场为 B_a，方向与转子垂直，产生电磁转矩使转子逆时针转动。当转子磁极新的位置对应的霍尔传感器输出代码变为 100 时，则控制 V_1 和 V_2 导通，依次类推。无刷直流电动机换向状态见表 5-1。

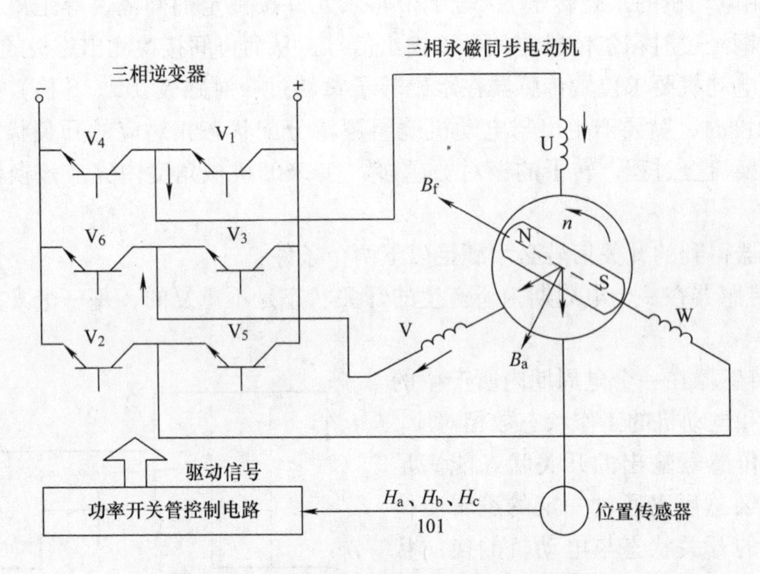

图 5-10 无刷直流电动机电子换向原理图

表 5-1 无刷直流电动机换向状态

H_a、H_b、H_c	101	100	110	010	011	001
导通的开关管	V_6、V_1	V_1、V_2	V_2、V_3	V_3、V_4	V_4、V_5	V_5、V_6
电流流向	U→V	U→W	V→W	V→U	W→U	W→V

由于提供给逆变电路的是直流电源，当开关管导通时，在各相绕组中形成的电流波形是正、负方波，每相导通区间为 120°。U、V、W 三相绕组的电流相位彼此相差 120°电角度，导通状态每 60°电角度变换一次，这说明定子的磁场是步进地、跨越地前进的，每步跨越 60°电角度，而转子由于机械惯性的原因是连续地运行的。

5.3.2 无刷直流电动机转矩的波动

转矩波动是永磁无刷直流电动机在运行时的一个显著特点，引起波动的原因主要有以下几方面：

1）齿槽效应和磁通畸变引起的转矩脉动：无刷直流电动机具有120°的方波磁场，假定在该电动机的任何电枢电流都不存在、定子的绕组都处于开路的情况下，当转子旋转时，由于定子齿槽的存在，定子铁心磁阻的变化仍会产生磁阻转矩，这就是齿槽转矩。齿槽转矩是交变的，与转子的位置有关，因此它是电动机内部的空间位置和永磁励磁磁场的函数。在电动机制造时，将定子齿槽与永磁体斜一个齿距，可以使齿槽转矩减小到额定转矩的1%左右。

2）谐波引起的转矩脉动：在无刷直流电动机中，恒定转矩主要是由方波磁链和方波电流相互作用产生的，但因为电动机的电感限制了电流的变化率，所以在实际电动机中输入定子绕组的电流不可能是矩形波，而且反电动势与理想波形的偏差越大。引起的转矩脉动越大。另外，非理想磁链波形对转矩脉动也有影响，当磁链波的水平波顶小于理想的120°时，将会产生转矩脉动；如果磁链波的水平波顶大于120°，而电流仍为理想的120°方波，则不会产生脉动转矩。

3）电枢反应的影响：电枢反应对转矩脉动的影响主要反映在以下两个方面：一是电枢反应使气隙磁场发生畸变，改变了转子永磁体在空载时的方波气隙磁感应强度分布波形，使气隙磁场的前极尖部分被加强，后极尖部分被削弱，该畸变的磁场与定子通电相绕组相互作用，使电磁转矩随着定、转子相对位置的变化而脉动；二是在任一磁状态内，相对静止的电枢反应磁场与连续旋转的转子主极磁场相互作用而产生的电磁转矩因转子位置的不同而发生变化。

4）相电流换向引起的转矩脉动：换向期间电磁转矩随不同的换向状态而变化，与电动机自身的相反电动势 E_x 有关，也与驱动电动机的逆变器中的直流母线电压 U_d 有关。当 $U_d = 4E_x$ 时，在换向时电磁转矩不波动；当 $U_d > 4E_x$ 时，在换向时电磁转矩变大；当 $U_d < 4E_x$ 时，在换向时电磁转矩变小。显然，相电流换向引起的转矩脉动主要影响电动机的高速和低速运行区，对于中速运行区影响不大。

5）由于机械加工引起的转矩波动：除了以上几种主要原因外，机械加工和材料的不一致也是引起转矩脉动的原因之一，如工艺误差造成的单边磁拉力，摩擦转矩不均匀，转子位置传感器的定位不准确，绕组各相电阻、电感参数不对称，各永磁体磁性能不一致等。因此，提高工艺加工水平，也是减小转矩波动的重要方法。

5.3.3 无刷直流电动机控制系统

三相永磁无刷直流电动机目前已得到广泛应用，从最初的航空、军事设施扩展到民用领域。目前小功率无刷直流电动机主要用于计算机外围设备、办公自动化设备和音响影视设备中，如硬盘、光盘的驱动、复印机、传真机、摄像机等的驱动。在家用电器中，空调器、电冰箱、洗衣机等应用无刷直流电动机已经十分普遍。在军事领域，雷达驱动、机载武器瞄准驱动、自行火炮火力控制驱动等，基本都采用无刷直流电动机控制。在工业控制方面，机器人关节驱动、自动生产线上的各种中小功率的驱动等，也广泛采用无刷直流电动机控制。近年来，无刷直流电动机在电动自行车上得到普遍应用，电动汽车上也有采用，这类无刷电动机都是轮毂式结构，即转子在外面、定子在里面的形式。

由于不同应用场合对无刷直流电动机的性能指标要求不同，因此出现了各种各样的驱动控制系统，主要有开环型无刷直流电动机驱动器、转速闭环的无刷直流电动机驱动器、转速、电流双闭环的无刷直流电动机驱动器。近来，一种无位置传感器的无刷直流电动机引起业界高度重视，其基本思路是在120°导通型逆变器中，任何时刻都有一相是被关断的，但该相绕组仍在切割转子磁场并能够产生电动势，如果能够检测出关断相电动势波形的过零点，就可以得到转子位置的信息，从而代替位置传感器的作用。尽管无位置传感器的无刷直流电动机控制原理和控制电路稍复杂些，但总体结构大为简化，制造的难度也降低了。

无刷直流电动机的控制电路除了采用微处理器芯片外，大量使用的是专用控制电路芯片和功率集成电路芯片，如MC33035、TDA5140、ML4420等。

5.4 三相永磁同步伺服电动机控制系统

三相永磁同步伺服电动机即正弦波永磁自控变频同步电动机（PMSM）。它与无刷直流电动机的主要区别，一是气隙磁场呈正弦波分布，二是位置传感器多采用光电编码器或无刷旋转变压器。

三相永磁同步伺服电动机控制系统由功率驱动单元、控制单元和位置检测单元组成。功率驱动单元采用三相全桥不控整流，三相正弦PWM电压型逆变器变频的AC-DC-AC结构。为避免上电时出现过大的瞬时电流以及电机制动时产生很高的泵升电压，设有软起动电路和能耗泄放电路。逆变部分采用集驱动电路、保护电路和功率开关于一体的智能功率模块（IPM），开关频率可达20kHz。功率较大的系统主电路采用分立元器件Power MOSFET或IGBT。

控制单元是整个交流伺服系统的核心，实现系统位置控制、速度控制、转矩和电流控制。目前，数字信号处理器（DSP）已被广泛应用于交流伺服系统，各大公司推出的面向电机控制的专用DSP芯片，除具有快速的数据处理能力外，还集成了丰富的用于电机控制的专用集成电路，如A/D转换器、PWM发生器、定时计数器电路、异步通信电路、CAN总线收发器以及高速的可编程静态RAM和大容量的程序存储器等。

5.4.1 位置信号的检测

位置和速度信号一般采用旋转编码器来检测。旋转编码器又称光电编码盘（Encoder），是数字编码器中最常用的一种。它是一种旋转式的位置传感器，它的转轴通常与被测轴连接，随被测轴一起转动。旋转编码器是集光机电技术于一体的速度位移传感器，其特点是体积小、重量轻、品种多、功能全、频率响应高、分辨能力高、力矩小、耗能低、性能稳定、使用寿命长等。

按照工作原理，旋转编码器可分为增量式和绝对式两类。

1. 增量式旋转编码器

增量式旋转编码器原理示意图如图5-11所示。码盘可用玻璃片（或塑料片）制成，表面镀上一层不透光的金属铬，然后在边缘制成向心透光缝隙（又称光栅）。光栅在码盘圆周上等分，常用的光栅数有1024、2048、4096等。码盘也可用不锈钢等金属薄板制成。光电编码盘的光源常用发光二极管（LED），光源经聚焦后照射在码盘上，当码盘随工作轴一起转动时，透过光栅缝隙形成忽明忽暗的光信号，光敏元件将光信号转换成电信号，输出与频率成正比的方波脉冲序列，从而可以计算转速。

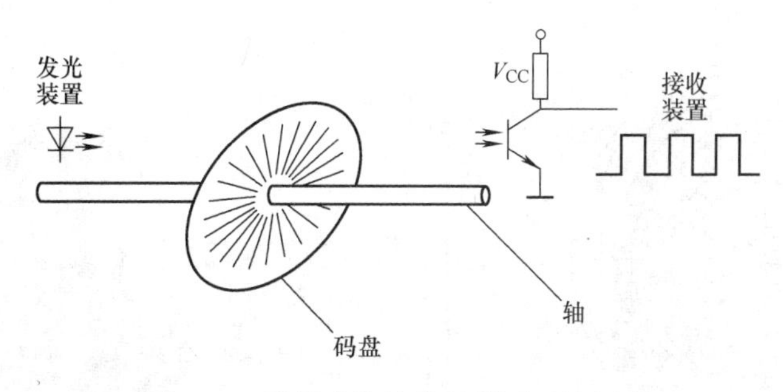

图5-11　增量式旋转编码器原理示意图

但是，一个脉冲序列没法判断旋转方向，为解决该问题可以在码盘前增加一个光栏板，光栏板上刻制两条缝隙，对应地在接收器上也设置两个光敏元件，这样就可以得到A、B两路脉冲序列。若设A（或B）脉冲周期为T，则希望A与B两个脉冲序列的相位在时间上相差$T/4$（90°电角度），由此可知，两个缝隙的间距应是码盘两光槽间距的（$m+1/4$）倍（m为正整数）。两组脉冲序列的波形如图5-12所示，若正转时A相超前B相$T/4$，则反转时B相超前A相$T/4$，采用简单的鉴相电路就可以分辨出转向。

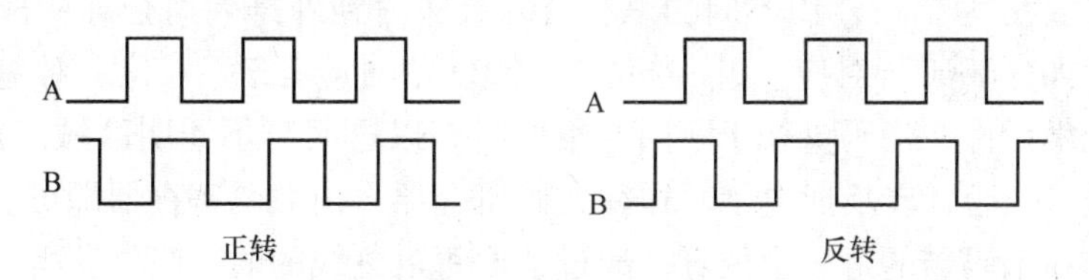

图5-12　编码器输出的A、B两组脉冲序列的波形

增量式旋转编码器在转动时输出脉冲，通过计数设备来知道其位置，当编码器不动或停电时，依靠计数设备的内部记忆来记住位置。这样，在停电后，编码器不能有任何的移动，当来电工作时，编码器输出脉冲过程中，也不能有干扰而丢失脉冲，不然，计数设备记忆的零点就会偏移，而且这种偏移的量是无从知道的，只有错误的生产结果出现后才能知道。也就是说，仅靠这些还不能获得绝对位置。解决的方法是增加参考点（即起始零点），为此，需在码盘边缘光槽内圈设置一个零位标志光槽，对应地光栏板上也要增加一条缝隙，在接收器上增加一个光敏元件，从而得到零位脉冲Z。编码器每经过参考点，将参考位置修正进计数设备的记忆位置。由于这种方法在参考点以前，是不能保证位置的准确性的，因此，在工控程序中就有每次操作要先找参考点，开机时要找零等。例如，打印机、扫描仪的定位就是用的增量式编码器原理，每次开机，都能听到噼里啪啦的一阵响，它在找参考零点，然后才工作。这样的方法对有些工控项目比较麻烦，甚至不允许开机找零（开机后就要知道准确位置），于是就有了绝对编码器的出现。一般的增量式旋转编码器有A、B、Z三路输出脉冲，而交流伺服系统专用的旋转编码器的每个信号都有其反相信号（如$A+$和$A-$、$B+$和

$B-$、$Z+$和$Z-$），每对信号送给差动放大器，这样可以提高长距离传输时的抗干扰能力，此外还有 U、V、W 三相初始定位信号以便上电时就测得电动机转子的精确初始位置。

2. 绝对式旋转编码器

绝对式旋转编码器如图 5-13 所示。

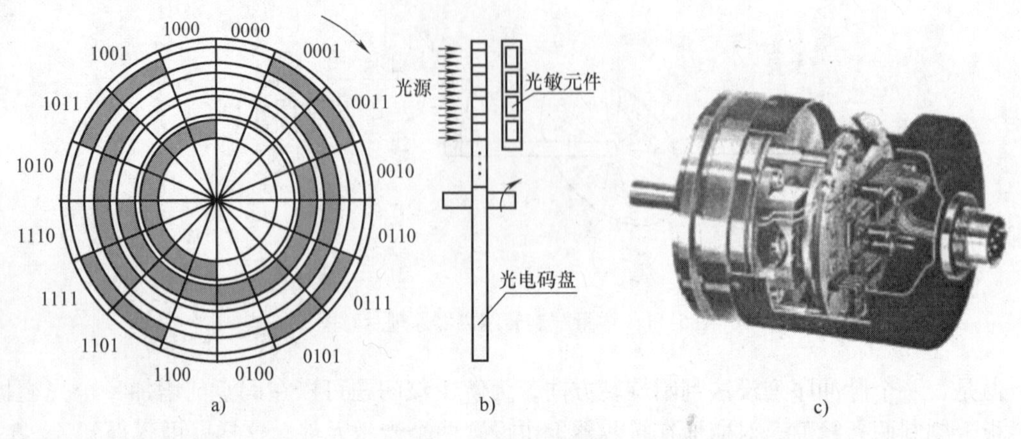

图 5-13　绝对式旋转编码器
a）二进制码盘　b）检测原理　c）外形

绝对式编码器光码盘上有许多道刻线，称为码道。图 5-13a 所示为四码道码盘。每码道刻线依次以 2 线、4 线、8 线、16 线、……编排。其中，透明（白色）的部分为“0”，不透明（黑色）的部分为“1”。由不同的黑、白区域从内到外排列组合即构成与角位移位置相对应的数码，如“0000”对应“0”号位，“0011”对应“3”号位。对应码盘的每一个码道，有一个光敏元件，当码盘处于不同的角度时，以透明与不透明区域组成的数码信号，由光敏元件的受光与否，转换成电信号送往数码寄存器，由数码寄存器即可获得角位移的位置数值。这样，在编码器的每一个位置，通过读取每道刻线的通、暗，获得一组从 2 的零次方到 2 的 $n-1$ 次方的唯一的二进制编码（格雷码），这就称为 n 位绝对编码器。这样的编码器是由码盘的机械位置决定的，它不受停电、干扰的影响。绝对式编码器由机械位置决定每个编码的唯一性，它无需记忆，无需找参考点，而且不用一直计数，什么时候需要知道位置，什么时候就去读取它的位置。这样，编码器的抗干扰特性、数据的可靠性大大提高了。绝对式编码器已经越来越广泛地应用于各种工业系统中的角度、长度测量和定位控制。

绝对式编码器在定位方面明显地优于增量式编码器，已经越来越多地应用于工控定位中。绝对式编码器由于其高精度，输出位数较多，若仍用并行输出，则每一位输出信号必须确保连接良好，对于较复杂工况还要隔离，连接电缆芯数多，由此带来诸多不便和降低可靠性，因此，其多位数输出型，一般均选用串行输出或总线型输出。例如，德国生产的绝对式编码器，串行输出最常用的是 SSI（同步串行输出）接口方式。

3. 测速方法

如何根据增量式旋转编码器的输出信号来获取电动机的速度反馈信息，是一个重要的技术问题。常用的测速方法有 M 法、T 法和 M/T 法，近来有学者又提出锁相跟踪测速法。

（1）M 法测速

M 法测速原理如图 5-14 所示。

在一定的时间 T_c 内测取旋转编码器输出的脉冲个数 M_1，用以计算这段时间内的转速，称作M法测速。这种方法把 M_1 除以 T_c 就可得到旋转编码器输出脉冲的频率 $f_1=M_1/T_c$，所以又称频率法。电动机每转一圈共产生 Z 个脉冲（Z = 倍频系数 × 编码器光栅数），把 f_1 除以 Z 就得到在单位时间内电动机的转速。通常时间 T_c 以 s 为单位，而转速以 r/min 为单位，则电动机的转速为

$$n=\frac{60M_1}{ZT_c} \tag{5-5}$$

用微处理器实现M法测速的方法是：由系统定时器按采样周期的时间定期地发出一个采样脉冲信号，而计数器则记录下在两个采样脉冲之间的旋转编码器输出脉冲个数。

当电动机转速较低时，在采样周期内能记录的脉冲个数较少，此时M法测速精度较差。选择较大的采样周期可以提高M法的测速分辨率，但是过大的采样周期对控制系统的快速性不利。因此，M法测速适合测量较高的转速。

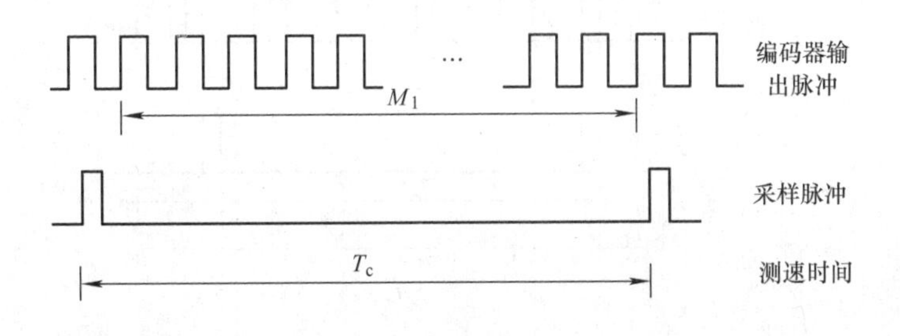

图5-14　M法测速原理

（2）T法测速

T法测速是通过测量旋转编码器输出信号的周期来推算电动机的转速，所以又称周期法。

T法测速同样也是用计数器实现的，与M法测速不同的是，它所计的是微处理器发出的高频时钟脉冲的个数，以旋转编码器输出的相邻两个脉冲的同样变化沿作为计数器的起始点和终止点，如图5-15所示。

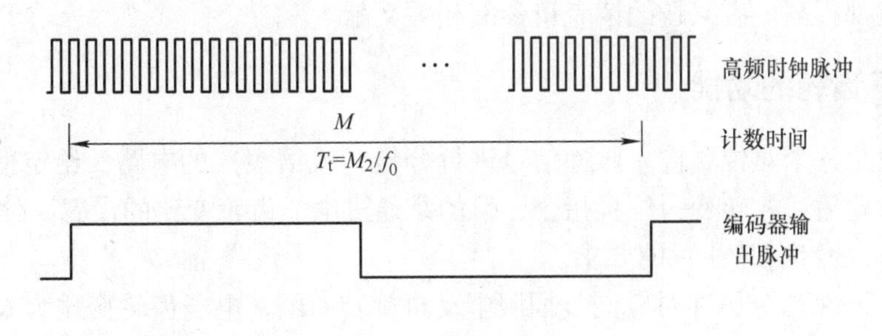

图5-15　T法测速原理

在T法测速中，准确的测速时间 T_t 是用编码器输出脉冲一个周期内的高频时钟脉冲个数 M_2 计算出来的，即 $T_t=M_2/f_0$，所以电动机转速为

$$n=\frac{60}{ZT_{\mathrm{t}}}=\frac{60f_0}{ZM_2} \tag{5-6}$$

可见，高速时 T_{t} 较小，脉冲数 M_2 也小，所以测量精度较差。故 T 法测速适合测量较低的转速。

（3）M/T 法测速

M/T 法测速是将 M 法和 T 法的优点结合起来，它无论在高速或低速时都具有较高的分辨能力和检测精度。

M/T 法测速原理如图 5-16 所示。

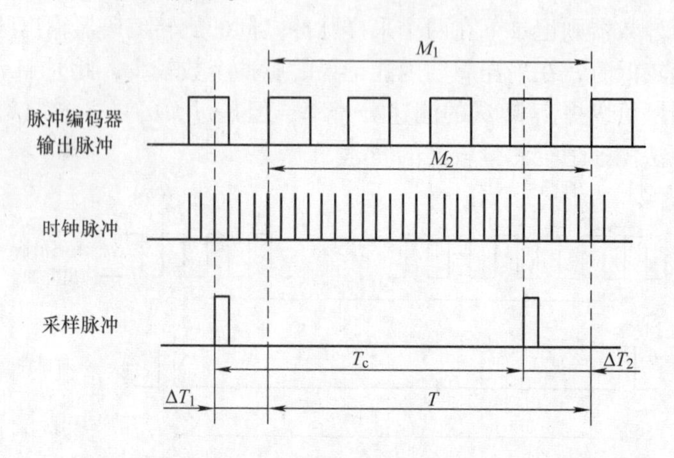

图 5-16　M/T 法测速原理

M/T 法测速的特点是，实际检测时间与采样周期不一样，而是动态变化的。检测周期 T 由采样脉冲结束边沿之后的第一个脉冲编码器的输出脉冲的边沿决定，即 $T=T_{\mathrm{c}}-\Delta T_1+\Delta T_2$。

可以推出转速计算公式为

$$n=\frac{60f_0M_1}{ZM_2} \tag{5-7}$$

还有一种新型的锁相测速法，用复杂可编程逻辑器件（CPLD）实现，测量周期短，高低速测量精度都很高。有兴趣的读者请参阅相关文献。

5.4.2　电子齿轮的功能

电子齿轮是一个对位置输入脉冲信号进行分频（或倍频）的电路，给定信号（脉冲数）要通过电子齿轮后，才转变为位置指令，目的是通过电子齿轮变比的设置，使系统满足用户对控制分辨率（角度/脉冲）的要求。

现设输入 P 个指令脉冲对应同步伺服电动机旋转一圈，电子齿轮变比为 G，这意味着电动机旋转一圈，对应在位置调节器输入端获得的指令脉冲数为 PG。稳态时它应与来自编码器的每圈反馈脉冲个数 C（即编码器经电子细分电路倍频后的脉冲数）相同，于是有

$$PG=C \text{ 或 } P=\frac{C}{G} \tag{5-8}$$

实际上，G 往往不是整数，而是以分子分母的形式表达，即 $G=A/B$，A 和 B 都可以在 1 ~65 535 单独设置。实际系统对 G 的范围有所限制，比如 0.02 ~200。

电子齿轮的实现方案可以由一片微处理器和相关的外围电路构成。外围电路包括输入脉冲处理电路、可逆计数器、数字控制频率发生器等，可以集中在可编程逻辑器件中。在此不作详述。

5.4.3　交流伺服电动机驱动器实例

图 5-17 所示为 ACSD608 型交流伺服电动机及其驱动器外形。

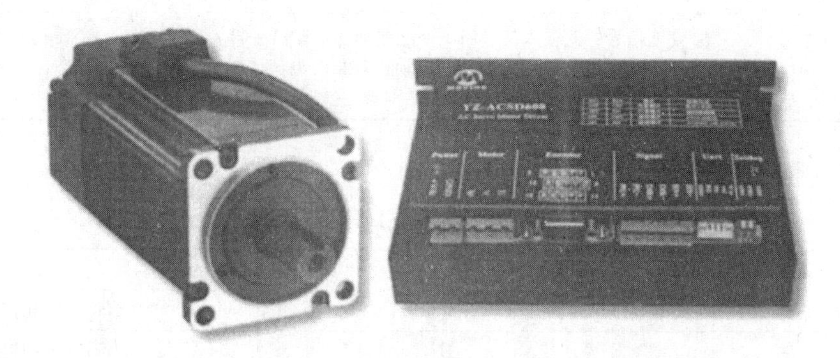

图 5-17　ACSD608 型交流伺服电动机及其驱动器外形

该驱动器具有以下特点：

1）采用 32 位高速 DSP 芯片。

2）FOC 场定向矢量控制，支持位置/速度闭环。

3）位置模式支持指令脉冲 + 方向或正交脉冲信号。

4）速度模式支持 PWM 占空比信号或 4 ~20mA 电流或 0.6 ~3V 电压信号控制。

5）16 位电子齿轮功能，1 ~65 535/1 ~65 535。

6）供电电压 DC20 ~50V。支持 50 ~500W 交流伺服电动机。

7）支持串口（Modbus 协议 RTU 模式）控制方式。串口（TTL 电平）控制方式，可以设定驱动器地址，简化控制系统。可以直接通过 PC 控制，并提供 PC 测试软件。

8）具有欠电压、过电压、堵转、过热保护。

驱动器接口情况如下：

1）DIP 开关。用于选择不同的功能模式，见表 5-2。

表 5-2　DIP 开关功能模式

SW1	SW2	模　式	控制方式
OFF	OFF	位置模式	脉冲 + 方向
OFF	ON	位置模式	编码器跟随
ON	OFF	速度模式	PWM 占空比
ON	ON	速度模式	4 ~20mA 或 0.6 ~3V

2）控制信号接口。控制信号可适用差分信号、单端共阴及共阳等接口，内置高速光耦

合器，允许接收长线驱动器或NPN集电极开路和PNP输出电路的信号。在环境恶劣的场合，推荐用长线驱动器电路，抗干扰能力强。控制信号名称及功能见表5-3。

表5-3　控制信号名称及功能

名　称	功　能
PU+（+5V）	脉冲控制信号：脉冲上升沿有效；PU-高电平时4~5V，低电平时0~0.5V。为了可靠地响应脉冲信号，脉冲宽度应大于1.2μs。如采用+12V或+24V电平时需串电阻
PU-（PU）	
DIR+（+5V）	方向信号：高/低电平信号，为保证电动机可靠换向，方向信号应先于脉冲信号至少5μs建立。DIR-高电平时4~5V，低电平时0~0.5V
DIR-（DIR）	
EN+（+5V）	使能信号：此输入信号用于使能或禁止。ENA+接+5V，ENA-接低电平（或内部光耦合器导通）时，驱动器将切断电动机各相的电流使电动机处于自由状态，此时脉冲不被响应。当不需用此功能时，使能信号端悬空即可
EN-（EN）	

3）编码器信号接口见表5-4。

表5-4　编码器信号接口

端子号	符　号	功　能
1	A+	编码器A相正
2	B+	编码器B相正
3	GND	+5V电源地
4	HALL_W	磁极信号W相
5	HALL_U	磁极信号U相
6	PG	外壳
7	Z+	编码器Z相正
8	Z-	编码器Z相负
9	HALL_V	磁极信号V相
10	NC	无连接
11	A-	编码器A相负
12	B-	编码器B相负
13	+5V	+5V电源，给传感器供电
14	NC	无连接
15	NC	无连接

4）强电接口见表5-5。

表5-5　强电接口

名　称	功　能
+V	直流电源正极，24~48V，电压过高或过低都会引起驱动器报警停机
GND	直流电源地
U	电动机U相线圈
V	电动机V相线圈
W	电动机W相线圈

5）串行通信接口。可以通过专用串口电缆连接PC。通过提供的上位机软件可以设置驱动器参数和测试驱动器，并提供一些诊断信息来排除驱动器故障。串行通信接口符号及功能见表5-6。

表5-6　串行通信接口的符号及功能

端子号	符号	功能
1	GND	信号地
2	RX	驱动器串口发送端（TTL电平）
3	TX	驱动器串口接收端（TTL电平）
4	+5V	外供5V最大100mA（可定制为NPN输出报警信号）
5	V_in	调速电压信号输入

6）状态指示与报警。开机后红灯、绿灯都亮一次，用于检验LED是否工作正常。而后绿灯亮，红灯灭为正常状态。如果遇到报警状态，则可以通过红灯闪烁来判断原因，也可以通过Modbus读取报警代码，见表5-7。

表5-7　状态指示与报警

报警代码	红灯闪烁	报警原因	报警处理
0x10	一长闪	系统高温报警>60℃	继续运行
0x20	二长闪	写Flash失败	继续运行
0x11	一长闪一短闪	系统过热报警>90℃	停机，温度降至70℃以下继续运行
0x12	一长闪二短闪	系统堵转报警	停机重新开机或MODBUS写入EN使能后继续运行
0x13	一长闪三短闪	系统欠压报警<20V	停机，电压超过20V继续运行
0x14	一长闪四短闪	失速报警，负载过重	停机，重新上电

根据DIP开关的设置，上位机发出的信号类型不同，驱动器工作于以下不同的模式：

1）指令脉冲+方向位置控制模式。这种模式时，上位机发来的指令脉冲数决定电动机转角（或步数），指令脉冲频率决定电动机的转速。它们的关系如下：

$$\text{指令脉冲数}=\text{电动机运行的步数}/\text{电子齿轮变比}$$

$$\text{指令脉冲频率}=(\text{电动机运行的转速}/60)\times\text{编码器线数}/\text{电子齿轮变比}$$

例如，电动机需要运行1.5r，编码器线数为1000，电子齿轮变比设置为2/1，需要转速为1500r/min。则

$$\text{指令脉冲数}=1.5\times1000/(2/1)=750$$

$$\text{指令脉冲频率}=(1500/60)\times1000/(2/1)\text{Hz}=12.5\text{kHz}$$

注意：改变DIR方向，应提前脉冲5μs以上。

2）正交指令脉冲位置控制模式。这种模式可以用于编码器跟随，如一个轴接了编码器，将编码器输出接到驱动器，驱动器就能控制另一根轴的电动机，按输入编码器的信号，跟随着输入轴运动。这时把输入轴编码器输出的A、B相信号接入驱动器的PU和DIR端就可以了。

3）PWM占空比速度控制模式。这种模式通过给PU的脉冲的占空比来控制转速，DIR控制方向。占空比10%～90%代表转速范围（0～3000）r/min。给PU的脉冲频率为1×

(1±10%)kHz。其关系为

PU 占空比 =(目标转速/3000r/min)×80% +10%

例如，需要转速 2000r/min，则

PU 占空比 =（2000/3000）×80% +10% =63.3%

4）电压或电流信号速度控制模式。这种模式通过给 V_in 和 GND 之间施加模拟电压或电流信号以控制转速。4~20mA（或 0.6~3V）信号对应转速（0~3000）r/min。

5）Modbus 控制模式。这种模式下，上位机可以通过 Modbus（RTU 模式）来控制驱动器。上位机通过 Modbus 的读/写寄存器功能来设置驱动器参数和控制运行。详见驱动器说明书。

本章小结

随着变频技术的发展，不仅实现了同步电动机的调速，同时也解决了失步与起动困难问题。同步电动机因其功率因数可调、所需变频器相对容量小，以及控制精度高和动态响应快等优点，已在许多场合取代异步电动机调速。本章在了解同步电动机转矩角特性和机械特性的基础上，介绍了他控变频同步电动机调速系统、三相永磁无刷直流电动机控制系统、三相永磁同步伺服电动机控制系统，同时介绍了位置和速度检测方法以及一种伺服电动机驱动器。

思考题与习题

5-1　何谓同步电动机的失步与起动问题，如何克服解决？

5-2　同步电动机有哪两种基本控制方式？其主要区别在何处？

5-3　分析比较无刷直流电动机与有刷直流电动机及其相应的调速系统的相同与不同之处。

5-4　旋转编码器有几种？各有什么特点？

5-5　数字测速方法有几种？各有什么优缺点？

5-6　什么是电子齿轮功能？

5-7　三相隐极同步电动机的参数为：额定电压 $U_N=380V$，额定电流 $I_N=23A$，额定频率 $f_N=50Hz$，额定功率因数 $\cos\varphi=0.8$（超前），定子绕组 Y 形联结，电动机极对数 $p=2$，同步电抗 $x_c=10.4\Omega$，忽略定子电阻。

（1）求该同步电动机运行在额定状态时的电磁功率 P_{em}、电磁转矩 T_e、转矩角 θ、转子磁动势在定子绕组产生的感应电动势 E_s、最大转矩 T_{emax}；

（2）若电磁转矩为额定值，功率因数 $\cos\varphi=1$，求电磁功率 P_M、定子电流 I_s、转矩角 θ、转子磁动势在定子绕组产生的感应电动势 E_s、最大转矩 T_{emax}。

第 6 章　位置随动系统

本章教学要求与目标

- 掌握位置随动系统的特点、要求和组成
- 熟悉位置随动系统的控制方法
- 了解位置随动系统的数学模型和校正设计

6.1　位置随动系统概述

伺服（Servo）的意思是“伺候”和“服从”，广义的伺服系统是精确地跟踪或复现某个给定过程的控制系统，也称为随动系统，它的主要目标是实现精确、快速的轨迹跟踪。伺服系统在现代工业中不可缺少，典型的应用领域如数控机床、机器人、雷达跟踪、绘图仪等。而狭义的伺服系统又称为位置随动系统，其被控制量（输出量）是负载机械空间位置的线位移或角位移，当位置给定量（输入量）作任意变化时，系统的主要任务是使输出量快速准确地复现给定量的变化。

伺服系统的基本要求如下。

1）稳定性好：伺服系统在给定输入和外界干扰下，能在短暂的过渡过程后，达到新的平衡状态，或者恢复到原先的平衡状态。

2）精度高：伺服系统的精度是指输出量跟随给定值的精确程度，如精密加工的数控机床，就需要很高的定位精度。

3）动态响应快：伺服系统要求对给定的跟随速度足够快、超调小，甚至要求无超调。

4）抗干扰能力强：在各种扰动作用时，系统输出动态变化小，恢复时间快，振荡次数少，甚至要求无振荡。

6.1.1　位置随动系统的组成

位置随动系统可以是开环控制系统，如第 2 章介绍的步进电动机控制系统。以前开环控制精度较低，如今已有精度相当高（10 000 步/r 以上）的步进随动系统。

在跟随精度要求较高而且驱动力矩又较大的场合，多采用闭环控制系统，驱动电动机采用直流伺服电动机、两相感应交流伺服电动机或三相永磁同步伺服电动机等。

位置随动系统闭环结构一般采用三重闭环的形式，即位置环、速度环和电流环。从运动控制的基本规律来理解，这样的三闭环结构是最合理的。设想一个关于时间的位置函数 $P(t)$，以其作为位置给定信号，通过位置环可以控制电动机的实际位置；与此同时，以 $P(t)$ 的导数为给定信号，通过速度环可以控制电动机的实际速度；也在此同时，由于电动机的电流一般与转矩成正比，而转矩又是与加速度成正比的，因此通过电流环可以控制电动机的实际加速度。这样，位置、速度、加速度都能通过位置随动系统得到有效的控制。现以数控机床伺服系统为例，研究位置随动系统的基本结构。

数控机床伺服系统包括机械执行机构和电气自动控制两个组成部分。数控机床一般需要多轴联动，可以采用运动控制卡在上位机控制下协调工作。每根轴的运动控制系统可分为半闭环位置伺服系统、全闭环位置伺服系统两种基本结构。这两类结构的根本区别在于位置检测元件不同，位置检测元件的安装位置也不同。

半闭环位置伺服系统框图如图 6-1 所示。半闭环结构的位置伺服系统以伺服电动机轴的转角位移为被控量，采用旋转编码器（也可以用旋转变压器）作为位置检测元件。图 6-1 中，电流反馈部分没有画出。半闭环结构是当前应用最为广泛的结构，由于它的电气自动控制部分与机械部分相对独立，可以对驱动器进行通用化设计。

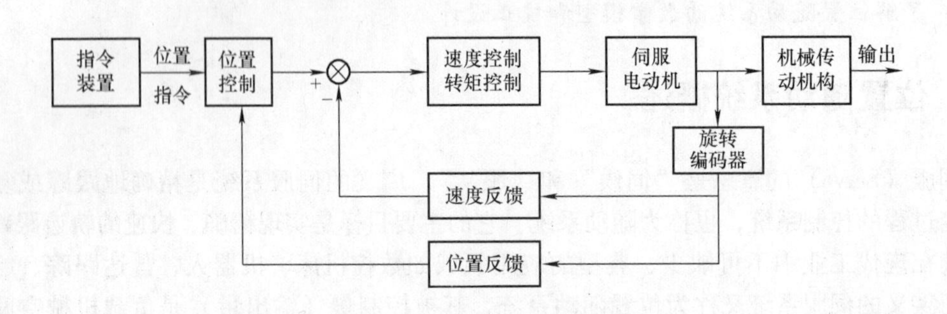

图 6-1 半闭环位置伺服系统框图

全闭环结构的位置伺服系统以工作台的平动位移为被控量，采用光栅尺（也可用感应同步器）作为位置检测元件。全闭环结构在一些大型机械设备和超精密机械设备中得到应用。由于全闭环位置伺服系统将机械传动机构也包括到了位置控制回路中，就使得机械传动结构的误差也可以通过闭环控制得到减小，但同时也增大了位置闭环整定的难度。全闭环位置伺服系统框图如图 6-2 所示。

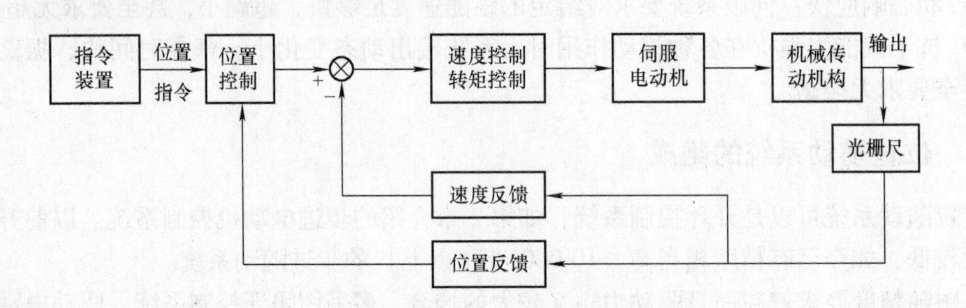

图 6-2 全闭环位置伺服系统框图

6.1.2 位置随动系统的特点

位置随动系统与调速系统相比较有以下特点：

1）输出量（被控量）为位移，而不是转速。

2）输入量是不断变化的（而不是恒定量），系统主要要求输出量能按一定精度跟随输入量的变化，以跟随性能为主。而调速系统主要要求输出量保持恒定，能抑制负载扰动对转速的影响，以抗扰性能为主。

3）功率放大器及控制系统都必须是可逆的，使伺服电动机可以正、反两个方向转动，并消除正或负的位置偏差。而调速系统可以有不可逆系统。

4）位置随动系统的外环为位置环，而速度环、电流环为内环。

6.1.3　位置随动系统的基本性能指标

位置随动系统的性能指标，可以分为动态和稳态两个方面。其动态性能基本上是由内环来保证的，而稳态精度则主要靠外环来实现。对位置随动系统总的要求是稳定性好、精度高、动态响应快、抗扰动能力强。对于内环的要求是，希望有足够的调速范围，快且平稳的起、制动性能，转速尽量不受负载变化、电源电压波动及环境温度等干扰因素的影响。而对外环的要求是，有足够的位置控制精度（定位精度）和位置跟踪精度（位置跟踪误差），有足够快的跟踪速度、位置保持能力（伺服刚度）等。

应当说明，作为位置随动系统的速度内环，相对于一般的调速系统而言，性能要求严格得多。这是因为位置随动系统运行时要求能以一定的精度随时跟踪指令的变化，因而伺服电动机的运行速度常常是不断变化的，有时速度的变化是很快的，速度内环必须有足够的带宽才能跟踪这样的快速变化。以数控机床为例，数控系统中最常见的插补形式有两种：一是直线插补；二是圆弧插补。如果不考虑升降速的问题，那么在直线插补的情况下，位置指令是关于时间的斜坡函数；而在圆弧插补的情况下，位置指令是关于时间的正余弦函数。一个位置伺服系统，仅当它的指令信号呈斜坡函数形式，即每单位时间移动的距离或转过的角度相等时，其运行与控制特性才与一个普通调速系统相似。在数控加工中，经常有一些尖角过渡的场合，在这种情况下要求伺服电动机的速度很快改变，而且不应当过冲和振荡，否则就会产生过切。

一般来说，位置随动系统性能的好坏，可以用下述指标衡量。

1）稳态位置跟随误差：当位置随动系统对输入指令信号的瞬态响应过程结束后，在稳定运行时，位置的指令值与实际值之间的误差被定义为系统的稳态位置跟随误差。

位置随动系统的跟踪误差不仅与系统本身的结构有关，还取决于系统输入指令的形式。因此，为了评价一个位置随动系统的跟踪性能，必须根据它的应用场合确定一种标准的输入指令信号形式。对于数控机床中的位置伺服系统，典型的输入指令信号形式是斜坡输入函数和正余弦输入函数。在工程中，也常使用伺服滞后时间的概念，其伺服滞后时间与稳态跟随误差所表达的都是位置随动系统对输入给定信号的稳态跟随情况。

2）定位精度与速度控制范围：定位精度是评价位置随动系统控制准确度的性能指标。系统最终定位点与指令目标值间的静止误差定义为系统的定位精度。

位置伺服系统应当能对位置输入指令输入的最小设定单位（1脉冲当量）做出相应的响应。为了实现这一目标，一是要采用分辨率足够高的位置检测器，二是要求系统的速度单元具有足够宽的调速范围，也就是说速度单元要有较好的低速运行性能。

图6-3所示为速度控制单元的输入/输出特性。在图中可见存在控制死区，当速度指令落入死区 $\pm\Delta\varepsilon$ 范围内时，伺服电动机将处于不转动或不稳定状态。而速度控制单元的最高运行速度则由电动机的最高转速或额定转速限定，速度达到最高即进入饱和区。在位置随动

系统中，速度指令是与位置跟随误差成正比的，故在图中用位置误差代替速度指令作为横坐标的变量。速度指令的死区对应着位置跟随误差的死区 $\pm\Delta\varepsilon$，$\Delta\varepsilon$ 越小，说明速度控制单元的低速性能越好。系统在静止状态收到相当于1个脉冲的输入指令时，为使位置伺服机构移动，指令必须大于 $\Delta\varepsilon$。如果设对应系统最高速度的位置误差是 ε_{max}，则要求速度控制单元的调速范围 D 应当达到

$$D \geqslant \frac{\varepsilon_{max}}{\Delta\varepsilon} \tag{6-1}$$

3）最大快移速度：系统速度控制单元所能提供的最高速度 v_{max}，是决定系统定位精度的一个重要参数。设速度控制单元的放大倍数为 K_v，位置放大器的放大倍数为 K_p，则对应于最大快移速度的位置误差就是前面提到的 ε_{max}，根据式（6-1），系统的最小分辨率为

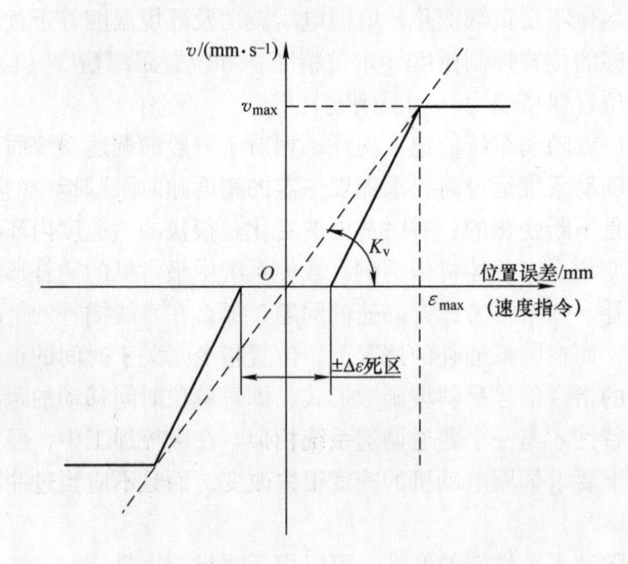

图6-3　速度控制单元的输入/输出特性

$$\Delta\varepsilon = \frac{v_{max}}{DK_vK_p} \tag{6-2}$$

4）伺服刚度：表达的是伺服系统抵抗负载外力，在原来的位置保持静止的能力。设伺服电动机的转子轴原来静止，后来在外加的转矩 T_w 的作用下发生了角位移 ξ，那么伺服刚度定义为

$$G_d = \frac{T_w}{\xi} \tag{6-3}$$

伺服刚度取决于位置环的增益，也取决于速度控制单元的低速力矩性能。

6.2　闭环位置随动系统及其控制原理

闭环位置随动系统主要由执行元件、反馈检测单元、比较控制环节、驱动电路和机械传动机构5部分组成。

6.2.1　闭环伺服系统的执行电动机

1. 直流伺服电动机

直流电动机容易进行调速，因而在数控伺服系统中早有使用。但由于数控机床的特殊要求，一般的直流电动机不能满足要求，常用的是小惯量直流伺服电动机和宽调速直流伺服电动机。

小惯量直流伺服电动机有下述特点：

1）转子细长，转动惯量约为一般直流电动机的1/10。

2）气隙尺寸比一般直流电动机大10倍以上，电枢反应小，具有良好的换向性能，机电时间常数只有几毫秒。

3）转子无槽，电枢绕组用粘合剂直接贴在转子表面上，大大减低低速时的转矩脉动和不稳定性，在转速达到10r/min时无爬行现象。

4）过载能力强，最大转矩可达额定转矩的10倍。

宽调速直流伺服电动机有下述特点：

1）在维持一般直流电动机较大转动惯量的前提下，以尽量提高转矩的方法改善动态性能，低速时输出较大转矩，可以不经减速齿轮直接驱动丝杠。

2）调速范围宽。采用优化设计减小电动机转矩的脉动，提高低转速的精度，从而大大扩大了调速范围，往往电动机内已经装有测速装置（测速发电机、旋转变压器和光电码盘等）及制动装置。

3）动态响应好。采用永磁结构和矫顽力很高的永磁材料，在电动机过载10倍的情况下也不会被去磁，大大提高了电动机的瞬时加速度。

4）过载能力强。采用高等级绝缘材料，允许在密闭的空冷条件下长时间超负荷运行。

2. 交流伺服电动机

在现代伺服系统中，更多地采用交流伺服电动机。交流伺服电动机可以是异步电动机或者永磁同步电动机。

交流异步伺服电动机有下述特点：

1）采用二相结构，定子上布置有空间相差90°电角度的二相绕组，一相称励磁绕组，一相称控制绕组，分别施加相位差90°的交流电压。

2）励磁绕组电压不变、控制绕组电压为零时，旋转磁场变成了静止脉动磁场，电动机立即停止转动，克服了普通异步电动机失电时的“自转”现象，符合机床的要求。

3）转子内阻特别大，使临界转差率（与最大转矩对应的转差率）大于1，低速转矩大。

4）控制绕组电压可以调节，从而使旋转磁场变为椭圆形，以此调节转矩的大小。

永磁同步伺服电动机（PMSM）已在第5章详细介绍，在此不再赘述。

3. 直线电动机

传统的“旋转电动机+滚珠丝杠”进给驱动方式在高速运行时，滚珠丝杠的刚度、惯性、加速度等动态性能已远远不能满足要求。这就使得一种崭新的进给驱动方式——直线电动机控制系统应运而生。这种进给驱动系统取消了从动力源到执行件之间的一切中间传动环节，将进给传动链的长度缩短为零，大大简化了机械结构，提高了系统的速度、加速度、刚度等动态特性和控制精度，是机床进给驱动设计理论的一项重大突破。

直线电动机可以认为是旋转电动机在结构上的一次演变，它可以看作将旋转电动机沿径向剖开，然后将电动机沿圆周展成直线。直线电动机的主要类型有直线直流电动机、直线感应电动机、直线同步电动机、直线步进电动机等。

6.2.2　数字脉冲比较式伺服系统

数字脉冲比较环节是伺服系统中重要的位置控制单元，如图 6-4 所示。数字脉冲比较环节由 6 个主要部分组成。指令信号由数码装置发出，可以是一串数字脉冲，代表一个短时间段内的位移量给定；由测量元件提供的工作台位置信号也可以是一串数字脉冲（用光栅或光电编码器得到）；它们经过脉冲—数码转换（例如计数器对脉冲串计数）变成数码信号；在比较器中完成比较，其差值经过功率放大，然后去驱动执行元件，带动工作台移动，直到给定位移与实际位移相等，完成本时间段内的位移任务，位移量为脉冲当量乘脉冲数。

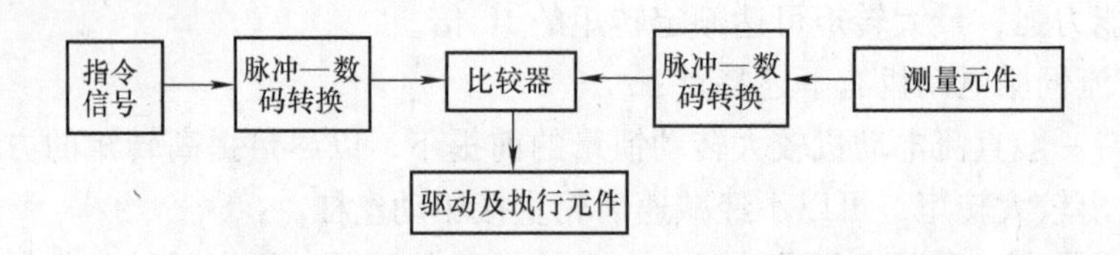

图 6-4　数字脉冲比较环节

假定伺服系统的脉冲当量为 0.05mm/脉冲，如果要求机床工作台沿 x 坐标轴正向进给 10mm，数码装置经过插补运算后连续输出 200 个脉冲给脉冲—数码转换器，于是脉冲数码—转换器根据运动方向作加 1 计数（反方向则作减 1 计数），并将计数结果送到比较器与来自工作台的计数结果作比较，不相等则将差值输出，经功率放大指挥执行电动机驱动工作台移动，差值为正则电动机正转，为负则反转，直到误差消除。电动机轴上或工作台上的光栅或光电编码器产生实际运动的一串脉冲，经过相似的处理送到比较器。如果要控制移动的速度，则数码装置可以将 200 个脉冲分成若干组，相继在不同的时间段各输出一组脉冲，达到控制速度的目的。

以上说明只是展示数控机床是如何进行位置闭环控制的，实际的实现方法可以多种多样。例如，用计算机实现的位置闭环控制系统已得到广泛应用。

6.2.3　数控加工过程

数控机床加工零件的过程如图 6-5 所示。

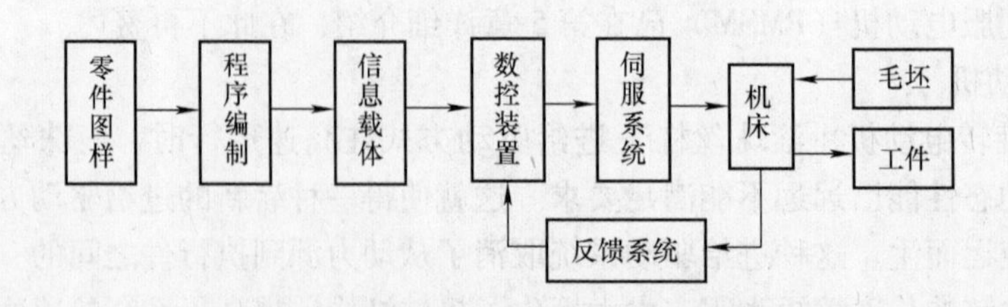

图 6-5　数控机床加工零件的过程

图6-5 中，数控装置是数控机床的中枢，由它接收和处理来自信息载体的指令信息，并将其加工处理后指挥伺服系统去执行。这种工作如果用数字逻辑电路去实现，则称为普通数控（NC），如果用计算机去实现，则称为计算机数控（CNC）。

机床的数控系统由信息输入、信息处理和伺服系统 3 部分组成。

信息处理是数控装置的核心部分，由计算机来承担。它的作用是识别输入信息中每个程序段的加工数据和操作指令，并对其进行换算和插补计算，即根据程序信息计算出加工运动轨迹上的许多中间点的坐标，将这些中间点坐标用前一中间点到后一中间点的位移坐标分量形式输出，经接口电路向各坐标轴伺服系统送出控制信号，使机床按规定的速度和方向移动，以完成零件的加工。

现在的数控系统一般都采用国际标准 G 代码编程，有的还可以支持 AI、DXF、PLT、HPG 等图形数据格式。下面以数控机床中的一个程序段进行说明：

N003 G90 G01 X +325.927 Y +279.346 Z -429.732 S1000 T02 F500 M07；

各部分的含义如下。

N003：第三个程序段。

G90：绝对坐标编程，在这里指该程序中的位置坐标均是相对于坐标原点的绝对坐标值，有别于增量坐标编程。

G01：刀具做直线插补运动。

S1000：机床主轴转速为 1000r/min。

T02：选用 2 号刀具。

F500：机床进给部件的运动速度为 500mm/min。

M07：切削液开。

上述程序段就是数控加工的指令代码，它的总体含义为：第三个程序段，数控机床选用 2 号刀具，在主轴转速为 1000r/min、进给部件运动速度为 500mm/min、切削液打开的工艺条件下加工一条空间直线段，该线段以坐标原点或上一程序段的指令点为起点，以给定坐标值（+325.927，+279.346，-429.732）为终点。所有坐标值的计算均以坐标原点为基准。

加工程序的编制必须考虑诸多约束条件，主要有加工精度、加工速度和刀具半径等。加工程序本质上就是对刀具的连续运动轨迹及其运动特性的一个描述，所以对加工轮廓的控制又称为连续运动轨迹控制。

6.2.4 数控机床的轨迹控制原理及其实现

1. 数控插补概述

以数控机床为例，其控制的目标是被加工的曲线或曲面，在加工过程中要随时根据图样参数求解刀具的运动轨迹，并在求解的基础上决定刀具如何动作、工件如何动作，其计算的实时性有时难以满足加工速度的需求。因此，实际工程中采用的方法是预先通过手工或自动编程，将刀具的连续运动轨迹分成若干段，而在执行程序的过程中实时地将这些轨迹段用指定的具有快速算法的直线、圆弧或其他标准曲线予以逼近。

例如要加工一个圆弧，程序段只提供了起点、终点、半径和插补方式等，数控装置在加工过程中，根据这些描述并运用一定的算法，自动地在有限坐标点之间生成一系列的中间坐标数据，并使刀具及时地沿着这些实时生成的坐标数据运动，这个边计算边执行的逼近过程就称为插补。

插补是一个实时进行的数据密化过程。轨迹插补与坐标轴位置伺服是数控机床的两个主要环节。

插补必须实时完成，因此除了要保证插补运算的精度外，还要求算法简单。一般采用迭代算法，这样可以避免三角函数计算，同时减少乘除和开方运算，它的运算速度直接影响运动系统的控制速度，而插补运算的精度又直接影响整个运动系统的精度。

就目前普遍应用的算法而言，插补可以分为两大类：脉冲增量插补和数据采样插补。

在早期的数控时代，插补计算由专门的硬件数字电路完成。而当前，数控技术已进入了计算机数控（CNC）和微机数控（MNC）时代，插补计算均用软件完成。

2. 脉冲增量插补原理

脉冲增量插补就是分配脉冲的计算，在插补过程中不断向各坐标轴发出相互协调的进给脉冲，控制机床作相应的运动，适用于以步进电动机为驱动装置的开环位置系统。插补的结果是产生单个的行程增量，以一个脉冲的方式分配、输出给某坐标轴步进电动机。一个脉冲所产生的进给轴移动量叫脉冲当量，普通数控机床的脉冲当量取 0.01mm。脉冲增量插补的实现方法较为简单，但控制精度和进给速度较低。目前比较典型的算法有逐点比较法和数字积分法等。

逐点比较法是在各种增量轨迹运动系统中广泛采用的插补方法，它能实现直线、圆弧、非圆二次曲线的插补，插补精度较高。逐点比较法，顾名思义，就是每走一步都要把当前动点的瞬时坐标与规定的图形轨迹相比较，判断一下偏差，决定下一步的走向。如果瞬时动点走到图形的外面去了，下一步就向里面走；如果在图形里面，下一步就向外面走，以缩小偏差。这样就能得到一个非常接近规定图形的轨迹，最大误差不超过一个脉冲当量。

(1) 逐点比较法直线插补

直线插补过程如图 6-6 所示，假定直线 OA 的起点为坐标原点，终点 A 的坐标为 $A(x_e, y_e)$，$P(x_i, y_j)$ 为动点。若 P 点正好在 OA 直线上，则

$$\frac{y_j}{x_i}=\frac{y_e}{x_e} \quad 即\ x_e y_j = x_i y_e$$

若 P 点在 OA 线的上方，则

$$\frac{y_j}{x_i}>\frac{y_e}{x_e} \quad 即\ x_e y_j > x_i y_e$$

若 P 点在 OA 线的下方，则

$$\frac{y_j}{x_i}<\frac{y_e}{x_e} \quad 即\ x_e y_j < x_i y_e$$

取偏差函数 F_{ij} 为 $F_{ij}=x_e y_j - x_i y_e$，由 F_{ij} 的值就可以判别出 P 点与直线的相对位置：

当 $F_{ij}=0$ 时，点 $P(x_i, y_j)$ 正好落在直线上；

当 $F_{ij}>0$ 时，点 $P(x_i, y_j)$ 落在直线上方；

当 $F_{ij}<0$ 时，点 $P(x_i, y_j)$ 落在直线下方。

从图 6-6 可以看出，对于起点在原点的第一象限直线来说，若动点在 OA 线之上或 OA 线的上方，则应向 $+x$ 方向发一个脉冲，沿 $+x$ 方向走一步；若动点在 OA 线的下方，则应向 $+y$ 方向发一个脉冲，沿 $+y$ 方向走一步。这样从原点开始，走一步，算一算，逐点逼近

目标直线 OA。当两个方向所走的步数和等于终点两个坐标之和时，发出终点达到信号，停止插补。最终是用一条折线近似地逼近所要的直线，只要脉冲当量足够小，逼近的程度就足够高。

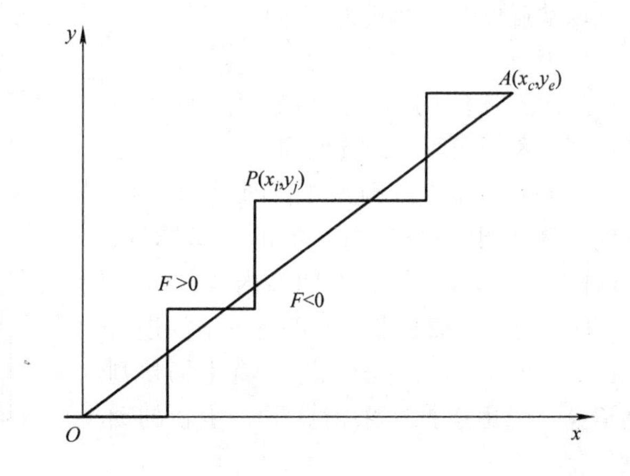

图6-6　直线插补过程

但是，按照上述法则进行 F_{ij} 的运算时，要作乘法和减法运算，对于计算机而言，这样会影响速度，因此应想办法简化运算。通常采用的简化算法是迭代法，或称递推法，即每走一步，新动点的偏差值用前一点的偏差递推出来。下面推导该递推公式。

已经知道，动点（x_i，y_j）的偏差为 $F_{ij}=x_e y_j-x_i y_e$。若此点的 $F_{ij}>0$ 时，则向 x 轴发出一个正向进给脉冲，伺服系统向 $+x$ 方向走一步，新动点 P（x_{i+1}，y_j），$x_{i+1}=x_i+1$ 的偏差为

$$F_{i+1,j}=x_e y_j-x_{i+1}y_e=x_e y_j-(x_i+1)y_e=x_e y_j-x_i y_e-y_e=F_{ij}-y_e$$

即
$$F_{i+1,j}=F_{ij}-y_e \tag{6-4}$$

如果某一动点 P 的 $F_{ij}<0$，则向 y 轴发出一个进给脉冲，轨迹向 $+y$ 方向前进一步，同理可以得到新动点 P（x_i，y_{j+1}）的偏差为

$$F_{i,j+1}=F_{ij}+x_e \tag{6-5}$$

根据式（6-4）和式（6-5），新动点的偏差可以从前一点的偏差递推出来。

综上所述，逐点比较法的直线插补过程每走一步要进行以下四个节拍，即偏差判别、坐标进给、新偏差运算、终点判别。直线插补计算流程如图6-7所示。

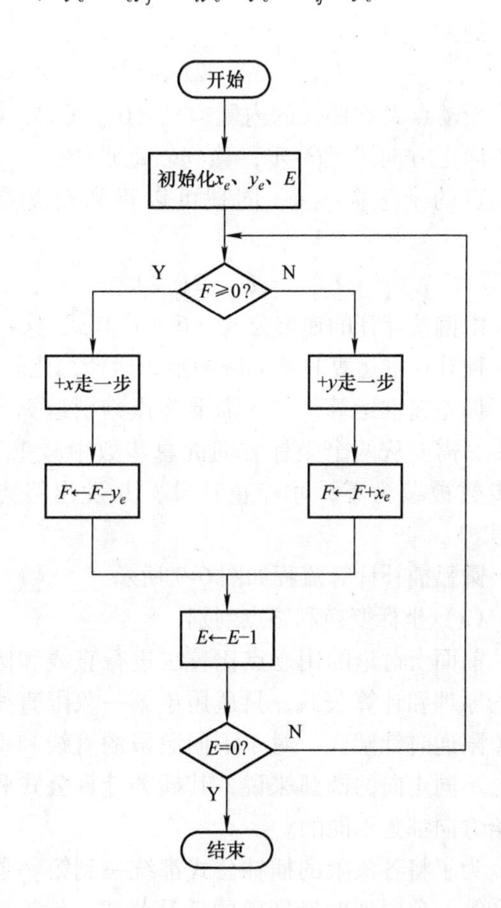

图6-7　直线插补计算流程

（2）逐点比较法圆弧插补

这里，以第一象限圆弧为例导出其偏差计算公式，圆弧插补过程如图6-8所示。

设要加工图6-8所示的第一象限逆时针走向的圆弧 AE，以原点为圆心，半径为 R，起点为 A（x_0，y_0），对于任一动点 P（x_i，y_j）：

若动点 P 正好落在圆弧上，则 $x_i^2+y_j^2=x_0^2+y_0^2=R^2$；

若动点 P 落在圆弧外侧，则 $R_P>R$，即 $x_i^2+y_j^2>x_0^2+y_0^2$；

若动点 P 落在圆弧内侧，则 $R_P < R$，即 $x_i^2 + y_j^2 < x_0^2 + y_0^2$。

取动点偏差判别式为

$$F_{ij} = (x_i^2 - x_0^2) + (y_j^2 - y_0^2)$$

运用上述法则和偏差判别式，就可以获得图 6-8 折线所示的近似圆弧。

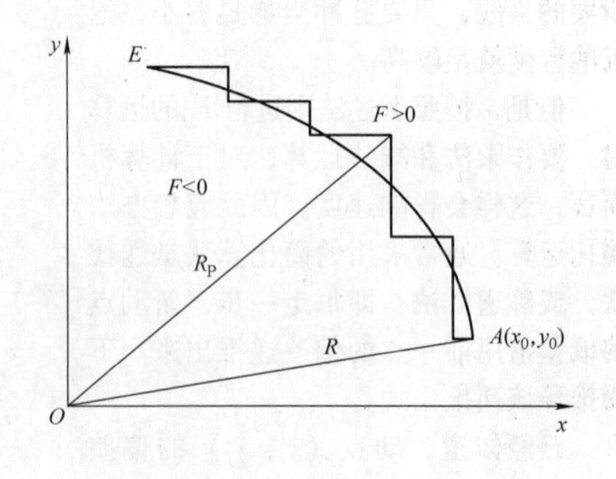

图 6-8　圆弧插补过程

若 P 在圆弧上或圆弧外，即 $F_{ij} \geqslant 0$ 时，应向 x 轴发出一个负向运动的进给脉冲，即向圆内走一步。若 P 在圆弧内侧，即 $F_{ij} < 0$ 时，则向 y 轴发出一个正向运动的进给脉冲，即向圆外走一步。为了简化偏差判别运算，仍用递推法来推算下一步新的动点偏差。

设动点 P 在圆弧上或圆弧外，则其偏差为

$$F_{ij} = (x_i^2 - x_0^2) + (y_j^2 - y_0^2) \geqslant 0$$

x 坐标向负方向进给一步，移到新的动点 P (x_{i+1}, y_j)，新动点的 x 坐标为 x_{i-1}，可以得到新动点的偏差为

$$F_{i+1,j} = F_{ij} - 2x_i + 1 \qquad (6\text{-}6)$$

设动点 P 在圆弧的内侧，$F_{ij} < 0$。那么，y 坐标需要向正方向进给一步，移到新动点 $P(x_i, y_{j+1})$，新动点的 y 坐标 y_{j+1}，同理可以得到新动点的偏差为

$$F_{i,j+1} = F_{ij} + 2y_j + 1 \qquad (6\text{-}7)$$

由偏差计算的递推公式（6-6）和式（6-7）可知，插补递推运算只是加减和乘 2 运算，比较简单。除了偏差递推运算外，还需要终点判别运算。每走一步，需要从两个坐标方向的总步数中减 1，直到总步数被减为零，才停止计算，并发出终点到达信号。

圆弧插补计算流程如图 6-9 所示。

（3）坐标变换和终点判别

前面所讨论的用逐点比较法进行直线和圆弧插补的原理和计算公式，只适用于第一象限直线和第一象限逆时针圆弧。对于不同象限的直线和不同象限、不同走向的圆弧来说，其插补计算公式和脉冲进给方向都是不同的。

为了将各象限的插补公式都统一到第一象限直线和第一象限逆时针圆弧的插补公式，就需要将坐标和进给方向根据象限的不同而进行变换。

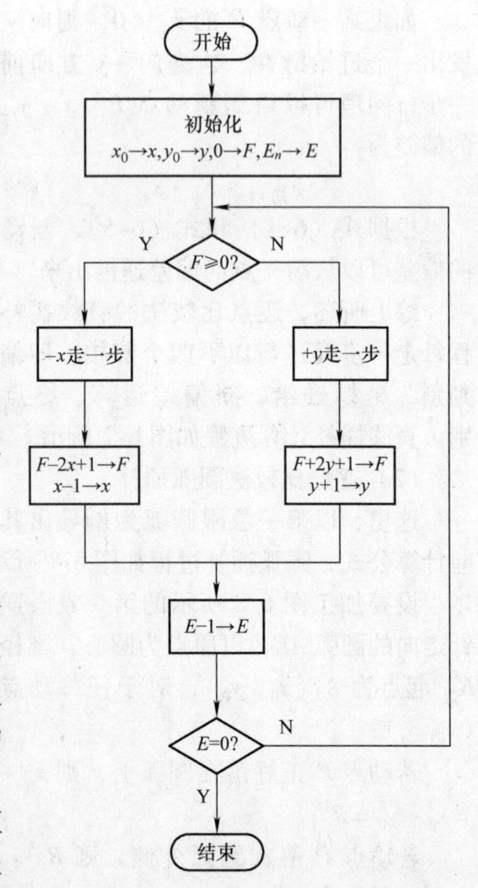

图 6-9　圆弧插补计算流程

现在用 SR1 ~ SR4 分别表示第一至第四象限的顺圆弧（G02），用 NR1 ~ NR4 分别表示第一至第四象限的逆圆弧（G03），如图 6-10a 所示；用 L1 ~ L4 分别表示第一至第四象限的直线（G01），如图 6-10b 所示。

由图 6-10a 可以看出，按第一象限逆时针走向圆弧 NR1 插补运算时，如将 x 轴的进给反向，即走出第二象限顺时针走向圆弧 SR2；将 y 轴的进给反向，即走出 SR4；将 x、y 两轴进给都反向，即走出 NR3。

此时 NR1、NR3、SR2、SR4 四种线型都取相同的偏差运算公式，无需改变。还可以看出，按 NR1 的线型插补时，把运算公式的 x 和 y 对调，以 x 作 y，以 y 作 x，那么就得到 SR1 的走向。按上述原理，应用 NR1 同一运算式，适当改变进给方向也可以获得其余线型的走向。

这就是说，可以用第一象限偏差运算式统一插补运算，然后根据象限的不同发出不同方向的脉冲。图 6-10a、b 分别示出了 8 种圆弧和 4 种直线的坐标进给情况，据此可以得到表 6-1中的 12 种进给脉冲分配类型，其中的Ⅰ、Ⅱ、Ⅲ、Ⅳ分别代表第一、第二、第三、第四象限。

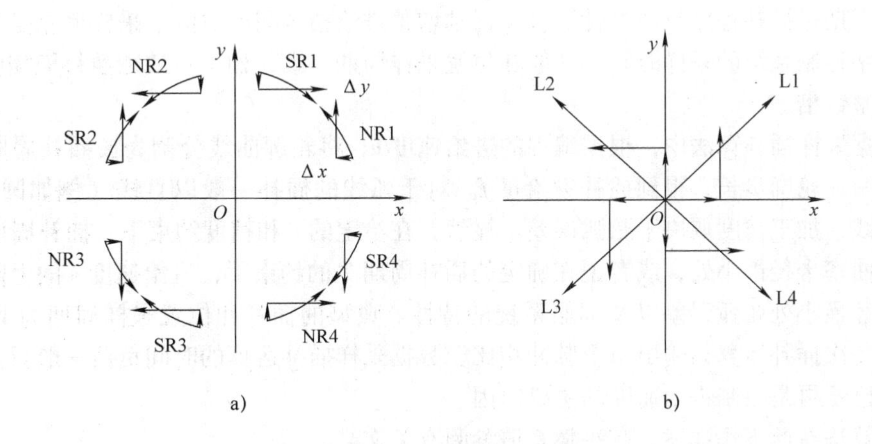

图 6-10　直线和圆弧不同象限的走向

表 6-1　Δx、Δy 脉冲分配的 12 种类型

图　形	脉冲第一象限计算	进给脉冲分配			
		Ⅰ	Ⅱ	Ⅲ	Ⅳ
G03 逆时针	Δx Δy	$-x$ $+y$	$-y$ $-x$	$+x$ $-y$	$+y$ $+x$
G02 顺时针	Δx Δy	$-y$ $+x$	$+x$ $+y$	$+y$ $-x$	$-x$ $-y$
G01 直线	Δx Δy	$+x$ $+y$	$+y$ $-x$	$-x$ $-y$	$-y$ $+x$

由表 6-1 可以得到发往 $+x$、$-x$、$+y$、$-y$ 坐标方向的脉冲分配逻辑式如下：

$$+x = G02 \cdot \Delta y \cdot Ⅰ + G01 \cdot \Delta x \cdot Ⅰ + G02 \cdot \Delta x \cdot Ⅱ + G03 \cdot \Delta x \cdot Ⅲ + G03 \cdot \Delta y \cdot Ⅳ + G01 \cdot \Delta y \cdot Ⅳ$$

$-x = G03 \cdot \Delta x \cdot \text{I} + G03 \cdot \Delta y \cdot \text{II} + G01 \cdot \Delta y \cdot \text{II} + G02 \cdot \Delta y \cdot \text{III} + G01 \cdot \Delta x \cdot \text{III} + G02 \cdot \Delta x \cdot \text{IV}$

$+y = G03 \cdot \Delta y \cdot \text{I} + G01 \cdot \Delta y \cdot \text{I} + G02 \cdot \Delta y \cdot \text{II} + G01 \cdot \Delta x \cdot \text{II} + G02 \cdot \Delta x \cdot \text{III} + G03 \cdot \Delta x \cdot \text{IV}$

$-y = G02 \cdot \Delta x \cdot \text{I} + G03 \cdot \Delta x \cdot \text{II} + G03 \cdot \Delta y \cdot \text{III} + G01 \cdot \Delta y \cdot \text{III} + G02 \cdot \Delta y \cdot \text{IV} + G01 \cdot \Delta x \cdot \text{IV}$

终点判别的方法有几种，其中，前面已介绍过的一种如下：

设置一个终点计数器 E，插补运算开始前已初始化为该程序 x 坐标和 y 坐标的总长（即位移总步数），在插补过程中 x 轴或 y 轴每走一步，就从总步数中减去 1，直到被减为零，表示终点达到。

3. 数据采样插补原理

与基于行程的脉冲增量插补不同，数据采样插补是基于时间片的，因此也称时间标量插补。这种插补适用于闭环和半闭环的以交、直流伺服电动机为驱动装置的位置随动系统。目前比较典型的算法有时间分割法、二阶递推法和扩展 DDA 法等。在这些算法中，插补程序以插补采样频率进行，在每次采样间隙中，计算出各坐标轴的位移增量，形成一个微小数据段，作为下一个插补采样间隙内各坐标轴计算机位置闭环系统的增量进给指令，即本次采样周期内插补程序的作用是计算下一个采样周期的位置增量。该插补程序计算出增量后，还要继续算出跟随误差和速度指令，输出给伺服系统。

插补周期是插补程序每两次计算各坐标轴增量进给指令间的时间。采样周期是坐标轴位置闭环数字控制系统的采样时间，一般和位置采样周期一致，如不一致则插补周期应该是采样周期的整数倍。

在数据采样插补算法中，根据编程的进给速度 v，将轮廓曲线分割为按插补周期 T 分配的进给段——轮廓步长，得到插补进给量 f。对于弧线的插补一般以直线（例如圆弧的弦）来逼近曲线，加工精度取决于弦弧误差。显然，在给定的 v 和精度约束下，插补周期 T 取决于轨迹中曲率半径最小处，或者说在确定的插补周期 T 的约束下，进给速度 v 的上限将取决于曲率半径最小处弦弧误差以及伺服系统的特性。典型的插补和位置采样周期为 10ms，与增量插补每次插补运算只输出单个脉冲相比，数据采样插补运算的时间负荷一般只占机时的小部分，已不再是限制进给速度的主要原因。

具体算法在此不作详述，有兴趣者请参阅有关文献。

4. 数控装置的进给速度控制

数控机床的进给控制中，既要对运动轨迹严格控制，也要对运动速度严格控制，以保证被加工零件的精度和表面粗糙度、刀具和机床的寿命以及生产效率。

脉冲增量插补算法的进给速度控制方法如下：脉冲增量插补算法的输出是脉冲串，其频率与进给速度成正比，因此可以通过控制插补运算的周期来控制进给速度。常用的方法有软件延时法和中断控制法，在连续的二次插补之间插入一段等待时间（软件延时法）或者在中断程序中进行一次插补运算（中断控制法）。

5. 多坐标轨迹控制技术

在连续轨迹控制系统中，坐标轴控制是运动控制系统中要求最高的位置控制。不仅对单个轴的运动速度和精度的控制有严格要求，而且在多轴联动时，还要求各移动轴有很好的动态配合。各轴伺服驱动系统的动态特性会影响多坐标联动轨迹精度。

目前对轮廓误差进行补偿控制主要通过两种途径：一是采用先进的控制与补偿技术，改善各进给轴控制环的性能，减小各轴的位置误差，从而提高系统的轮廓精度；二是采用耦合轮廓误差补偿方法，在不改变各轴位置环的情况下，通过向各轴提供附加补偿，减小系统的轮廓误差。但后者由于在耦合轮廓误差补偿器的结构设计、参数选择等方面还不够完善，限制了其实际应用。

6.3 位置随动系统的数学模型与校正设计

位置随动系统的应用领域不同，采用的系统结构和控制方法会有所不同。对于闭环位置伺服系统，常用串联校正或并联校正进行动态性能的调整。校正装置串联配置在前向通道的校正方式称为串联校正，一般把串联校正单元称为调节器，所以又称为调节器校正。常用的调节器有比例（P）调节器、比例积分（PI）调节器、比例微分（PD）调节器及比例积分微分（PID）调节器，设计中可以根据实际位置伺服系统的特征进行选择。

本节以应用广泛的数控机床进给驱动位置伺服系统为例进行介绍。

6.3.1 位置伺服系统的数学模型

半闭环位置伺服系统的典型动态结构图如图6-11所示。

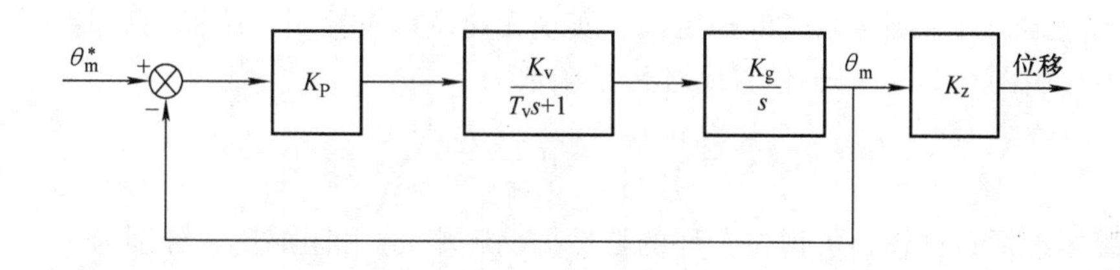

图6-11　半闭环位置伺服系统的典型动态结构图

由于位置环的截止频率远远低于速度环，所以可以将速度伺服单元按一阶惯性环节处理，而积分环节体现的是速度和位置之间的关系。

对于数控机床中的位置伺服系统，为了保证系统工作稳定、响应快速而且没有位置超调，理论和实践都表明位置调节器应该采用纯比例型。图6-11中，K_P为位置调节器增益，单位为V/脉冲；K_v为速度环增益，单位为$r \cdot s^{-1}/V$；K_g为光电编码器检测增益，单位为脉冲/r；T_v为速度环一阶近似等效时间常数，单位为s；K_z是传动机构的传递系数，单位为mm/脉冲。

下面以直线插补时位置指令信号为参考输入信号，分析位置跟随误差。

图6-11显示，典型的位置伺服系统属于Ⅰ型系统。根据线性系统理论，Ⅰ型系统对于线性插补时的斜坡位置输入指令信号是有差跟随的，这个误差就是这里要讨论的跟随误差。对于单位斜坡位置输入信号，跟随误差为

$$e=\frac{1}{K_P K_v K_g}=\frac{1}{K_h}$$

式中　K_h——伺服系统位置环的开环增益。

对于非单位斜坡位置输入指令信号，跟随误差与位置输入指令信号的变化率成正比，也就是与进给速度v成正比。即

$$e=\frac{v}{K_P K_v K_g}=\frac{v}{K_h} \tag{6-8}$$

显然，提高位置环开环增益，可以减小跟随误差，但位置环的阻尼系数也将随之减小。当阻尼系数小于1时，系统的跟踪过程就不再是单调的，可能出现振荡，这在某些领域里是不允许的。另一方面，随着位置环开环增益的提高，位置环的截止频率也将随之提高，如果位置环的截止频率与速度环的截止频率相差不是很远，速度环在整个位置伺服系统中将不能简化为一阶惯性环节，整个位置环就不再是一个二阶系统，这就有可能出现真正意义上的不稳定。虽然为了获得高的位置环增益，速度内环的截止频率必须足够高，但内环截止频率受功率开关器件开关时间、系统负载惯量和伺服电动机最大输出力矩等因素的制约并不能任意提高。对于数控机床进给驱动而言，为了保证系统在负载或传动结构变动时都能始终保持稳定，K_h 值一般可设定在 40 ~50s $^{-1}$。

6.3.2 位置调节器设计

位置调节器的参数决定了数控机床进给伺服系统的跟踪性能。位置调节器设计的基本要求是：第一，保证定位精度；第二，不产生位置超调，对于斜坡输入的跟随过程是单调的；第三，瞬态响应过程尽可能短。

前述已提到，为了确保系统的稳定性和实现无超调位置控制，位置调节器宜采用简单的比例调节器。由图6-11 可得，位置闭环传递函数为

$$G_p(s)=\frac{\theta_m(s)}{\theta_m^*(s)}=\frac{K_h/T_v}{s^2+s/T_v+K_h/T_v} \tag{6-9}$$

与二阶系统标准形式比较，可得位置环的自然振荡频率 ω_n 和阻尼比 ξ 分别为

$$\omega_n=\sqrt{\frac{K_h}{T_v}}$$

$$\xi=\frac{1}{2\sqrt{K_h T_v}}$$

当要求无超调时，应当使阻尼比大于1，则有

$$K_h<0.25\frac{1}{T_v} \tag{6-10}$$

式（6-10）中，$1/T_v$ 为速度伺服单元的标称角频率，记为 ω_{0A}，实际上就是速度环的带宽。

若速度伺服单元按二阶系统近似，则位置闭环传递函数的特征多项式为三阶形式，通过计算机仿真，可得到在不同 K_h 条件下系统的调节时间和位置超调关系曲线。当需要位置无超调而调节时间又不至于太大时，应选择

$$0.2\leqslant\frac{K_h}{\omega_{0A}}\leqslant0.3 \tag{6-11}$$

综合考虑式（6-10）和式（6-11），则有

$$0.2\leqslant\frac{K_h}{\omega_{0A}}\leqslant0.25 \tag{6-12}$$

确定 K_h 后，就可算出位置调节器增益 K_P。

对于连续轮廓控制及快速进给控制，位置调节器可以采用变比例系数法。可以证明，在限制电动机最大加速度 a_m 的情况下，理想的快速进给定位过程应该如图6-12所示。即应以最大的允许加速度 a_m 加速到规定的最大速度 v_m，并等速运动，在接近目标位置时，以同样的减速度 $-a_m$ 匀减速运动。

在减速段，速度与位置偏差 $\Delta e(t)$ 的关系为

$$v(t)=\sqrt{2a_m\Delta e(t)}$$

$$\frac{v(t)}{\Delta e(t)}=\sqrt{\frac{2a_m}{\Delta e(t)}} \tag{6-13}$$

从式（6-13）可以看出，理想的位置控制器应该是变比例系数的，在越接近终点位置（或者是跟随误差很小）时，位置控制器的增益应该越大。这就带来一个问题，当很接近终点时，位置控制器的增益将超过临界值，导致系统不稳定。所以，像图6-12那种理想的快速进给定位过程是无法实现的。

采用分段变比例系数定位控制可以实现“准理想”的定位过程。图6-13所示为两段折线变比例系数定位控制方案。设最大进给速度为 v_m，相应的控制信号为 Cv_m，第一速度转折点为 Δe_1，第二速度转折点为 Δe_2。在微处理器进行定位控制时，软件根据当前的误差 Δe，判断所在的工作区域，计算控制值 C_v。

$$C_v=\begin{cases}K_{P1}\Delta e\\K_{P1}\Delta e_1+K_{P2}(\Delta e-\Delta e_1)\\Cv_m\end{cases} \tag{6-14}$$

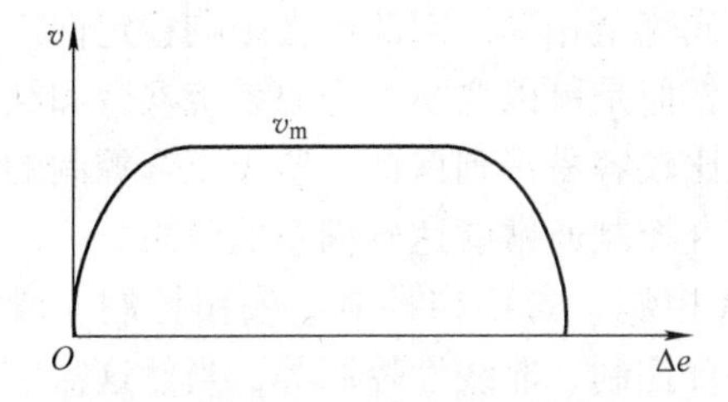

图6-12 理想的快速进给定位过程

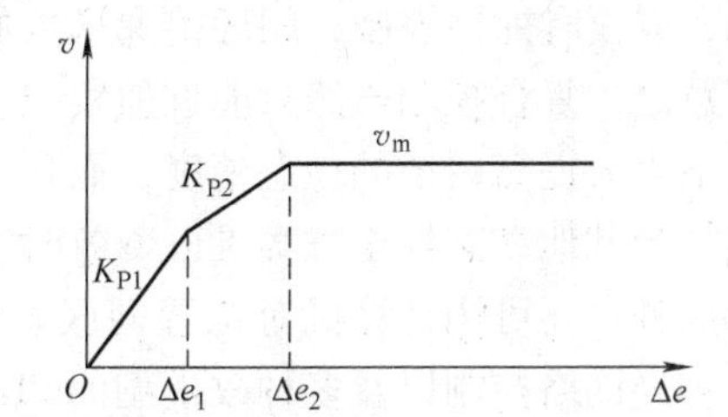

图6-13 变比例系数定位控制方案

选择合适的位置控制增益 K_P 就可以使系统稳定工作，并且还可以做到无超调定位。

上述比例控制的位置伺服系统，可以很容易地获得稳定、无超调的位置控制和良好的定位精度，在机床进给位置伺服系统中得到了广泛的应用。但由于它不可避免地存在稳态位置跟踪误差，会对进给运动轨迹产生一定影响，从而引起加工误差。为了解决这个问题，位置调节器可以采用PI调节器或PID调节器，但可能产生超调。另外一个解决办法是采用复合控制。

由自动控制原理已知，在闭环反馈控制的基础上再引入一个外部输入信号进行顺馈补偿，称为前馈补偿或前馈控制，把前馈控制和反馈控制相结合构成的控制系统称为复合控制系统。图6-14所示为复合控制位置伺服系统框图。图中，$W_1(s)$ 为反馈控制器的传递函数，$W_2(s)$ 为控制对象的传递函数，$G(s)$ 为前馈控制器的传递函数。

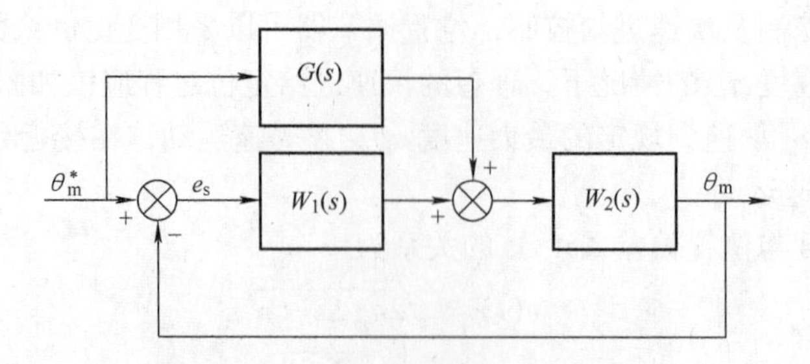

图 6-14　复合位置控制伺服系统框图

根据叠加原理和系统框图，可以求出复合控制位置伺服系统的闭环传递函数为

$$\frac{\theta_m(s)}{\theta_m^*(s)}=\frac{W_1(s)W_2(s)+G(s)W_2(s)}{1+W_1(s)W_2(s)} \tag{6-15}$$

如果前馈控制器的传递函数选为

$$G(s)=\frac{1}{W_2(s)} \tag{6-16}$$

则复合控制系统的传递函数为1，这就是说，理想的复合控制位置伺服系统的输出量能够完全复现给定输入量，其稳态和动态误差都为零。这叫做系统对给定输入实现了“完全不变性”。

另外，对于一个实际的系统，$W_2(s)$ 常常具有较复杂的结构和较高的阶次，这样 $G(s)$ 的物理实现十分困难。况且即使能实现，$G(s)$ 也是高阶微分环节，会引入高频干扰信号。另外，有没有前馈控制，闭环传递函数的特征方程式完全相同，因此不会影响稳定性。

总之，复合控制虽然只能近似实现完全不变性，但是可以在不改变原系统参数和结构的情况下大大提高系统的稳态精度，而且动态性能也比较容易得到保证。鉴于复合控制的上述优点，当其他动态校正方案难以奏效时，借助于复合控制通常能达到满意的效果。

此外，还可用计算机对位置伺服系统进行最优控制、自适应控制、模糊控制、滑模控制、神经网络控制以及多种改进型的PID控制、复合控制、非线性控制等，当然这需要更高级的微处理器甚至DSP来实现位置环，从而可将整个系统的性能提高到一个新的台阶。

位置伺服系统的控制软件还包括伺服系统工作状态检查、丝杠螺距误差补偿、反向间隙补偿及软限位等功能，以提高系统可靠性，减少运动机构本身的机械误差。

本章小结

位置控制是运动控制系统的基本功能。本章介绍了位置随动系统的特点、组成和性能要求，对插补原理作了较详细的描述，并介绍了位置调节器的设计方法。

思考题与习题

6-1　全闭环位置伺服系统与半闭环位置伺服系统相比有什么优点？

6-2　位置随动系统有哪些特点？

6-3　位置随动系统的性能用哪些指标衡量？

6-4　伺服系统的执行电动机有哪几种？

6-5　数控插补算法有哪几类？

6-6　某伺服系统框图如图6-15所示，计算3种输入下的系统稳态跟随误差：

（1）$\theta_{m}^{*}=\frac{1}{2}\times 1(t)$；

（2）$\theta_{m}^{*}=\frac{t}{2}\times 1(t)$；

（3）$\theta_{m}^{*}=(1+t+t^{2})\times 1(t)$。

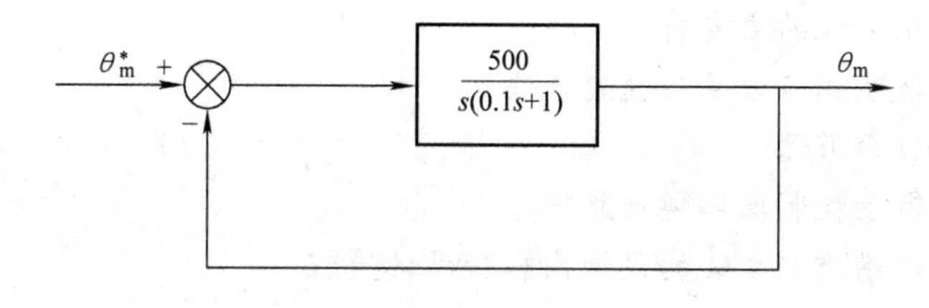

图6-15　习题6-6图

第7章　数字式运动控制系统

本章教学要求与目标

- 了解数字控制系统的主要特点
- 掌握常用的数字测速方法与滤波算法
- 掌握数字 PID 调节器
- 了解嵌入式运动控制器和现场总线
- 了解数字式运动控制系统的设计内容和设计流程

模拟系统具有物理概念清晰、控制信号流向直观等优点，便于学习入门，但其控制规律体现在硬件电路和所用的器件上，因而电路复杂、通用性差，控制效果受到器件的性能、温度等因素的影响。

以微处理器为核心的数字控制系统（简称数字控制系统）硬件电路的标准化程度高，制作成本低，且不受器件温度漂移的影响；其控制软件能够进行逻辑判断和复杂运算，可以实现不同于一般线性调节的最优化、自适应、非线性、智能化等控制规律，而且更改起来灵活方便。

7.1　数字控制系统的主要特点

数字控制系统的稳定性好，可靠性高，可以提高控制性能，此外，还拥有信息存储、数据通信和故障诊断等模拟控制系统无法实现的功能。

与模拟控制系统相比，数字控制系统的主要特点是离散化和数字化：

1）离散化：为了把模拟的连续信号输入计算机，必须首先在具有一定周期的采样时刻对它们进行实时采样，形成一连串的脉冲信号，即离散的模拟信号，这就是离散化。

2）数字化：采样后得到的离散信号本质上还是模拟信号，还需经过数字量化，即用一组数码（如二进制码）来逼近离散模拟信号的幅值，将它转换成数字信号，这就是数字化。

离散化和数字化的结果导致了时间上和量值上的不连续性，从而引起下述的负面效应：

1）A/D 转换的量化误差：模拟信号可以有无穷多的数值，而数码总是有限的，用数码来逼近模拟信号是近似的，会产生量化误差，影响控制精度和平滑性。

2）D/A 转换的滞后效应：经过计算机运算和处理后输出的数字信号必须由数/模（D/A）转换器和保持器将它转换为连续的模拟量，再经放大后驱动被控对象。但是，保持器会提高控制系统传递函数分母的阶次，使系统的稳定裕量减小，甚至会破坏系统的稳定性。

随着微电子技术的进步，微处理器的运算速度不断提高，其位数也不断增加，上述两个问题的影响已经越来越小。但数字控制系统的主要特点及其负面效应需要在系统分析中引起重视，并在系统设计中予以解决。

7.2　数字式运动控制系统的基本组成

数字式运动控制系统的组成方式大致可分为3种：①数模混合控制系统；②数字电路（芯片）控制系统；③微处理器控制系统。

数模混合控制系统转速调节器采用模拟调节器或数字调节器，电流调节器采用数字调节器；脉冲触发装置采用模拟电路，如图7-1所示。

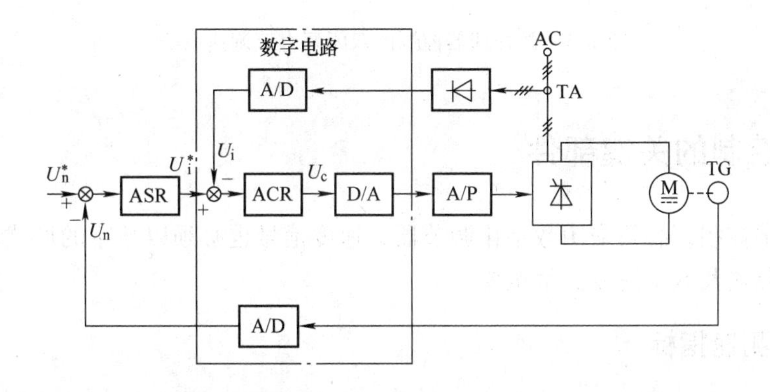

图7-1　数模混合控制的双闭环直流调速系统

数字电路控制系统除主电路和功率放大电路外，转速、电流调节器，以及脉冲触发装置等全部由数字电路组成，如图7-2所示。

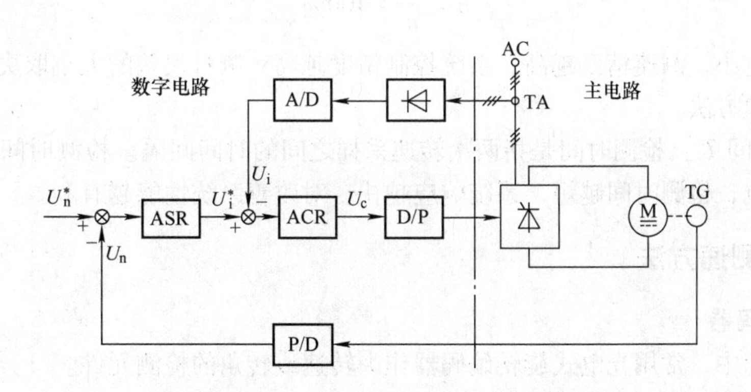

图7-2　数字电路控制的双闭环直流调速系统

微处理器控制系统一般采用双闭环系统结构，采用微机控制，全数字电路实现脉冲触发、转速给定和检测，并采用数字PI算法，由软件实现转速、电流调节，如图7-3所示。

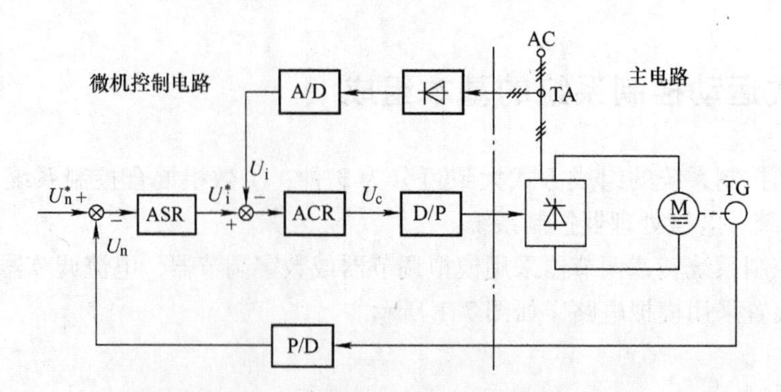

图 7-3　微处理器控制的双闭环直流调速系统

7.3　数字控制的关键部件

要实现数字控制，必须采用数字化调节器，速度信号也必须以数字的形式反馈给微处理器，因此数字测速及数字滤波非常重要。

7.3.1　数字测速指标

1）分辨率：设被测转速由 n_1 变为 n_2 时，引起测量计数值改变了一个字，则测速装置的分辨率定义为 $Q=n_1-n_2$（r/min）。Q 越小，测速装置的分辨能力越强；Q 越小，系统控制精度越高。

2）测速精度：测速精度是指测速装置对实际转速测量的精确程度，常用测量值与实际值的相对误差来表示，即

$$\delta=\frac{\Delta n}{n}\times 100\%$$

测量误差越小，测速精度越高，系统控制精度越高。测量误差的大小取决于测速元件的制造精度和测速方法。

3）检测时间 T_c：检测时间是指两次转速采样之间的时间间隔。检测时间对系统的控制性能有很大影响，检测时间越短，系统响应越快，对改善系统性能越有利。

7.3.2　数字测速方法

1. 旋转编码器

在数字测速中，常用光电式旋转编码器作为转速或转角的检测元件。

2. 测速原理

由光电式旋转编码器产生与被测转速成正比的脉冲，测速装置将输入脉冲转换为以数字形式表示的转速值。

脉冲数字（P/D）转换方法如下：

1）M 法：脉冲直接计数方法。

2）T 法：脉冲时间计数方法。

3）M/T 法：脉冲时间混合计数方法。

旋转编码器原理及其测速方法在第5章中已有详述，在此不再重复。

7.3.3　数字滤波

在实际的闭环调速系统运行中，电动机输出的测量值中常混有干扰噪声，它们来自于被测信号形成过程和传送过程。用混有干扰的测量值作为控制信号，将引起系统误动作，在有微分控制环节的系统中还会引起系统振荡，因此危害极大。

干扰噪声可分为周期性和随机性两类：对周期性的工频或高频干扰，可以通过在电路中加入 *RC* 低通滤波器硬件来加以抑制；对于低频周期性干扰和随机性干扰，硬件电路一般无能为力，但用数字滤波可以解决上述问题。

所谓数字滤波，就是通过一定的软件计算或判断来减少干扰在有用信号中的比重，达到减弱或消除干扰的目的。简单地说，数字滤波就是用程序实现的滤波。

数字滤波是用程序实现的，不需要增加硬件投入，因而成本低，可靠性高，稳定性好，也不存在各电气回路之间的阻抗匹配问题；可以对频率很低的信号实现滤波；在设计和调试数字滤波器的过程中，可以根据不同的干扰情况，随时修改滤波程序和滤波方法，具有很强的灵活性。下面介绍几种常用的数字滤波方法。

1. 算术平均值滤波

对于连续采样的 n 个数据 x_i（$i=1, 2, \cdots, n$）总能找到这样一个数 y，使 y 与各个采样值之差的二次方和最小。即

$$E = \min\left[\sum_{i=1}^{n}(y-x_i)^2\right]$$

对上式求最小值可得

$$y = \frac{1}{n}\sum_{i=1}^{n}x_i$$

算术平均值法特别适用于被测信号在某一数值范围附近作上下波动的场合。采样数据个数决定了这种方法的抗干扰程度，n 越大，抗干扰效果越好；但 n 太大时，会使系统的灵敏度降低，调节过程变慢。实践证明：算术平均值法对周期性干扰有较好的抑制作用，但对脉冲性干扰作用不大。

2. 防脉冲干扰中值滤波法

在电动机控制应用中，现场的强电设备较多，不可避免地会产生尖脉冲干扰（例如某强电设备的起动和停车）。这种干扰是随机性地，一般持续时间短，峰值较大，因此在这时采样得到的受干扰的数据会与其他数据有明显区别。

防脉冲干扰中值滤波法的算法是：对最近连续采样的3个数据进行排序，取这3个采样值的中值为有效信号，舍去其余两个信号。该方法能有效地滤除偶然型干扰脉冲（作用时间短、幅值大），但若干扰信号作用的时间相对较长（大于采样周期），则无能为力。

3. 中值平均滤波法

对最近连续采样的 n 个数据进行排序，去掉其中的最大和最小的两个数据（被认为是受干扰的数据），将剩余数据求平均值。即

$$y = \frac{1}{n-2}\sum_{i=2}^{n-1}x_i \qquad x_1 \leqslant x_2 \leqslant \cdots \leqslant x_n$$

4. 数字低通滤波器

模拟的 RC 低通滤波器用来滤除某一频率以上的周期性变化的干扰。这种功能也可以通过数字方法实现，这就是数字低通滤波法。

假设模拟的 RC 低通滤波器的输入电压为 $x(t)$，输出电压为 $y(t)$，根据 RC 微分网络有

$$RC\frac{\mathrm{d}y(t)}{\mathrm{d}t}+y(t)=x(t)$$

对上式离散化处理，令 T 为采用周期，k 为整数。则

$$x_k=x(kT),\ y_k=y(kT)$$

当 T 足够小时，上式可被离散化为

$$RC\frac{y_k-y_{k-1}}{T}+y_k=x_k$$

整理后得

$$y_k=\frac{1}{1+\frac{RC}{T}}x_k+\frac{\frac{RC}{T}}{1+\frac{RC}{T}}y_{k-1}$$

令

$$K=\frac{1}{1+\frac{RC}{T}},\ 1-K=\frac{\frac{RC}{T}}{1+\frac{RC}{T}}$$

则有 $y_k=Kx_k-(1-K)y_{k-1}$。当采样周期 T 足够小时 $K\approx\frac{T}{RC}$，所以滤波器的截止频率为

$$f=\frac{1}{2\pi RC}\approx\frac{K}{2\pi T}$$

7.3.4 数字 PID 调节器

1. 模拟 PID 调节器的数字化

PID 调节器是运动控制系统中最常用的一种控制器，在微机数字控制系统中，当采样频率足够高时，可以先按模拟系统的设计方法设计调节器，然后再离散化，就可以得到数字控制器的算法，这就是模拟调节器的数字化。

图 7-4 所示为 PID 调节器的 3 种作用，其中：

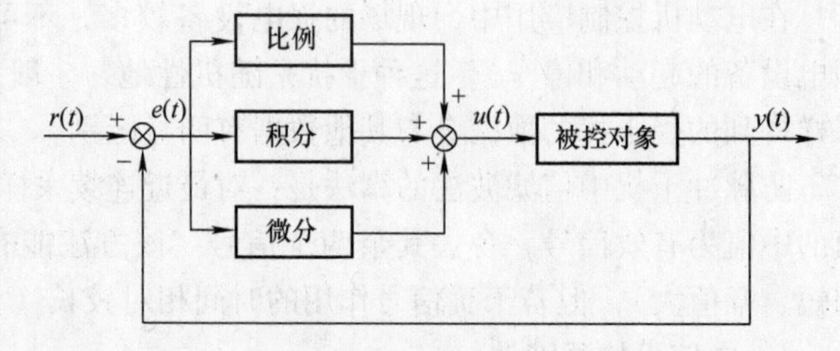

图 7-4　PID 调节作用

比例环节：对偏差瞬间做出快速反应。偏差一旦产生，控制器立即产生控制作用，使控制量向减少偏差的方向变化。但过大的比例系数会使系统有较大的超调，并可能产生振荡，使稳定性变坏。

积分环节：把偏差的积累作为输出，以达到消除静差的目的，但会降低系统的响应速

度，增加系统输出的超调。

微分环节：根据偏差的变化趋势进行控制，偏差变化得越快，微分控制器的输出就越大，并能在偏差值变大之前进行修正。微分作用的引入将有助于减小超调量，克服振荡。但微分环节对噪声有敏感的反应，所以在运动控制中，一般不加入微分环节，只采用 PI 调节器。

模拟 PID 调节器的控制规律为

$$u(t) = K_P\left[e(t) + \frac{1}{T_I}\int_0^t e(t)\mathrm{d}t + T_D\frac{\mathrm{d}e(t)}{\mathrm{d}t}\right]$$

式中 K_P——比例系数；

T_I——积分常数；

T_D——微分常数。

将上式离散化为差分方程，其第 k 拍输出为

$$\begin{aligned}u(k) &= K_P\left\{e(k) + \frac{T_{sam}}{T_I}\sum_{i=0}^{k}e(i) + \frac{T_D}{T_{sam}}[e(k) - e(k-1)]\right\}\\ &= K_Pe(k) + K_I\sum_{i}^{k}e(i) + K_D[e(k) - e(k-1)]\end{aligned}$$

式中 T_{sam}——采样周期。

数字 PID 调节器算法有位置式和增量式两种。位置式即为上式表达的差分方程，它给出了全部控制量的大小，因此被称为全量式或位置式 PID 控制算法。

增量式 PID 调节器算法如下式所示：

$$\begin{aligned}\Delta u(k) &= u(k) - u(k-1)\\ &= K_P[e(k) - e(k-1)] + K_Ie(k) + K_D[e(k) - 2e(k-1) + e(k-2)]\end{aligned}$$

PID 调节器的输出可由下式求得：

$$u(k) = u(k-1) + \Delta u(k)$$

与模拟调节器相似，在数字控制算法中，如果需要对 u 限幅，只需在程序内设置限幅值 u_m，当 $u(k) > u_m$ 时，便以限幅值 u_m 作为输出。不考虑限幅时，位置式和增量式两种算法完全等同，若考虑限幅则两者略有差异。增量式 PID 调节器算法只需输出限幅，而位置式算法必须同时设积分限幅和输出限幅，缺一不可。两种算法的程序设计流程如图 7-5 所示。

2. 改进的数字 PID 算法

PID 调节器的参数直接影响着系统的性能指标。在高性能的调速系统中，有时仅仅靠调整 PID 参数难以同时满足各项稳态、动态性能指标。采用模拟 PID 调节器时，由于受到物理条件的限制，只好在不同指标中求其折中。而微机数字控制系统具有很强的逻辑判断和数值运算能力，充分应用这些能力，可以衍生出多种改进的 PID 算法（如积分分离算法、不完全微分算法、带死区的 PID 算法），提高系统的控制性能。

3. 智能型 PID 调节器

由上述对数字 PID 算法的改进可以得到启发，利用计算机丰富的逻辑判断和数值运算功能，数字控制器不仅能够实现模拟控制器的数字化，而且可以突破模拟控制器只能完成线性控制规律的局限，完成各类非线性控制、自适应控制乃至智能控制等，大大拓宽了控制规律的实现范畴。

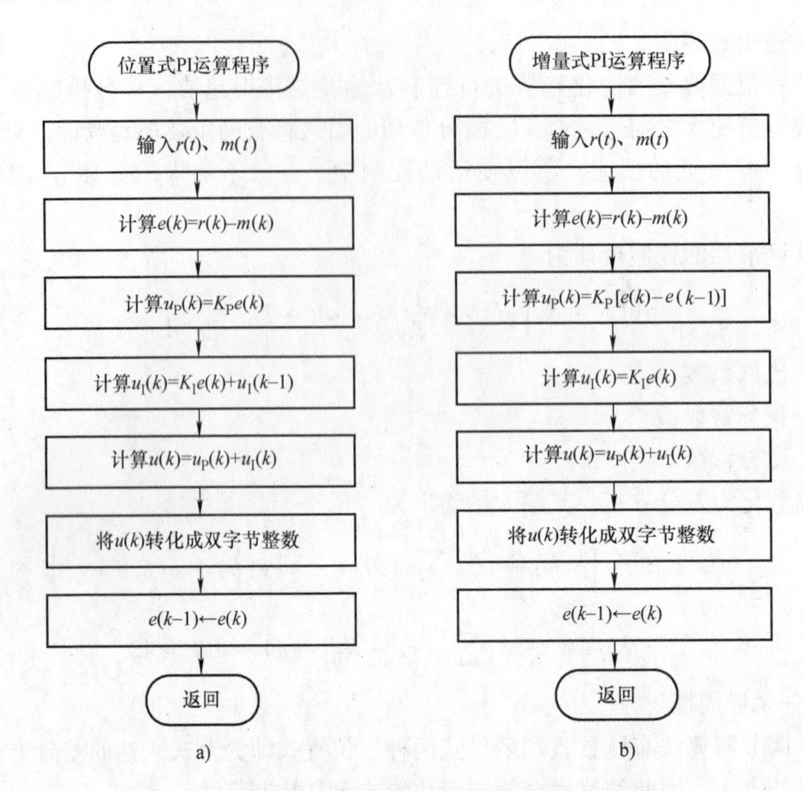

图 7-5　位置式算法设计流程和增量式算法设计流程
a）位置式算法　b）增量式算法

7.4　基于 DSP 的运动控制器

运动控制器是运动控制系统的核心部件。目前，国内的运动控制器大致可以分为 3 类：

第 1 类是以单片机等微处理器作为控制核心的运动控制器。这类运动控制器速度较慢、精度不高、成本相对较低，只能在一些低速运行和对轨迹要求不高的轮廓运动控制场合应用。

第 2 类是以专用芯片（ASIC）作为核心处理器的运动控制器，这类运动控制器结构比较简单，大多只能输出脉冲信号，工作于开环控制方式。由于这类控制器不能提供连续插补功能，也没有前馈功能，因此对于大量的小线段连续运动的场合，不能使用这类控制器。

第 3 类是基于 PC 总线的以 DSP、FPGA、CPLD 等组成的开放式运动控制器。这类开放式运动控制器以 DSP 芯片作为运动控制器的核心处理器，以 PC 作为信息处理平台，是以插件形式嵌入 PC，即“PC + 运动控制器”的模式。这样的运动控制器具有信息处理能力强，开放程度高，运动轨迹控制准确，通用性好的特点。

下面，以一种 DSP 运动控器为例，说明基于 PC 总线的开放式运动控制器。

7.4.1　DSP 运动控制器的硬件构成

DSP 运动控制器的硬件构成主要分为如下几个模块：DSP + CPLD 主控模块，包括 DSP 核心模块和 CPLD 驱动与扩展模块；通信接口模块，包括 PCI 总线、USB 通信和串口通信；

I/O 输入/输出接口模块以及外围存储器模块，包括 SRAM 和 FLASH。DSP 运动控制器的硬件结构如图 7-6 所示。

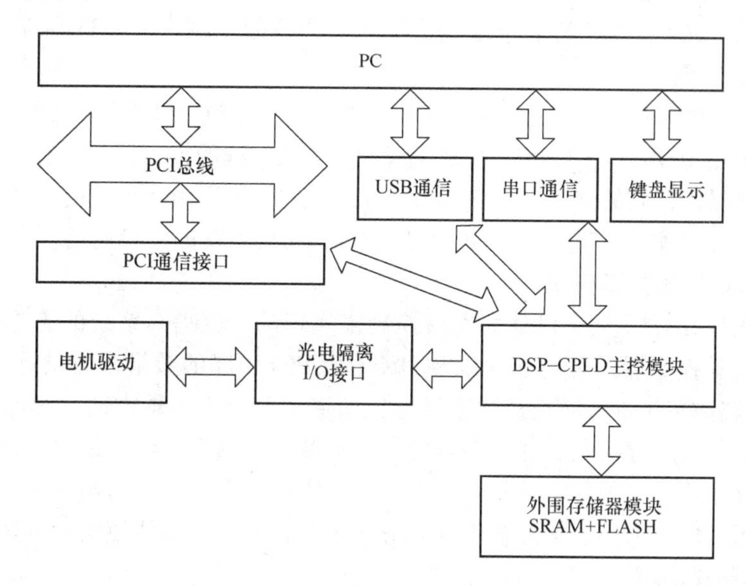

图 7-6　DSP 运动控制器的硬件结构

1. DSP + CPLD 主控模块

系统采用 TI 公司的 TMS320F2812 DSP 为控制核心，这是工业界首批 32 位的控制专用、内含 FLASH 以及高达 150MHz 主频的数字信号处理器，专门为工业自动化、光学网络及自动化控制等应用而设计的。TMS320F2812 采用哈佛总线结构，有独立的程序和数据空间；具有很强的运算能力，能够实时地处理许多复杂的控制算法；片上内存丰富，可支持 45 个外设级中断和 3 个外部中断，提取中断向量和保存现场只需 9 个时钟周期，响应迅速；片上集成了多种先进的外设，包括两个事件管理器（EV）、12 位 A/D、两个串行通信接口（SCI）、一个串行外围接口（SPI）以及一个多通道缓冲串行接口（McBSP）等；其通用输入/输出多路复用器（GPIO）拥有多达 56 个 I/O 口，在系统的软件开发中正是利用了这些丰富的内外设资源，才实现了系统要求的各种功能。

系统中选用的 CPLD 是 Altera 公司 MAX3000A 系列的 EPM3128，这是一款高性能、低功耗的基于 EEPROM 的 PLD。由于本系统的控制对象是步进电动机，所以设计中主要利用 TMS320F2812 的 GPIO 口进行电动机控制接口与 I/O 接口的输入/输出，但是由于 TMS320F2812 是低功耗处理器，其 GPIO 引脚的输出驱动能力有限，而且由于 DSP 是主控核心，负载比较多，所以将所有输出信号都经过 CPLD 驱动后输出，提高信号的驱动能力。此外，CPLD 还用于系统电路的译码，增加系统设计的灵活性和可扩展性。

2. 通信接口模块

系统在用作插卡式运动控制时利用 PCI 总线实现 DSP 与 PC 的通信。PCI（Peripheral Component Interconnect，外围部件互联）总线是 Intel 公司联合其他 100 多家公司于 1992 年推出的基于新一代处理器的一种局部总线，是一种高性能 32/64 位数据/地址复用总线，能为 CPU 及外设提供高性能数据。PCI 总线具有严格的规范，目前已经发布了 PCI V1.0 和

V2. 1 规范，保证了其良好的兼容性；PCI 总线与 CPU 无关，与时钟频率也无关，可适用于各种平台，支持多处理器和并发工作；PCI 总线可以提供极高的数据传输速率，还具有良好的扩展性。因此，PCI 总线在基于计算机总线的运动控制系统，即“PC + 运动控制器”的结构中应用十分广泛。

系统选用 CYPRESS 公司的 CY7C68001 芯片实现 PC 和 DSP 之间的 USB 通信。CY7C68001 是通用 USB2. 0 接口控制器，是基于应用层编程的接口器件，相对于其他基于链路层编程的接口器件，它的使用和开发都很方便。系统采用 DSP 片上的 SCI 串行通信模块以及 MAX232 芯片转换成标准 RS-232 的通信信号，实现正常的串口通信。

3. I/O 输入/输出接口模块

系统的输入/输出是通过 CPLD 的逻辑控制来实现的，以提高系统的工作可靠性和设计柔性。考虑到运动控制器的可扩展性以及 DSP 的 GPIO 引脚的数量，共设计了 16 路数字量输出通道和 16 路数字量输入通道。数字量输出通道主要用于各轴方向、脉冲信号的输出以及一些外部设备的起、停控制，如主轴及冷却液的开关控制等；数字量输入通道可根据用户具体要求来定义其用途，如作为传感器接口，用于零点、限位信号的输入等。为提高系统应用的灵活性，系统输出采用了普通输出和差分输出两种方式，具体使用可由用户自行设定。

4. 外围存储器模块

TMS320F2812 芯片内部包括 128KB 的 FLASH 和 18KB 的 SARAM，其中 128KB 的 FLASH 用来存储系统软件程序已经足够，但是在实际使用中，考虑到运动控制指令和加工程序需要通过 USB 总线或 PCI 总线下载到运动控制器中，且 DSP 在工作过程中需要处理大量的数据，仅依靠 DSP 芯片内部的存储空间远远不够，所以考虑外扩一片 FLASH 和一片 SRAM 作为用户加工程序存储器和系统的工作存储器，它们通过 CPLD 完成与 DSP 之间的读写操作。

系统选用了 Intel 公司的 E28F128 FLASH 和 ISSI 公司的 IS61LV51216 SRAM。E28F128 是一种采用 CMOS 工艺制成的 8MB FLASH，其读写访问时间为 150ns，此读写周期已经大于 DSP 对外部端口的读写周期，为了能够和 DSP 的读写周期进行匹配，在对 FLASH 进行读写操作过程中必须插入等待周期。IS61LV51216 是一种高速异步静态 512KB 的 SRAM，其读写周期为 10ns，与 DSP 之间无需插入等待周期便可以进行读写操作，并可以直接映射到 DSP 外部存储接口的 Zone2 或者 Zone6 区域。

7. 4. 2 DSP 运动控制器的软件构成

1. 系统软件功能设计

DSP 运动控制器通常作为一个独立的过程控制单元用于工业自动化生产中，它的功能是由硬件和软件共同实现的，硬件为软件运行提供支撑环境，软件负责实现系统要求的所有功能。本系统软件需要完成控制和管理两大任务，图 7-7 所示为其功能结构。

图 7-7 中，系统的控制包括位置控制、插补、速度处理和开关量 I/O 控制等，这类任务的实时性很强，所以软件程序的优先级也较高；系统的管理包括人机界面、参数设置和程序下载等，这类任务的实时性要求不高，所以软件程序的优先级也相对较低。可以说，一个运动控制系统的基本功能均由上述功能的子程序实现，通过增加子程序可进一步增加系统的功能。

要实现这些功能，必须做好运动控制器的软件规划，划分各个功能模块，才能在DSP芯片上设计运行程序。本系统软件主要分为两个层次，包括PC层软件和DSP层软件，其中PC层软件在单板式运动控制中主要实现加工程序的传输和下载等功能；在插卡式运动控制中，除此之外，还需实现加工情况显示、加工命令发送等人机交互界面的功能。运动控制器的主要功能由DSP层完成，设计任务也是DSP层软件的程序实现，具体包括：

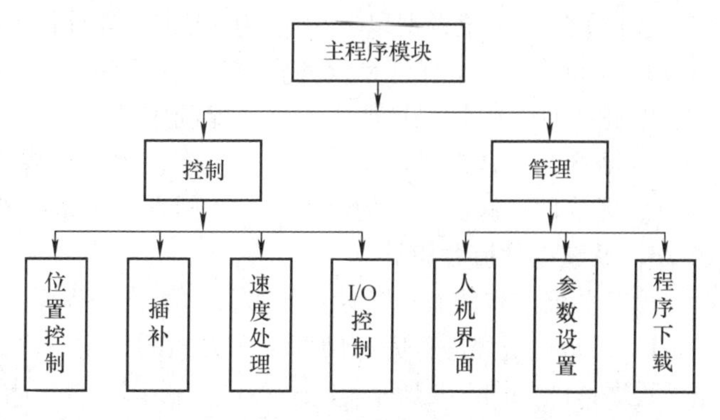

图7-7　DSP运动控制器软件功能结构

1）运动控制：运动控制功能是运动控制器的主要功能，包括位置控制、插补和辅助功能的输入/输出控制。本系统基本功能是实现*X*、*Y*、*Z*三轴的运动控制，包括三轴联动的直线插补运动和任意两轴圆弧插补运动，可以实现步进电动机的运动控制，提供单脉冲（即脉冲+方向）和双脉冲（即脉冲+脉冲）两种控制方式。

2）速度控制：速度控制即调速，利用加减速算法，实现系统的平稳运动。系统设计空行程时的运动速度不小于100kHz，加工过程中的插补运动速度不小于40kHz；当脉冲当量为2.5μm时可达到的空行程和加工的最高速度分别为15m/min和6m/min。

3）通信功能：运动控制器不是一个孤立封闭的系统，它必须和外界交换数据，主机通信主要完成两个任务：一个是程序的下载；另一个是控制指令的发送和加工状态的反馈。根据单板式控制和插卡式控制两种不同的应用，分别有不同的通信方式。其中，在单板式控制中，通过USB总线进行程序下载而通过串口进行控制指令的发送和加工状态的反馈；两种任务都是由PCI总线来完成。本系统可支持多种通信方式，如PCI总线方式、USB总线方式以及异步串行总线方式，供用户自由选择。

4）参数设置：作为开放式运动控制器，应该允许用户对控制系统的各运动参数进行实时调整与修改。系统设计将各参数存放在FLASH中，允许用户通过人机界面对参数进行修改，修改后的参数将在下次操作中起作用。

2. 系统软件层次设计

DSP软件采用模块化和层次化的设计思路，为使结构清晰，整个系统软件按功能群分割为多个文件分别处理和完成相应的任务，主要分为3个层次：

1）主控层：不涉及具体操作，只负责各个任务调度、中断安排、时间和优先级处理等。主控层只有一个文件main.c，包括主函数和中断函数，在主函数和中断函数中调用算法层的函数来实现系统的各个功能。

2）算法层：负责具体任务执行，系统的主要功能都在算法层实现，包含的模块由系统要求的各个功能来决定。算法层主要用以实现运动控制、速度控制和系统管理等功能，各模块之间通过标志位来联系，不互相调用。

3）接口层：负责与硬件的接口，所有与外设有关的操作都在该层进行处理。接口层中包括DSP硬件资源的定义、系统硬件的驱动等。除接口层外，系统其他层的程序禁止直接对外设进行操作，接口层直接对外设进行操作的函数尽可能做到功能完善。

综上所述，系统根据以上功能和层次进行软件设计并遵循以下原则：

① 全局性：尽量保证系统各模块负载均衡；

② 正确性：数学推导严密，尽可能利用试验验证；

③ 结构化：软件设计做到层次化、模块化、封装化；

④ 规范性：保证程序的易读性、移植性和可维护性。

3. 系统软件流程设计

控制系统的软件流程设计主要涉及初始化子程序、主程序及中断服务子程序等。

1）初始化子程序：完成硬件工作方式的设定、系统运行参数和变量的初始化等。初始化子程序框图如图 7-8 所示。

2）主程序：完成实时性要求不高的功能，完成系统初始化后，实现键盘处理、刷新显示、与上位计算机和其他外设通信等功能。主程序框图如图 7-9 所示。

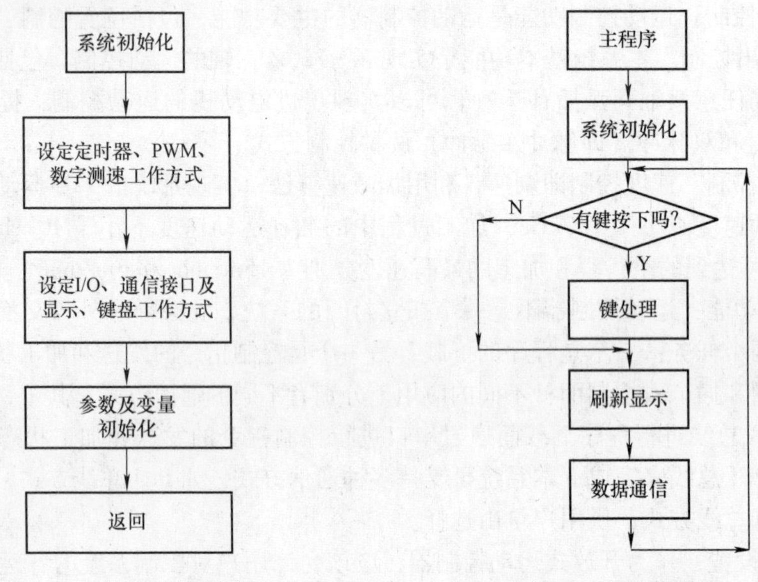

图 7-8　初始化子程序框图　　图 7-9　主程序框图

3）中断服务子程序：完成实时性强的功能，如故障保护、PWM 生成、状态检测和数字 PI 调节等。中断服务子程序由相应的中断源提出申请，CPU 实时响应。常用的中断服务子程序有转速调节中断服务子程序、电流调节中断服务子程序、故障保护中断服务子程序等，程序流程如图 7-10 所示。

不过，这种基于 PC 总线的方式存在以下缺点：由于运动控制卡需要插入 PC 的 PCI 或者 ISA 插槽，因此每个具体应用都必须配置一台 PC 作为上位机，这无疑对设备的体积、成本和运行环境都有一定的限制，难以独立运行和小型化。

针对这些问题，目前比较流行的一种设计是基于 ARM + DSP 的嵌入式运动控制器。该控制器将嵌入式 CPU 与专用运动控制芯片相结合，将运动控制功能以功能模块的方式嵌入到 ARM 主控板的架构，把不需要的设备裁减掉，既兼顾功能又节省成本。这种控制器是一种可以脱离上位机单独运行的独立式运动控制器，具有良好的应用前景。

嵌入式运动控制器的硬件主要包括两个部分：ARM 主控板和 DSP 运动控制板。这两块

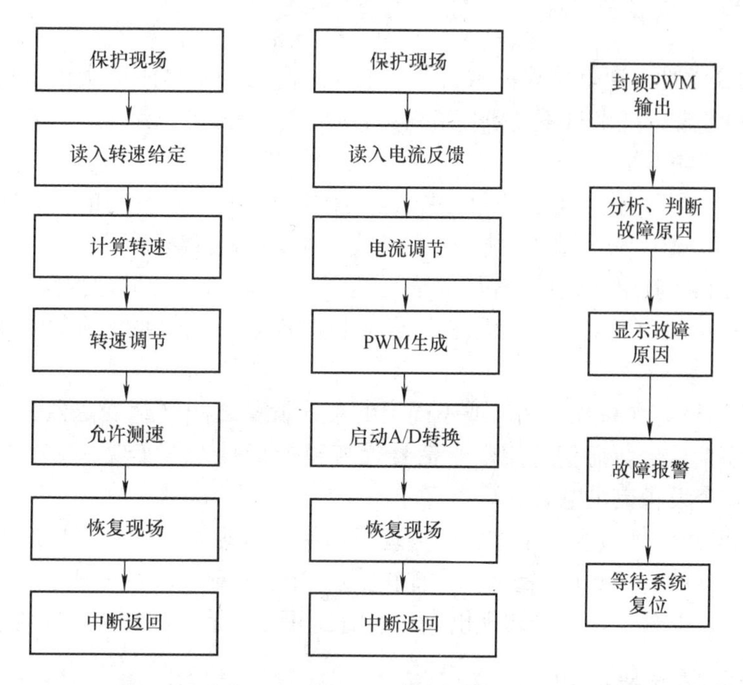

图7-10　转速调节、电流调节、故障保护等中断服务子程序流程

控制板通过通用I/O口以总线的方式连接在一起。在设计时，可以分别对ARM主控板和DSP运动控制板进行设计，最后再调试。这种将ARM主控板和DSP运动控制板分开设计和调试的硬件方案，将设计难点分散，使设计和调试更简单。

综合应用ARM嵌入式系统技术、DSP运动控制技术等多种技术的嵌入式运动控制器。相比于传统的基于PC的运动控制器，具有成本低、体积小、功耗低、功能丰富、运行稳定的特点和优势。它以ARM微控制器和DSP为核心，采用嵌入操作系统如Linux，能很好地进行多任务处理，保证了系统的实时性，能够满足高速和高精度的运动控制需求，具有良好的运动控制性能。

7.5　现场总线及Profibus现场总线

7.5.1　现场总线的概念及特点

现场总线是连接智能现场设备和自动化系统的全数字、双向、多站的通信系统，主要解决工业现场的智能化仪器仪表、控制器、执行机构等现场设备间的数字通信以及这些现场控制设备和高级控制系统之间的信息传递问题。现场总线主要用于制造业、流程工业、交通、楼宇、电力方面的自动化系统中。

现场总线是近几年来迅速发展起来的一种工业数据总线，是应用在生产现场，在微机化测量控制设备之间实现双向串行多节点数字通信的系统，也称为开放式、数字化、多点通信的底层控制网络。它是综合运用微处理器技术、网络技术、通信技术和自动化技术的产物，将微处理器置入现场自控设备，使设备具有数字计算和数字通信的能力。现场总线的技术特点包括：

1）系统的开放性。通信协议一致公开，不同厂商的设备之间可实现信息交换，用户可按自己的需要和考虑，把来自不同供应商的产品组成大小随意的系统，通过现场总线构筑自动化领域的开放互联系统。

2）互操作性与互用性。互操作性是指实现互联设备间、系统间的信息传送与沟通；而互用性则意味着不同生产厂商的性能类似的设备可实现相互替换。

3）系统结构的高度分散性。现场总线已构成一种新的全分散性控制系统的体系结构，从根本上改变了现有 DCS 集中与分散相结合的集散控制系统体系，简化了系统结构，提高了可靠性。

4）数字化通信。在系统中间层或不同层的总线设备之间（从变送器、传感器到调节阀等）均采用数字信号进行通信，用数字信号代替模拟信号，可实现一对电缆上传输多个信号，同时又为多个设备提供电源。

5）对现场环境的适应性。工作在生产现场前端，作为工厂网络底层的现场总线，是专为现场环境而设计的，可支持双绞线、同轴电缆、光缆、射频、红外线、电力线等，具有较强的抗干扰能力，能采用两线制实现供电与通信，并可满足本质安全防爆要求等。

7.5.2 典型现场总线介绍

20 世纪 80 年代以来，国际上的知名大公司先后推出了几种工业现场总线和现场通信协议，目前流行的主要有 FF、Profibus、CAN、LonWorks、WorldFIP 等。其主要技术差异及适用场合如下：

1）FF 现场总线：基金会现场总线以 ISO/OSI 开放系统互连模型为基础，取其物理层、数据链路层、应用层为 FF 通信模型的相应层次，并在应用层上增加了用户层。FF 分低速 H1 和高速 H2 两种通信速率。H1 的传输速率为 31. 25kbit/s，通信距离可达 1900m（可加中继器延长），支持总线供电，支持本质安全防爆环境。H2 的传输速率为 1Mbit/s 和 2. 5Mbit/s 两种，其通信距离分别为 750m 和 500m。物理传输介质可支持双绞线、光缆和无线发射，协议符合 IEC1158-2 标准，物理媒介的传输信号采用曼彻斯特编码。FF 现场总线主要应用在过程自动化领域，如化工、电力、油田和废水处理等。

2）CAN 现场总线：CAN 的网络设计采用了符合 ISO/OSI 网络标准模型的三层结构模型，即物理层、数据链路层和应用层。网络的物理层和链路层的功能由 CAN 接口器件完成，而应用层的功能由处理器来完成。通信具有突出的可靠性、实时性和灵活性；采用短帧结构，传输时间短，抗干扰；节点分不同优先级，可满足不同的实时性要求。CAN 现场总线的传输介质可以用双绞线、同轴电缆或光纤等，通信速率最高可达 1Mbit/s（40m），直接传输距离最远可达 10km（5kbit/s）。CAN 现场总线主要应用领域有汽车制造、机器人、液压系统、分散性 I/O、工具机床、医疗器械等。

3）LonWorks 现场总线：LonWorks 采用了与 OSI 参考模型相似的 7 层协议结构，LonWorks 技术的核心是具备通信和控制功能的 Neuron 芯片。Neuron 芯片实现完整的 LonWorks 的 LonTalk 通信协议，节点间可以对等通信。LonWorks 通信速率为 78kbit/s ~ 1. 25Mbit/s，支持多种物理介质，有双绞线、光纤、同轴电缆、电力线载波及无线通信等；支持多种拓扑结构，组网灵活。LonWorks 现场总线主要应用领域有工业控制、楼宇自动化、数据采集、

SCADA 系统等，在组建分布式监控网络方面有优越的性能。

4）WorldFIP 现场总线：WorldFIP 现场总线体系结构分为过程级、控制级和监控级等三级，其协议由物理层、数据链路层和应用层组成。通信速率有 31.25kbit/s、1Mbit/s、2.5Mbit/s、25Mbit/s，传输介质采用屏蔽双绞线和光纤，适合于集中型、分散型和主站/从站型等多种类型的应用结构，用单一的 WorldFIP 总线可满足过程控制、工厂制造加工和各种驱动系统的需要。WorldFIP 现场总线主要应用领域有电力工业、铁路、交通、工业控制、楼宇等。

5）Profibus 现场总线：Profibus 系列由 Profibus-DP、Profibus-FMS 和 Profibus-PA 等 3 个兼容部分组成。Profibus 采用了 OSI 模型的物理层、数据链路层，由这两部分形成了其标准第一部分的子集。Profibus 的传输速率为 9.6kbit/s ~ 12Mbit/s，最大传输距离在 12Mbit/s 时为 100m，在 1.5Mbit/s 时为 400m，可用中继器延长至 10km，传输介质可以是双绞线和光纤。Profibus 现场总线主要应用领域如下：DP 型适合于加工自动化领域的应用，如制药、水泥、食品、电力、发电、输配电；FMS 型适用于纺织、楼宇自动化、可编程序控制器、低压开关等一般自动化制造业自动化；PA 型适用于过程自动化的总线。Profibus 作为工业界最具代表性的现场总线技术，其应用领域非常广泛，它既适用于工业自动化中离散加工过程的应用，也适用于流程自动化中连续和批处理过程的应用。特别在运动控制系统中，Profibus 总线应用得较多。

7.5.3　Profibus 现场总线概述

Profibus 是一种用于工厂自动化车间级监控和现场设备层数据通信与控制的现场总线技术，可实现现场级到车间级监控的分散式数字控制和现场通信网络，从而为实现工厂综合自动化和现场设备智能化提供了可行的解决方案。

1. Profibus 协议结构与 OSI 参考模型

Profibus 协议结构是根据 ISO7498 国际标准，以开放式系统互联网络作为参考模型，该模型共有 7 层。从图 7-11 所示结构可以看出，Profibus 协议采用了 ISO/OSI 模型中的第 1 层、第 2 层以及必要时还采用了第 7 层。

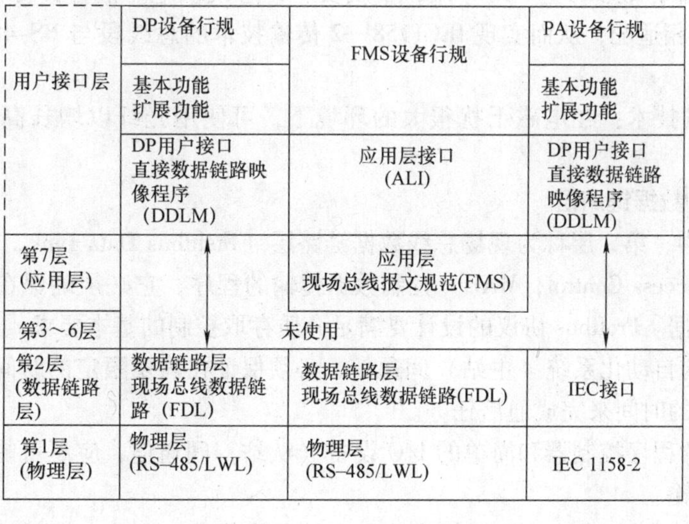

层	DP	FMS	PA
用户接口层	DP设备行规 基本功能 扩展功能 DP用户接口 直接数据链路映像程序（DDLM）	FMS设备行规 应用层接口(ALI)	PA设备行规 基本功能 扩展功能 DP用户接口 直接数据链路映像程序(DDLM)
第7层(应用层)		应用层 现场总线报文规范(FMS)	
第3～6层	未使用		
第2层(数据链路层)	数据链路层 现场总线数据链路（FDL）	数据链路层 现场总线数据链路(FDL)	IEC接口
第1层(物理层)	物理层 (RS-485/LWL)	物理层 (RS-485/LWL)	IEC 1158-2

图 7-11　Profibus 协议结构

从用户的角度看，Profibus 提供了 3 种通信协议类型：DP、FMS 和 PA。

1）Profibus-DP：定义了第 1、2 层和用户接口。第 3～7 层未加描述。用户接口规定了用户及系统以及不同设备可调用的应用功能，并详细说明了各种不同 Profibus-DP 设备的设备行为。

2）Profibus-FMS：定义了第 1、2、7 层，应用层包括现场总线信息规范和低层接口。FMS 包括了应用协议并向用户提供了可广泛选用的强有力的通信服务。LLI 协调不同的通信关系并提供不依赖设备的第 2 层访问接口。近年来由于工业以内网的推广和应用，其功能逐渐被取代。

3）Profibus-PA：PA 的数据传输采用扩展的 Profibus-DP 协议。另外，PA 还描述了现场设备行为的 PA 行规。根据 IEC1158-2 标准，PA 的传输技术可确保其本质安全性，而且可通过总线给现场设备供电。使用连接器可在 DP 上扩展 PA 网络。

2. Profibus 物理层

现场总线系统的应用既要考虑传输距离以及传输速度，又必须经济、可靠，为了满足复杂的工业应用的实际要求，Profibus 提供了 DP 和 FMS 的 RS-485 传输、PA 的 IEC1158—2 传输以及光纤传输。

1）DP 和 FMS 的 RS-485 传输：RS-485 通常称为 H2，传输速度可选用 9.6kbit/s～12Mbit/s，是 Profibus 最常采用的一种传输类型。它采用屏蔽双绞线电缆，共用一根导线对，电缆的最大长度取决于传输速度；网络拓扑为线形总线，两端有有源总线终端电阻；不带转发器，每段 32 个站，带转发器最多可达 127 个站；采用 9 针 D 副插头连接器。

RS-485 标准是半双工通信协议，RS-485 适用于收发双方共享一对线进行通信，也适用于多个点之间共享一对线路进行总线方式联网，但通信只能是半双工的。

2）用于 PA 的 IEC1158—2 传输技术：IEC1158—2 传输技术通常称为 H1，用于 Profibus-PA，能满足化工和石化工业的要求，可保持其本质安全并使现场设备通过总线供电，是一种位同步协议，可进行无电流的连续传输。IEC1158—2 采用屏蔽或非屏蔽双绞线，传输速度为 31.25kbit/s；拓扑类型为线形或树形，或两者结合：不带转发器，每段 32 个站，可扩展至 4 台转发器，最多可达 126 个站；本质安全，总线供电。耦合器可将 RS-485 信号与 IEC1158—2 信号相适配，从而实现 IEC1158—2 传输技术的总线段与 RS-485 传输技术的总线段的连接。

3）光纤传输技术：在电磁干扰很大的环境下，可使用光纤以增长高速传输的最大距离，降低干扰。

3. Profibus 数据链路层

在 Profibus 中，第 2 层称为现场总线数据链路层（Fieldbus Data Link，FDL）。介质存取控制（Medium Access Control，MAC）控制数据传输的程序，它必须确保在任何时刻只能有一个站点发送数据。Profibus 协议的设计要满足介质存取控制的基本要求。

1）在复杂的自动化系统（主站）间通信，必须保证在确切限定的时间间隔中，任何一个站点要有足够的时间来完成通信任务。

2）在复杂的程序控制器和简单的 I/O 设备（从站）间通信，应尽可能快速又简单地完成数据的实时传输。

因此，Profibus 总线存取协议包括主站之间的令牌传递方式和主站与从站之间的主从方式。令牌程序保证了每个主站在一个确切规定的时间框内得到总线存取权（令牌），令牌是一条特殊的电文，它在所有主站中循环一周的最长时间是事先规定的，在Profibus中，令牌只在各主站之间通信时使用。

主从方式允许主站在得到总线存取令牌时可与从站通信，每个主站均可向从站发送或索取信息，通过该方法可实现以下几种系统配置方式：①纯主站—从站系统（主—从机制）；②纯主站—主站系统（令牌传递机制）；③混合系统。

纯主站—从站系统中配有多个从站，而只有一个主站。主站享有控制权，可以发送信息给从站，并且可以从从站获取信息。

由3个主站和4个从站构成的纯主站—主站系统配置如图7-12所示。3个主站构成令牌逻辑环，当某主站得到令牌电文后，该主站可在一定的时间内执行主站的工作，在这段时间内，它可依照主—从关系表与所有从站通信，也可依照主—主关系表与所有主站通信。

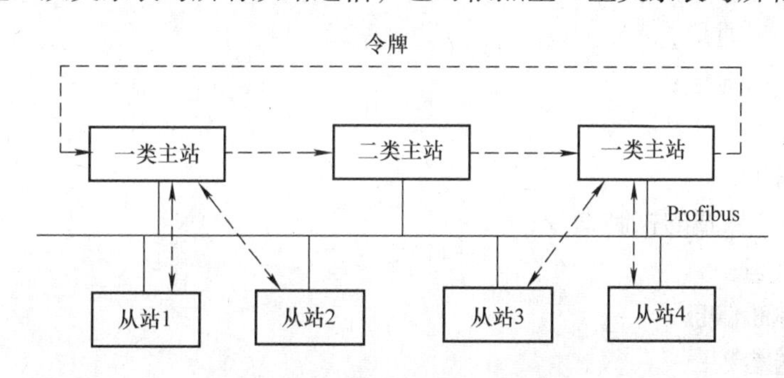

图7-12　纯主站—主站系统配置

令牌环是所有主站的组织链，按照主站的地址构成逻辑环，在这个环中，令牌在规定的时间内按地址的升序在各主站中依次传递。

在总线系统初建时，MAC的主要任务是制定总线上的站点分配并建立逻辑环，在总线运行期间，断电或损坏的主站必须从环中排除，新上电的主站必须加入逻辑环。此外，MAC保证令牌按地址升序依次在各主站间传送，各主站的令牌具体保持时间长短取决于该令牌配置的循环时间。MAC的特点是监测传输介质及收发器是否损坏，检查站点地址是否出错以及令牌错误。

数据链路层的另一个重要任务是保证数据的完整性，该层按照非连续的模式操作，除提供点—点逻辑数据传输外，还提供多点通信（广播及有选择广播）功能。

4. Profibus应用层

Profibus的应用层各不相同，在这里只说明Profibus-DP的应用层。

报文有效数据最多为244B，有效的站地址为126（不含126，126是投运时总线监视器的默认地址，并不可更改），支持组播和广播。组播是将报文发送到预先选择的一组站点，广播是将报文发送到所有的站。广播报文的目的地址是127，所有的从站均接收此报文。在组播报文发送前，由一帧特定报文将要接收该报文的组号（组态时可以将从站分组）发送，然后发送组播报文，于是该报文被特定的组接收。

所有的从站具有相同的优先权。某一主站在接收其主站参数记录后，该主站即开始和指定的从站交换数据，主站参数记录包括参数化/组态数据、连接从站的地址配置表和总线参数。在启动时，主站设定通信连接和监视连接的时间，每次收到一有效的报文时，从站也触发其一监视时间。该监视时间由主站设定，通信中如有错误，则参与的从站能立即检测并用诊断报文报告，同时从站设定输出为一特殊状态，必须由主站对其进行参数化和组态才能重新传输数据。为了保证数据的安全，主站只能对它已经参数化和组态过的从站写入数据。参数化报文和组态报文保证主站知道从站的组态和功能。如需新增加一个从站到总线上，用户应对新增的从站组态，使主站知道有新的从站加入到总线上。也可应用已经存在的组态作为基础，使主站能够自动地检测一个新的活动的站。要交换的输入数据和输出数据的长度应由用户在组态报文时规定，每一次数据交换时，均需监视报文是否符合规定的数据长度。

每一个报文含有一个 SSAP（源服务存取点）和一个 DSAP（目的服务存取点）以指示要执行的服务。基于检测 SAP，每个站都能清楚地辨认出什么数据已被请求和需要提供什么样的响应数据。Profibus-DP 有以下 SAP：

Default SAP：数据交换；

SAP54：主—主通信；

SAP55：改变站地址；

SAP56：读输入；

SAP57：读输出；

SAP58：到 DP 从站的控制命令；

SAP59：读组态；

SAP60：读诊断信息；

SAP61：传送参数；

SAP62：校核组态。

7.5.4 Profibus-DP 协议

Profibus-DP 用于设备级的高速数据传送，中央控制器通过高速串行线与分散的现场设备（如阀门、驱动器等）进行通信，大部分数据交换是周期性的。此外，智能现场设备还需要非周期性通信，以进行配置、诊断和报警处理。

1. Profibus-DP 的基本功能

- DP 主站和 DP 从站间的循环用户数据传送。
- 各 DP 从站的动态激活和撤销。
- 强大的诊断功能，三级诊断信息。
- 输入或输出的同步。
- 通过总线为 DP 从站赋予地址。
- 通过总线对 DP 主站进行配置。
- 每个 DP 从站最大为 246B 的输入和输出数据。

2. 传输技术

- RS-485 双绞线双线电缆或光缆。
- 波特率 9.6kbit/s ~ 12Mbit/s。

3. 总线存取

- 各主站间令牌传送，主站与从站间数据传送。
- 支持单主或多主系统。

- 主—从设备，总线上最多站点数为 126。

4. 设备类型

- 一类 DP 主站（DPMI）：中央可编程序控制器，如 PLC、PC 等。
- 二类 DP 主站（DPM2）：可编程、可组态、可诊断的设备。
- DP 从站：带二进制或模拟输入/输出的驱动器、阀门等。

5. DP 主站的主要任务

1）启动时初始化主站系统，通过读取诊断数据检查 DP 从站是否准备就绪，检查其他主站是否组态、配置了该从站，然后进行从站配置。

2）检查从站组态是否与主站组态一致，一致则开始循环数据传输，否则，读取诊断信息，并报告错误信息。

3）与 DP 从站进行循环数据传输。

4）对 DP 从站的监测。

5）采集诊断信息。

6）处理控制请求，包括输入/输出同步控制，DP 从站起、停控制等。

7）读取共享输入/输出数据。

8）当 DP 主站停止或故障时，系统进入安全状态。

6. DP 从站的主要任务

1）接收来自主站的信息，包括组态参数、配置参数等。

2）提供过程数据。

3）提供诊断数据。

4）提供输入/输出数据等。

Profibus-DP 允许构成单主站或多主站系统，典型的 DP 配置单主站系统的结构如图 7-13 所示，在单主站系统中，在总线系统操作阶段，只有一个活动主站，从站被主站按轮询表依次访问。单主站系统可获得最短的总体循环时间。

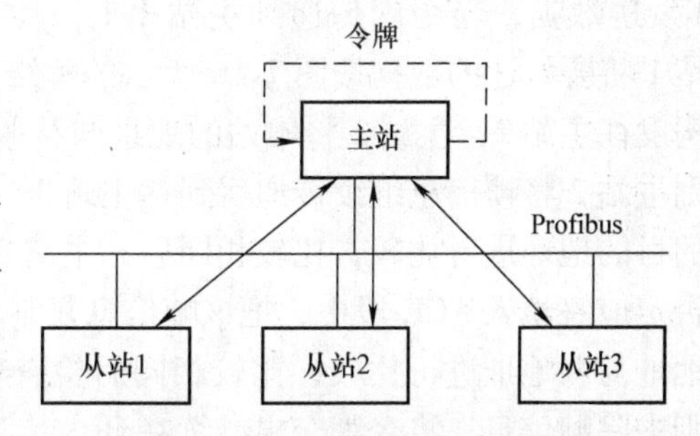

图 7-13　单主站系统的结构

多主站配置中，总线上的主站与各自的从站构成相互独立的子系统，其结构如图 7-14 所示。任何一个主站均可读取 DP 从站的输入/输出映像，但只有一个主站可对 DP 从站写入输出数据。多主站系统的循环时间要比单主站系统长。

7. 运行模式

运行：输入和输出数据的循环传送。第一类 DP 主站由 DP 从站读取输入信息并向 DP 从站写入输出信息。

清除：第一类 DP 主站读取 DP 从站的输入信息并使输出信息保持为故障-安全状态。

停止：只能进行主—主数据传送，第一类 DP 主站和 DP 从站之间没有数据传送。

8. 通信

- 点对点（用户数据传送）或广播（控制指令）。
- 循环主—从用户数据传送和非循环主—主数据传送。

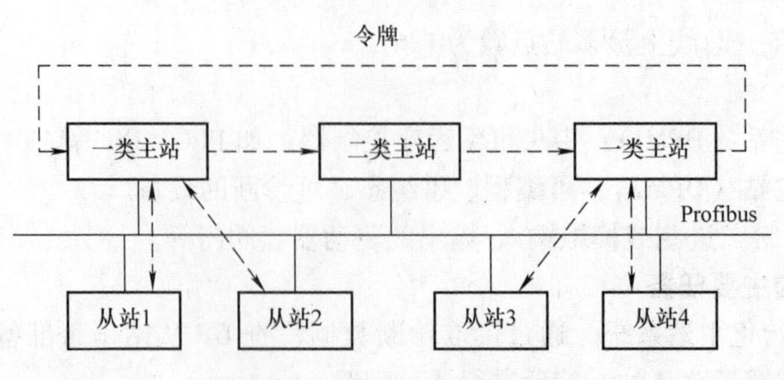

图 7-14　多主站系统的结构

9. 同步

- 控制指令允许输入和输出同步。
- 同步模式：输出同步。
- 锁定模式：输入同步。

7.5.5　Profibus-DP 的数据通信

1. DP 主站之间的通信

DP 主站之间采用令牌环方式进行通信，主站按地址的升序依次排列，控制令牌按顺序依次在主站之间进行传递，获得令牌的站具有控制权，可发送数据，令牌的工作传递过程如图 7-15 所示。如主站 1 需向主站 3 发送数据，当令牌传递到主站 1 时，主站 1 将要发送的数据按图 7-16 所示的帧结构发往主站 2，主站 2 将本站的地址与接收到的帧信息中的目的地址进行比较，两者不同，则主站 2 将帧信息继续传递后到达主站 3。此时，主站 3 将本站的地址与接收到的帧信息中的目的地址进行比较，比较相同后，主站 3 对帧信息进行差错校验，并将校验结果以肯定或否定应答填入 ACK 段中，把该帧信息复制之后将其继续向下传递给主站 1。主站 1 将本站的地址与源地址进行比较，比较相同后检查 ACK 是否为肯定应答，若检查到已为肯定应答，则去除帧信息，将令牌交出继续在环内传递。如果 ACK 的检查结果为否定应答，则主站 1 需重新发送。

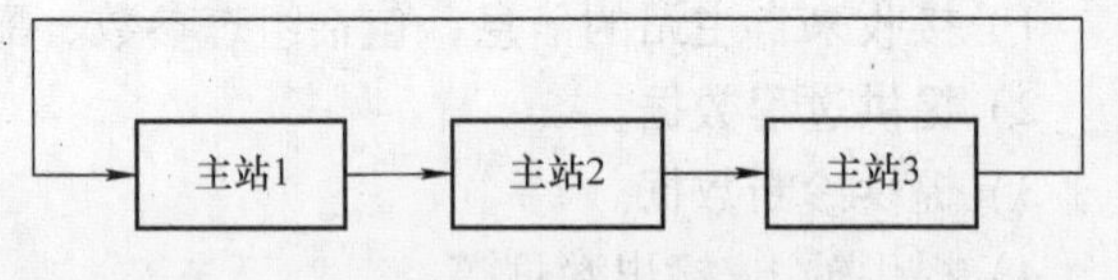

图 7-15　令牌的工作传递过程

暂停位	目的地址	源地址	控制信息	DATA	差错校验	ACK	令牌

图 7-16　帧结构

2. DP 主站—从站之间的通信

1）DP 通信关系和 DP 数据交换：通信作业的发起方为请求方，通信的另一方则为响应方。一类 DP 主站的请求报文使用第 2 层（数据链路层）的“高优先权”报文服务级别。而 DP 从站发出的响应则以第 2 层中的“低优先权”报文服务级别处理。DP 从站将当前出现的诊断中断或状态事件通知给 DP 主站，仅在此刻，可通过将 Data-Exchange 的响应报文服务级别从“低优先权”改变为“高优先权”来实现。

2）初始化阶段、再启动和用户数据通信：DP 从站初始化阶段的主要顺序如图 7-17 所示。DP 主站首先检查从站是否在总线上，如果检查到 DP 从站已在总线上，则 DP 主站通过请求从站的诊断数据来检查 DP 从站的准备情况。检查到 DP 从站已准备就绪之后，DP 主站装在参数集和组态数据。然后 DP 主站再请求从站的诊断数据以判断从站是否准备好进行数据交换，进行完上述工作一切就绪之后，DP 主站才开始循环地与 DP 从站进行用户数据通信。

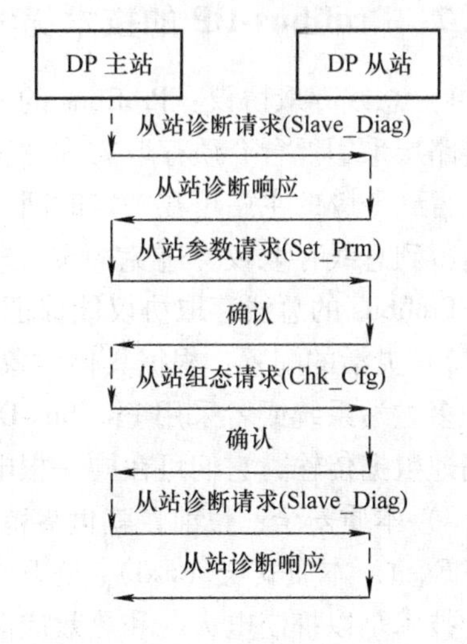

图 7-17　DP 从站初始化阶段的主要顺序

7.5.6　Profibus-DP 的交叉通信方式

Profibus-DP 的另一种数据交换方式为交叉通信方式，也称为“直接通信”方式。这种通信方式常被西门子公司的 SIMATIC S7 系列 PLC 采用。在交叉通信时，DP 从站不用一对一的报文响应 DP 主站，而是用特殊的一对多的报文响应。

1）交叉通信间的主—主关系：某个多主站系统的主—从关系如图 7-18 所示，系统中有两个 DP 主站、3 个 DP 从站。如图所示，主站 Y 制定从站 2 和从站 3，主站 X 制定从站 1，同时主站 X 可以接收从站 2 和从站 3 的输入数据。

2）交叉通信间的从—从关系：采用交叉通信的另一种数据交换类型为从—从关系，如图 7-19所示，其中使用智能从站，如 SIMATIC S7 系列 PLC 中的 CPU315-2DP。在这种通信方式中，智能从站可以接收其他 DP 从站的输入数据。

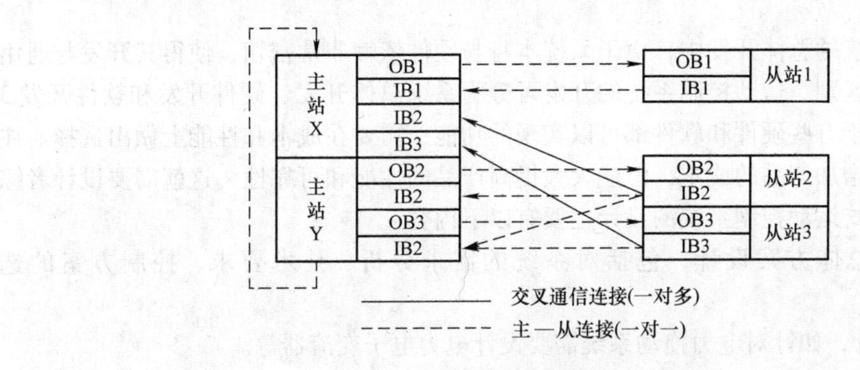

图 7-18　交叉通信间的主—从关系

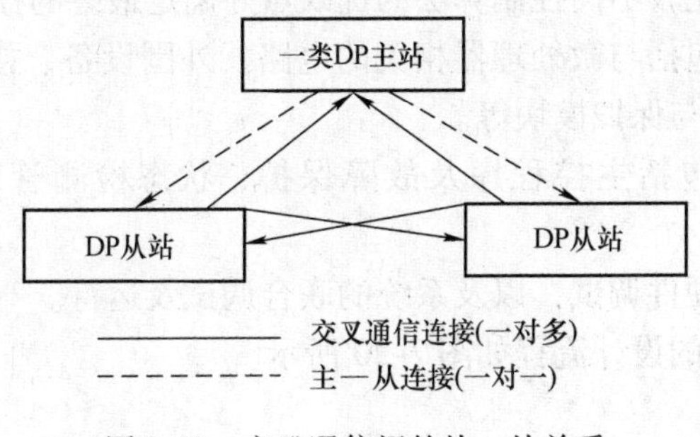

图 7-19　交叉通信间的从—从关系

7.5.7　Profibus-DP 的技术优势

1）总线存取协议：Profibus 的三种协议 DP、PA 和 FMS 采用一致的总线存取协议，数据链路层采用混合介质存取方式，包括主站之间的令牌传递方式和主站与从站之间的主从方式。得到令牌的主站可在一定时间内执行本站的工作，保证了每个主站在一个确切规定的时间内得到总线存取权，避免冲突。较其他一些总线标准采用冲突碰撞检测的方式来避免冲突，Profibus 的总线存取协议能保证较快的传输速度。

2）灵活的配置：根据具体对象的不同，可以灵活地选择不同的系统配置，如单主站系统、多主站系统或者采用 Profibus-DP 与 Profibus-FMS 相结合的混合系统，来实现复杂系统的高速数据传输，它们可在同一根电缆上同时运行。

3）本质安全：目前，就世界范围内被普遍接受的电气设备防爆技术有隔爆（Exd）、增安（Exe），本质安全（Exi）、正压（Exp）和封浇（Exm）等。对于自动化仪表，最理想的保护技术是以抑制电火花和热效应能量为防爆手段的本质安全技术。其实质就是，要保证电气设备在正常工作和规定故障状态下产生的电火花和热效应不足以引起潜在的爆炸性混合物的爆炸。Profibus-PA 通过总线给现场设备供电，实现本质安全。

4）功能强大的 FMS 服务：FMS 用于处理单元级（PLC、PC）的数据通信。FMS 提供大量的管理和通信服务，主要包括各种管理服务、程序调用服务、变量存取服务等，以满足不同设备对通信提出的广泛要求。

7.6　数字式运动控制系统的设计内容和流程

在运动控制系统的总体开发中，由于系统本身与硬件依赖非常密切，使得其开发与通用系统的开发有很大区别。运动控制系统的开发可分为系统总体开发、硬件开发和软件开发 3 大部分。同时，对于有些硬件和软件都可以实现的功能，需要在成本和性能上做出选择。往往通过硬件实现会增加产品的成本，但能大大提高产品的性能和可靠性，这就需要设计者综合考虑。针对数字式运动控制系统的设计主要有以下内容：

1）控制系统总体方案设计，包括对系统的需求分析、技术要求、控制方案的选择等。

2）主电路设计，如针对电力拖动系统需要设计电力电子变流器等。

3）选择各个控制变量的检测元件及变送器。

4）建立数学模型，比较不同控制算法的优缺点并确定最终的控制方案。

5）系统硬件设计，包括与微处理器相关的电路、外围设备、接口电路、逻辑电路及键盘显示模块、主电路驱动与保护模块等。

6）系统软件设计，包括主控程序及故障保护、状态检测管理及数字调节器程序的设计。

7）系统各部分软、硬件调试，以及系统的联合调试及运行。

数字式运动控制系统的设计流程如图 7-20 所示。

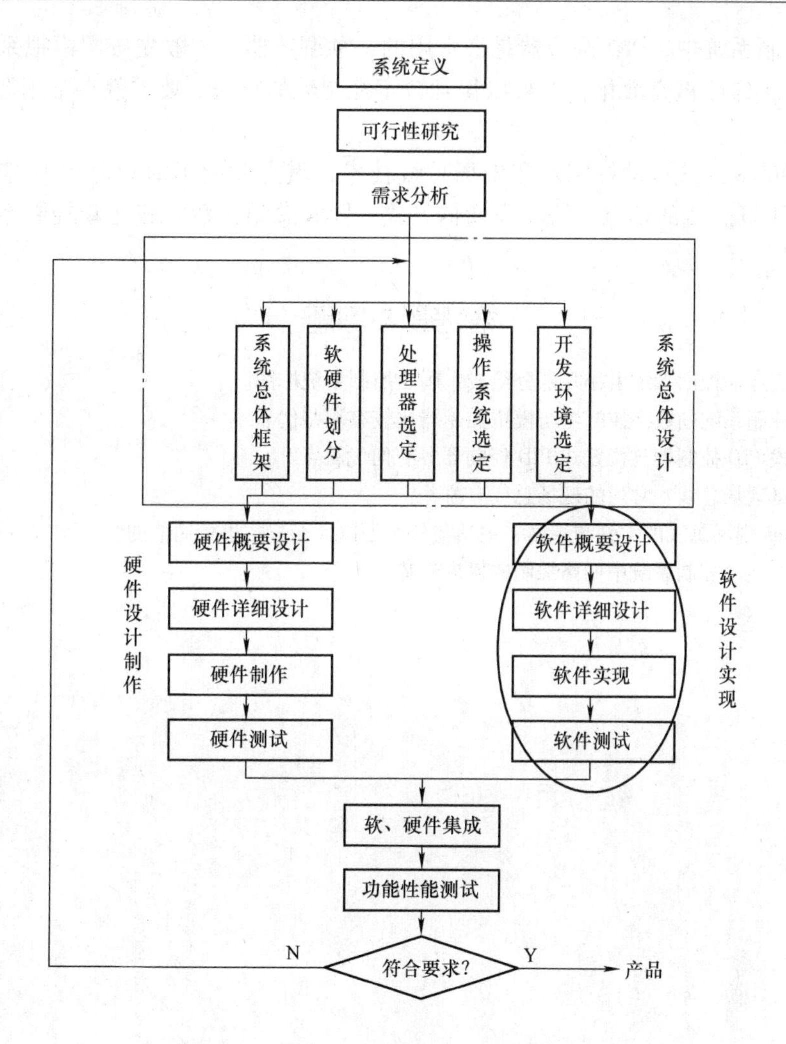

图7-20 数字式运动控制系统的设计流程

本章小结

运动控制系统的发展经历了3个阶段：模拟电路方式、数字模拟电路混合方式、全数字方式。数字控制器与模拟控制器相比，具有下列优点：①能明显地降低控制器硬件成本；②可显著改善控制的可靠性；③数字电路温度漂移小，不存在参数变化的影响，稳定性好；④硬件电路易标准化；⑤为复杂控制算法的实现提供了坚实基础。

针对转速检测一般有模拟和数字两种检测方法，对于要求精度高、调速范围大的系统，往往需要采用旋转编码器测速，即数字测速。

系统的干扰噪声可分为周期性和随机性两类：对周期性的工频或高频干扰可以通过在电路中加入 *RC* 低通滤波器硬件来加以抑制；对于低频周期性干扰和随机性干扰，硬件电路一般无能为力，但用数字滤波可以方便地解决。要求掌握常用的数字滤波方法，如算术平均值滤波、中值平均滤波等。

在数字控制系统中，PID 调节器是最常用的一种调节器，一般先按照模拟系统的设计方法设计调节器，然后再离散化，就可以得到数字控制器的算法。要求熟悉常用数字调节器的优、缺点。

针对流行的嵌入式运动控制器和现场总线技术，重点介绍了 DSP 运动控制器的设计方法及 Profibus 现场总线的特点、协议及通信方式。同时总结了数字式运动控制系统的设计内容和设计流程。

思考题与习题

7-1　数字式运动控制系统由哪几部分组成？画出控制系统框图。

7-2　运动控制系统的数字控制器与模拟控制器比较有哪些优点？

7-3　增量式 PID 控制器与位置式 PID 控制器各有何优缺点？

7-4　什么是现场总线？常用的现场总线有哪些？

7-5　Profibus 现场总线的主站与主站、主站与从站是以什么方式进行通信的？

7-6　试总结运动控制系统中网络控制的发展趋势。

第 8 章　运动控制系统应用实例

本章教学要求与目标

- 掌握运动控制系统的工程设计思路
- 熟悉运动控制系统的工程应用方法
- 了解运动控制系统的调试方法和注意事项

8.1　步进电动机在勾心刚度测试仪中的应用

鞋勾心是用于加固鞋底及腰窝部位的条状钢质零件，其纵向刚度对鞋类质量有重要影响。所以，生产厂商和质量监督部门均需对勾心纵向刚度进行检测。为此，国家质量监督检验检疫总局和标准化委员会发布了国家标准 GB/T 3903. 34—2008/ISO 18896：2006《鞋类勾心试验方法　纵向刚度》，国家轻工业局发布了轻工行业标准 QB/T 1813—2000《皮鞋勾心纵向刚度试验方法》。本勾心刚度测试仪就是按照这两个标准的要求而设计。

1. 系统总体设计

（1）测试原理

将勾心的后端固定，在它的前端加载，使其产生悬臂梁式的弯曲变形，测量勾心的弯曲挠度，据此计算其纵向抗弯刚度。它取决于勾心金属材质和横截面而不是长度。

测试时向勾心的头部均匀缓和地施加向下的力，在力为 2N、4N、6N、8N 时分别测量对应的勾心垂直形变长度 a_1、a_2、a_3、a_4。两个标准规定的测试方法有所不同，一种是施加的力持续加大到 8N；另一种是力加到 2N 时停住，测量完 a_1 后将 2N 力移去，再施加 4N 的力测量 a_2，重复同样的方法测量 a_3、a_4。然后按下式计算纵向刚度：

$$S = \frac{FL^3}{3a} \times 10^{-3} \tag{8-1}$$

式中　S——纵向刚度（$kN \cdot mm^2$）；

F——负荷（N）；

L——力臂（mm）；

a——形变长度统计值（mm）。

一般取 F 为 2N，此时 a 按下式得到最精确的值：

$$a = \frac{1}{10}(3a_4 + a_3 - a_2 - 3a_1) \tag{8-2}$$

式中　a_1——施加 2N 的力时产生的形变长度（mm）；

a_2——施加 4N 的力时产生的形变长度（mm）；

a_3——施加 6N 的力时产生的形变长度（mm）；

a_4——施加 8N 的力时产生的形变长度（mm）。

需分别测量3个样品，最后计算刚度平均值。

（2）结构

勾心刚度测试仪的机械结构示意图如图8-1所示。勾心被夹紧在夹具上，调整水平调节螺母可以使勾心的前后端处于水平线上。滑套、力传感器和顶杆装配成一体，可以上下移动。转轴与步进电动机经同步带连接传动。当步进电动机正转时，转轴和螺杆随之正转，带动滑套向下移动，通过顶杆将力施加于勾心前端，力传感器同时测出所施加的力并送给控制器。此时勾心产生形变，上方的测微计（精度为0.001mm）可以准确地测出微小的形变并传送给控制器。支架作为滑套和电动机等部件的支承，必须十分稳固，不过由于勾心长度不一，支架是可以左右调节的，以保证顶杆都能处于前端规定的位置。当支架左右移动时，百分表可以测出位置的变化，将其输出传送给控制器就能间接算出臂长。触摸屏是人机交互界面。

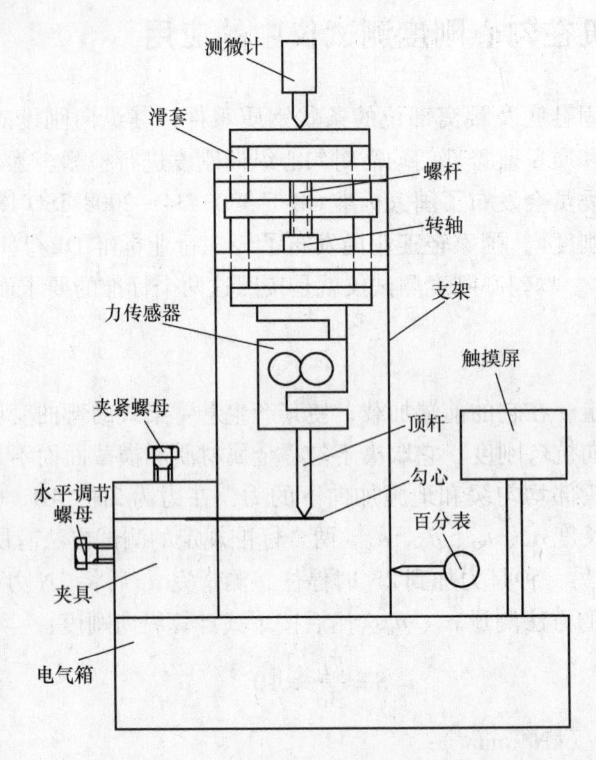

图8-1　勾心刚度测试仪的机械结构示意图

（3）电气控制系统方案

从测试原理和机械设计要求来看，本装置主要是要测出力、形变和臂长，其核心部件滑套需要电机拖动，考虑到负载力矩较小和形变测量精度要求很高的特点，可以采用步进电动机拖动。控制器可以采用单片机、PC或PLC，考虑到整机体积、抗干扰性能和操作方便，本装置选用PLC。电气控制系统框图如图8-2所示。

这是一个步进电动机开环控制系统。触摸屏（HMI）用于设定测试模式、输入测试参数、监控测试过程并显示测试结果，当操作者在触摸屏上按下测试起动按钮，PLC就发出低频脉冲信号和正转信号给驱动器，驱动器就带动步进电动机正转，滑套缓慢下移，勾心前端受力慢慢增大，同时力传感器不断测量顶杆所施加的力，测微计不断测量形变大小。当受力分别达到2N、4N、6N、8N时，PLC记录下相应的形变a_1、a_2、a_3、a_4，然后就可以计算出纵向刚度值。按照标准的规定，在上述力值点可能需要把力移去，那么步进电动机就要反转，这时PLC应输出反转信号和高频脉冲且脉冲数与正转时发出的脉冲数相等即返回零位。多通道转换器是将测微计和百分表输出的数字信号转换为PLC可以接收的RS-485接口信号。为了防止系统失控时滑套移到上、下允许的极限造成机构损坏，配置了上、下两个限位开关。

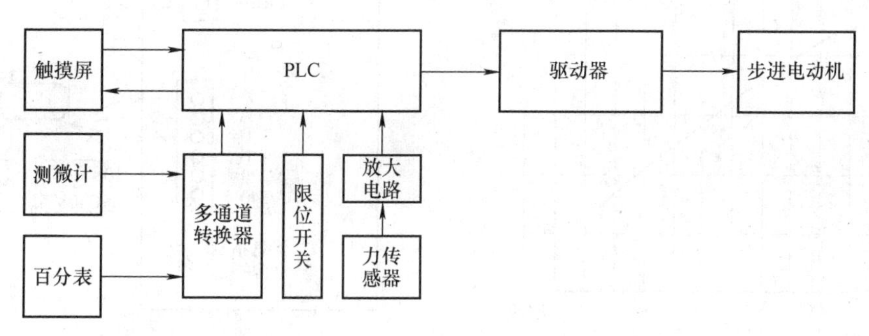

图8-2 勾心刚度测试仪电气控制系统框图

2. 步进电动机的选择与控制

（1）步进电动机的选择

根据机械计算，电动机慢速正转时最大负载转矩为0.3N·m左右，快速反转时负载转矩为0.08N·m左右。选择步进电动机时，其静转矩应该大于最大负载转矩50%以上，且矩频特性满足高低速时的转矩要求。本装置对步进电动机温升、噪声等没有特殊要求。表8-1是57BYG060型混合式步进电动机的主要参数，图8-3所示为其矩频特性。该型号电动机能符合本装置要求。

表8-1 57BYG060型混合式步进电动机的主要参数

相数	步距角	电压	电流	电阻	电感	静转矩	机身长	出轴长	引出线
2	0.9°/1.8°	2.6V	2.0A	1.3Ω	2.5mH	0.65N·m	51mm	21mm	4

（2）步进电动机驱动器选择与接线

步进电动机都有与其型号配套的驱动器，选型时还要考虑精度、最高输入脉冲频率、供电电源要求、安装尺寸等因素。本装置选用各项指标都较好的SH2034D型驱动器，它采用微细分、全电流PWM电流控制技术，电动机低速运行噪声低，无高频声和杂音，振动小，温升低。其接线图如图8-4所示。

使用时根据驱动器外壳上拨位开关表将相电流设定为2.0A，细分倍数最大可设为256。

（3）PLC选型与接线

本系统输入/输出及通信口要求如下：

1路模拟量输入通道，用于输入来自力传感器的0~10V电压信号；

2个数字量输入点，接上、下限位开关；

1个数字量输出点，输出DIR方向信号；

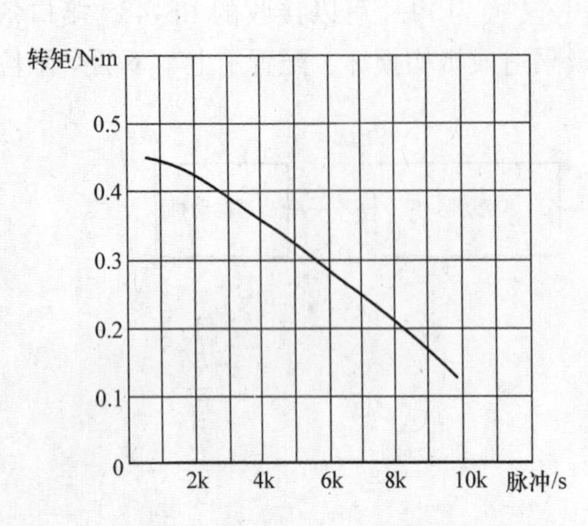

图 8-3　57BYG060 的矩频特性

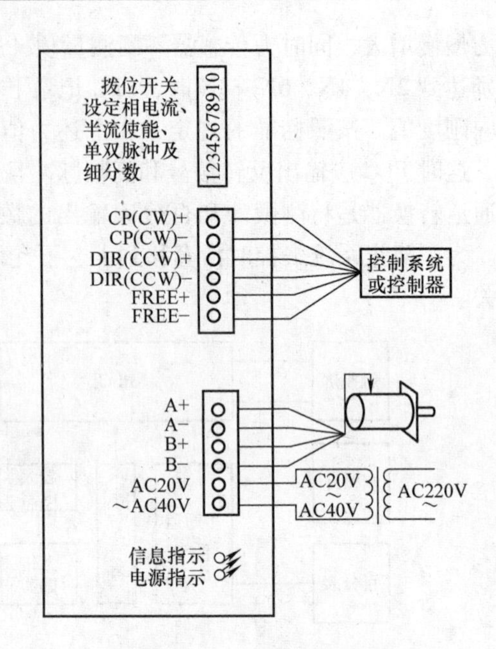

图 8-4　SH2034D 的接线图

1 个高速脉冲输出点，输出步进电动机驱动器所需的 CP 脉冲；

2 个 RS-485 通信口，一个连接多通道转换器，一个连接触摸屏。

据此选择西门子 S7-200 型 PLC，CPU 模块为 224XPDC/DC/DC，无需扩展。它具有 14 个数字量输入点，10 个数字量输出点（其中 Q0.0 和 Q0.1 可以输出频率最高为 100kHz 的脉冲），2 路模拟量输入（分辨率为 11 位，加 1 个符号位），1 路模拟量输出，2 个 RS-485 通信口，编程指令丰富，能够实现各种功能。

该 PLC 完全能够满足系统要求。

PLC 接线图如图 8-5 所示。S_1 和 S_2 为上、下限位开关，力传感器送来的模拟信号由 A + 输入，PLC 与步进电动机驱动器的连接未详细画出，如图 8-6 所示，由 Q0.0 输出脉冲，

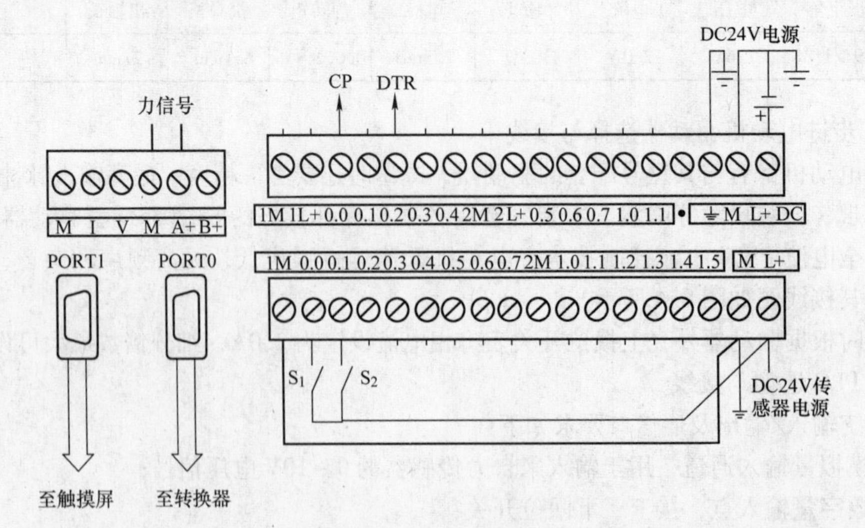

图 8-5　PLC 接线图

Q0.2 控制方向。

（4）PLC 控制程序

勾心刚度测试仪 PLC 控制主程序流程如图 8-7 所示。本节仅介绍步进电动机正、反转控制程序。

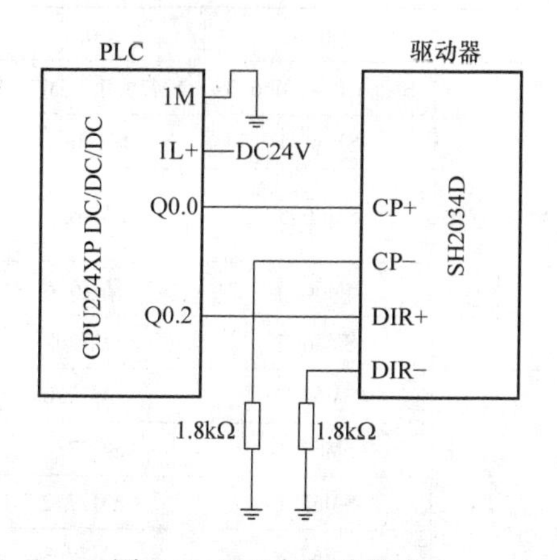

图 8-6　PLC 与驱动器接口

PLS EN ENO Q0.X 脉冲输出指令被用于控制在高速输出（Q0.0 和 Q0.1）中提供的“脉冲串输出”（PTO）和“脉宽调制”（PWM）功能。指令的操作数 Q0.X = 0 或 1，用于指定是 Q0.0 或 Q0.1 输出。PTO/PWM 发生器与输出映像寄存器共同使用 Q0.0 及 Q0.1。

当 Q0.0 或 Q0.1 被设置成 PTO 或 PWM 功能时，PTO/PWM 发生器控制输出，在该输出点禁止使用数字输出功能，此时输出波形不受映像寄存器的状态、输出强制或立即输出指令的影响。

当不使用 PTO/PWM 发生器时，Q0.0 与 Q0.1 作为普通的数字输出用。建议在启动 PTO/PWM 操作之前，用复位指令将 Q0.0 或 Q0.1 的映像寄存器复为 0。

PTO/PWM 高速输出寄存器见表 8-2。

如果要进行高速脉冲输出，需事先进行设置。

单段 PTO 脉冲输出程序编写的一般步骤如下：

1）选定脉冲输出点，是 Q0.0 或是 Q0.1。选择 PTO 输出类型。

2）写对应输出点的控制字节，如 Q0.0 的控制字节为 SMB67，Q0.1 的控制字节为 SMB77。

3）设定相对应的周期时间值和脉冲总数。

4）执行脉冲输出指令（PLS）来启动操作。

本装置正转下降时步进电动机控制程序如下，其中 SMB67 设定了单段 PTO 输出，时基单位为 1μs，SMB68 设定了脉冲周期值，SMD72 写入要输出的脉冲数，写入 0 则条件满足时一直输出脉冲：

```
LD      标准 1 的下降：M2.0
A       I0.1
AN      M1.4
AN      第 4 轮：M0.3
R       Q0.2，1
MOVW    40000，SMW68
MOVB    16#85，SMB67
MOVD    +0，SMD72
PLS     0
```

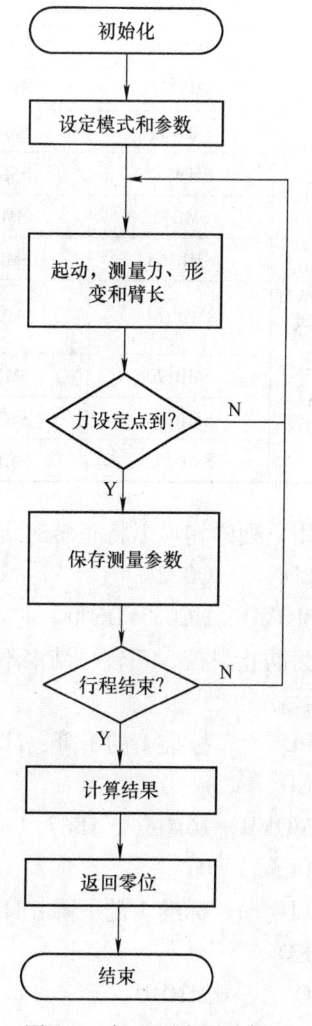

图 8-7　勾心刚度测试仪 PLC 控制主程序流程

表 8-2 PTO/PWM 高速输出寄存器

	Q0.0	Q0.1	描述
状态字节	SM66.0 ~ SM66.3	SM76.0 ~ SM76.3	保留
	SM66.4	SM76.4	PTO 包络由于增量计算错误而终止：0 = 无错误；1 = 有错误
	SM66.5	SM76.5	PTO 包络因用户命令终止：0 = 不是因用户命令终止，1 = 是因用户命令终止
	SM66.6	SM76.6	PTO 管线溢出 0 = 无溢出；1 = 有溢出
	SM66.7	SM76.7	PTO 空闲位：0 = PTO 正在运行；1 = PTO 空闲
控制字节	SM67.0	SM77.0	PTO/PWM 更新周期值 0 = 不更新；1 = 更新周期值
	SM67.1	SM77.1	PWM 更新脉冲宽度值 0 = 不更新；1 = 更新脉冲宽度值
	SM67.2	SM77.2	PTO 更新脉冲数 0 = 不更新；1 = 更新脉冲数
	SM67.3	SM77.3	PTO/PWM 基准时间单位 0 = 1μs； 1 = 1ms
	SM67.4	SM77.4	PWM 更新方法 0 = 异步更新；1 = 同步更新
	SM67.5	SM77.5	PTO 操作 0 = 单段操作；1 = 多段操作
	SM67.6	SM77.6	PTO/PWM 模式选择 0 = 选择 PTO；1 = 选择 PWM
	SM67.7	SM77.7	PTO/PWM 允许 0 = 禁止；1 = 允许
其他 PTO/PWM 寄存器	SMW68	SMW78	PTO/PWM 周期值（范围：2 ~ 65535）
	SMW70	SMW80	PWM 脉冲宽度值（范围：0 ~ 65535）
	SMD72	SMD82	PTO 脉冲计数值（范围：1 ~ 4294967295）
	SMB166	SMB176	进行中的段数（仅用在多段 PTO 操作中）
	SMW168	SMW178	包络表的起始位置：用从 V0 开始的字节偏移表示（仅用在多段 PTO 操作中）
	SMB170	SMB180	线性包络状态字节
	SMB171	SMB181	线性包络结果寄存器
	SMD172	SMB182	手动模式频率寄存器

用下列语句可以将正转时实际发出的脉冲数保存起来：

```
LDN    Q0.2
MOVD   HC0, VD600
```

为防止失控，正转一结束不能马上反转，反转前必须先禁止发脉冲且延迟 0.3s，程序如下：

```
LD     标准 1 的下降：M2.0
ED
MOVB   16#05, SMB67
PLS    0
LD     标准 1 的下降：M2.0
ED
O      M10.0
AN     T38
```

```
=       M10.0
LD      M10.0
TON     T38, +3
```

下面是反转程序，反转上升距离与下降距离相等：

```
LD      T38
A       I0.0
EU
MOVD    VD600, SMD72
MOVW    +2500, SMW68
MOVB    16#85, SMB67
PLS     0
```

如需要反转速度很快，应按多段管线作业编程，多段 PTO 脉冲输出程序编写的一般步骤如下：

1）选定脉冲输出点，是 Q0.0 或是 Q0.1，选择 PTO 输出类型。

2）定义包络，建包络表。

3）写对应输出点的控制字节，如 Q0.0 的控制字节为 SMB67，Q0.1 的控制字节为 SMB77。

4）写包络表起始 V 内存偏移量。

5）执行脉冲输出指令（PLS）来启动操作。

例 8-1　如果某步进电动机运行时起始和终止脉冲频率为 2kHz，最大脉冲频率为 10kHz，要求 5000 个脉冲才能达到所需的步进电动机转动步数。如图 8-8 所示，其中 1 段（#1）：400 个脉冲；2 段（#2）：4400 个脉冲；3 段（#3）：200 个脉冲。试编制程序。

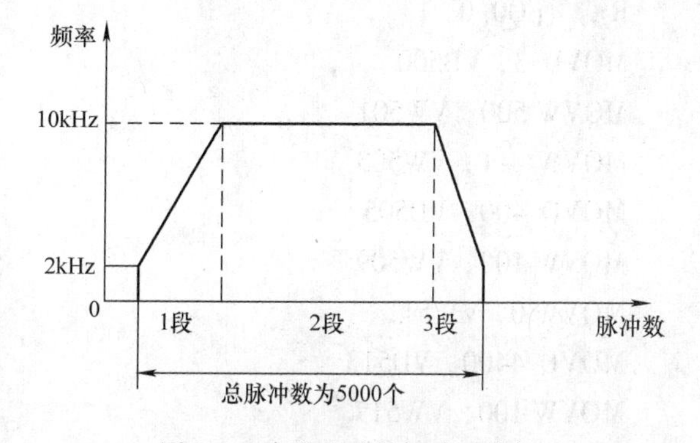

图 8-8　步进电动机加减速曲线

解　因为用阶段（周期）表示包络表值，而不使用频率，需要将给定频率数值转换成周期数值。因此，起始（最初）和终止（结束）周期为 500ms，与最大频率对应的周期为 100ms。

求周期时间增量的方法如下：

某段周期时间增量 Δ =（结束周期时间值 - 初始周期时间值）/设定的变化脉冲数

注意，在此必须让增量为整数，所以在设定的变化脉冲数时也有所要求，如此例中加速段设定的变化脉冲数为 400 个，所以

$$\Delta = (100 - 500)/400 = -1$$

减速段设定的变化脉冲数为 200 个，所以

$$\Delta = (500 - 100)/200 = +2$$

而恒速段的脉冲数为 4400 个，所以

$$\Delta = (100 - 100)/4400 = 0$$

假定包络表位于从 V500 开始的 V 内存中，根据 PTO 多段操作的包络表的格式建表，见表 8-3。

表 8-3　包络表

V 内存地址	数值	说　明	
VB500	3	总段数	
VB501	500	初始周期	#1 段
VB503	-1	初始 Δ 周期	
VB505	400	加速脉冲数	
VB509	100	初始周期	#2 段
VB511	0	Δ 周期	
VB513	4400	恒定脉冲数	
VB517	100	初始周期	#3 段
VB519	2	Δ 周期	
VB521	200	减速脉冲数	

将数值存放到 V 的内存地址中。程序编写如下：

```
Network 1
// 初始化，建包络表
LD      SM0.1
R       Q0.0, 1
MOVB 3, VB500
MOVW 500, VW501
MOVW  -1, VW503
MOVD 400, VD505
MOVW 100, VW509
MOVW 0, VW511
MOVD 4400, VD513
MOVW 100, VW517
MOVW 2, VW519
MOVD 200, VD521
Network 2
// 设置脉冲输出参数并输出
LD      SM0.1
MOVB  16#A0, SMB67
MOVW 500, SMW168
PLS     0
MOVB  16#81, SMB67
```

8.2　西门子 6RA70 型直流调速器在热连轧机中的应用

虽然交流调速系统应用日益普遍，但由于高性能直流调速系统具有稳定性高、灵活性好及易于扩展等优点，仍在一些要求较高的设备上被使用。而且随着电力电子技术和计算机控制技术的发展，直流调速装置技术也得到了不断地完善和提高，国外每隔几年就会有新一代直流调速装置问世，并以其良好的输出波形，优异的转矩控制能力和优良的性能价格比，日益扩大着直流调速装置的市场。西门子 6RA70 型全数字直流调速器是 20 世纪 90 年代初推出的 6RA24 型的升级版，在我国经常被选用。

8.2.1　6RA70 型直流调速器简介

1. 6RA70 的特点

6RA70 主电路采用三相桥式反并联电路，励磁电路为单相半控桥电路。该系统为逻辑无环流可逆方式，可实现频繁的正、反转操作和电能的逆变换，具有可在 4 个象限运行的机械特性。

该装置的控制部分由一个 16 位微处理器构成，由微处理器及其软件实现了一个双闭环调速装置所要求的全部功能，有斜坡函数发生器、速度调节器、电流调节器和移相控制等，其中调节器的控制规律为 PI 特性。

磁场的控制部分具有由软件实现的电动势调节器和励磁电流调节器，转速在额定转速以下时，只有励磁电流环起作用，系统为恒磁调压调节。当转速大于额定转速时，电动势调节环起作用，可实现弱磁调速。

6RA70 的外部控制信号通过光耦合器保证了电气隔离，提高了抗干扰能力。6RA70 特点如下：

1）体积小，硬件结构紧凑，故障率低。以前的数字系统所使用的 CPU 性能不高，在 CPU 的外围使用的硬件较多，装置的体积大，故障率高，而 6RA70 使用了高效能 16 位的 CPU，省掉了许多外围硬件。对于一个装置来讲，使用的硬件越少，故障率就越低，6RA70 仅使用了 3 块电路板：电子板、触发板、功率板。

2）软件内容丰富，通信能力强，可实现网络控制。使用了 1000 多个参数及连接量，使得 6RA70 的控制功能十分细腻。装置内除了常见的速度调节器、电流调节器、反电动势调节器外，还有工艺调节器、电动电位计、摩擦和转动惯量补偿，以及内容丰富的自由定义的功能块。6RA70 除了能完成典型的转速、电流双闭环的调节器功能外，还可完成一些特殊的工艺控制，如张力控制、卷取控制、开卷控制、角同步等。

6RA70 具有很强的通信功能，可实现 6RA70 之间的通信、和上位机之间的通信，从而实现网络化。上位机可以对 6RA70 进行监控，在上位机上可以修改其的参数，控制起动、停止，同时 6RA70 也可将本身的一些信息，如运行状况、故障信息等传送给上位机，实现集中监控功能。每台 6RA70 最多可以和 31 台进行通信。6RA70 还可以和 PC、PG 或打印机连接。

3）调试简单。由于 6RA70 具有自动优化功能，在调试时只需输入一些必要的参数，如 6RA70 本身的铭牌数据、电动机的铭牌数据等。其他数据，在自动优化过程中自动设置。

自动优化包括以下几部分：①电流调节器及电流前馈控制的自动优化；②速度调节器的自动优化；③弱磁优化；④摩擦和转动惯量的补偿。在优化过程中，6RA70 根据控制对象的实际情况，自动计算出如速度调节器和电流调节器的放大倍数、积分时间常数、滤波时间常数等重要参数，同时它还自动地测量出电动机的磁化曲线，电动机本身的转动惯量、摩擦力矩等。通过自动优化使 6RA70 处于最佳的控制状态，从而准确地完成控制工艺的要求。

在 6RA70 中，许多重要的参数，如装置交流侧的电源电压、电源频率、直流侧的电枢电压、电枢电流，以及电动机的转速、给定信号的大小等均可在 PC、PG 或 6RA70 本身的简易操作面板上显示。所以在调试过程中几乎不需要其他任何测量工具，就可以对装置的工作状态全部掌握。以上几方面的功能使调试工作变得十分简单。

4）适应能力强，安全可靠，使用维护方便。6RA70 对电网的适应能力很强，例如四象限交流 400V 的型号，允许的电压波动范围为 -20% ~ +15%。6RA70 具有很强的保护功能和故障诊断功能，共有 100 多个故障信息及几十个报警信息，还可以存储最近发生的 4 个故障信息。维修人员可根据装置提供的信息，及时准确地排除故障。

2. 硬件系统

1）组成 6RA70 的 3 块电路板如下：

① 电子板：包括 CPU、程序存储器 EEPROM、RAM、简易操作面板、RS-232 口、RS-485 口，以及其他一些外围接口；

② 触发板：有脉冲变压器、负载电阻、分流电阻、稳压电源等；

③ 功率板：有晶闸管、电流互感器等。对于单象限和四象限的调速装置，其功率部分有所区别，单象限工作的调速系统的功率部分只有一个三相全控桥，而四象限工作的调速系统拥有两个三相全控桥。

2）电源部分。电源由 1U1、1V1、1W1 端接入，主电路电源进线用电抗器接入，单独使用一台整流变压器时，可不用进线电抗器。主电路电源电压等级：AC400V、AC575V、AC690V、AC830V；电流等级：15 ~ 2000A；励磁电流：3 ~ 85A。电枢电路电动机连接端子为 1C1、1D1。

6RA70 的工作电源根据接线端子 5N1、5W1、5U1 的不同，可以接交流 400V 或 230V 的电源，工作电源无相序要求。端子 3U1、3W1 为交流励磁侧电源，为单相交流 400V。对应的励磁直流侧输出端子为 3C、3D。6RA70 采用强迫风冷，风机的电源为 AC400V，由端子 4U1、4V1、4W1 端接入。同时 6RA70 内有检测元件，当风机发生故障装置超温时，超温故障信息被启动，装置停止运行。

3）速度信号。速度信号既可以是模拟信号，也可以是数字信号。当使用测速机时，测速机的额定电压范围 8 ~ 270V，使用测速机，调节精度可达到 $\Delta n = 0.1\%$。当使用光电编码器时，调节精度可达 $\Delta n = 0.006\%$。

4）模拟信号输入端、输出端。有 4 路模拟信号输入端口，其中两路输入信号既可为 0 ~ ±10V 的电压信号，也可为 4 ~ 20mA 的电流信号。4 路模拟信号输出端口，输出的信号为 0 ~ ±10V 的电压信号，最大 20mA 的电流信号。

5）开关量输入端、输出端。开关量端口可分两大类：

① 固定功能的开关量端子；

② 可设置的开关量功能。可设置的开关量端都有一参数来定义该端子的功能。

3. 通信功能

6RA70 本身具有一个 RS-232C 口与一个 RS-485 口。RS-232 用于点对点连接。RS-485 用于总线连接（总线下最多可接 31 台装置），通过 USS 通信协议与其上位的自动化系统连接。通过附加选件可利用其他的连接方式来实现通信，如实现与 Profibus 总线的连接。

串行口可提供下列功能：

1）将装置参数传送到打印机。

2）出现故障以后将诊断内容送至 PG、PC 或打印机。

3）用 PC 软件 SIMOVIS 进行调试、控制、维护和诊断。

4）通过“Peer to Peer 协议”实现装置与装置的耦合。在此情况下，过程数据，如给定值、控制字、实际值和状态字在 6RA70 之间可传输。利用它可以达到传动与传动之间数据最快的传输。

5）通过 USS 通信协议与上位自动化系统通信。SIMOREG 装置作为从站工作。主站利用地址标志选择各个从站，可以实现参数的读写，过程数据的传输。不论是点对点通信还是总线通信，它的传输方式都是全数字的，因为此信号不需要转化为模拟信号，所以这个信号是可以完全复原的，不受温度和漂移的影响。

4. 软件功能

1）初始化：输入整流器数据，输入电动机额定数据，选择速度实际值、励磁信息等。并规定：

① SIMOREG 整流器功率定义；

② 电动机定义；

③ 选择实际速度传感器和最高速度的设定；

④ 励磁数据；

⑤ 基本工艺功能的选择：电流极限、转矩极限、斜坡函数发生器。

2）运行：

① 显示参数：P50 之前的参数，r000 运行状态，r001 ~ P050 显示重要数据；

② 故障信息：电源故障 F000 ~ F009，接口错误 F010 ~ F029，驱动故障 F031 ~ F048，起动故障 F050 ~ F060，检查晶闸管的故障信息 F061 ~ FD69 等。

故障诊断存储器提供了有关故障原因的补充信息，对特定故障信息的故障字的意义进行说明。

3）参数：根据工艺要求显示参数，如初始化参数，优化参数等。

4）功能框图：所有功能块都是由软件实现的，可用参数设置，可以自由组合。

5）功能图：自由功能块、电动电位计、闭环速度控制、转矩限幅、电流限幅、电枢电流控制换向、逻辑控制、触发单元、EMF 控制、励磁电流控制、励磁触发单元。

6）自由功能块：12 个加法器/除法器、4 个乘法器、3 个除法器、4 个反相器、2 个转换器、3 条自由特性曲线、3 个自由限幅器、4 个带滤波的绝对值发生器、3 个极限信号报警器等。

8.2.2　6RA70 型直流调速器在热连轧机中的应用

热轧带钢厂对带钢的生产轧制流程由加热炉、初中精轧区、引料辊区、卷取打包机区组成。其中，无论哪一环节出现故障、控制不稳定，都要影响生产，而初中精轧区是决定轧制产品质量精度、数量的最关键环节。根据轧钢过程要求调速性能好、起动转矩及制动转矩大、易于快速起动和停车的特点，选用全数字直流调速装置及晶闸管来控制直流电动机。

1. 精轧平辊轧机 JP1 的工艺要求和控制要求

精轧平辊轧机主要通过直流电动机将电能转换为机械能，来控制机械部分的人字齿轮箱。齿轮箱双轴输出由万向接轴传力给两台轧辊，通过压下量的调整来控制轧辊之间的间隙，对粗轧机过来的热钢坯进行压轧，从而达到所需宽度和厚度。一般压轧厚度为 1mm 左右。

由于该系统在轧制钢坯过程中电动机所受负载会突然变大，同时生产工艺上要求随时停机，可能会发生过载、堵转，并且对调速性能、精度、快速性要求特别高，又需要对电源有一定的抗干扰能力，因此采用转速、电流双闭环全数字直流调速系统对直流电动机进行控制。

2. 全数字直流调速控制系统的选择及组成

系统采用西门子 6RA70 型直流调速器对主电动机的速度、转矩进行调节与控制，配置相应的直流电动机、PLC、晶闸管整流器、平波电抗器、直流快速开关、直流接触器等，如图 8-9 所示。根据直流电动机的型号规格，选择型号为 6RA7095—4kV62 的直流调速器。

该系统的外部控制信号合闸、使能、正转、反转等开关量信号，由上位机通过 PLC 产生给 6RA70 的开关量控制信号，反馈部分通过测速码盘对电动机的转速检测，将信号反馈给 6RA70 的 28 ~ 31 号输入端，再通过 6RA70 内部调节比较及对参数的设定来进行对轧机的控制。12 ~ 19 号端子可定义为模拟量输出，如 14、15 号端子显示电动机转速，16、17 号端子显示励磁电流。

为了满足轧钢系统生产工艺要求，主电路采用三相可逆反并联全控桥，通过 6RA70 进行控制。6RA70 为三相交流电源直接供电的全数字控制装置，用于调节直流电动机电枢和励磁的供电，在交流侧有浪涌吸收和静电感应保护电路，在直流侧有过电压吸收保护电路和快速开关过电流保护。6RA70 本身具有参数设定单元，不需要其他的附加设备即可实现参数的设定，所有控制、调节、监视及附加功能都由微处理器来控制，可选择给定值和反馈值为数字量和模拟量。6RA70 具有自诊断功能、抗干扰能力强、结构紧凑、使用维护方便、通信功能强等优点，尤其在控制要求高、起动力矩大的情况下，更能显示出它的优越性。

3. 6RA70 参数设定与优化

首先对 6RA70 进行初始化，对 P051 = 40（参数可以改变）进行授权，输入电动机的铭牌参数及装置实际供电电源的参数；然后根据电动机控制要求选择基本的工艺功能参数进行设定，包括脉冲编码器、电流限幅、转矩限幅、斜坡函数发生器等；同时定义开关量及模拟量输入/输出。6RA70 型直流调速器参数设定见表 8-4（表中数据仅供参考）。

然后对 6RA70 电流环及速度环进行优化。设置参数 P051 = 25（电枢和励磁的预控制和电流调节器的优化运行），整个过程持续大约 40s。优化过程中，以下相关参数被设定：电枢回路电阻 P110、电感 P111、电流调节器比例增益 P155、电流调节器积分时间 P156，励磁电路电阻 P112、励磁电流调节器比例增益 P255、励磁电流调节器积分时间 P256，自然换相时间点的校正 P826。设置参数 P051 = 26（速度调节器的优化运行），用 P236 选择速度调节电路动态响应的程度。对速度调节器的优化时在电动机输出轴上必须接上最后有效的机械负

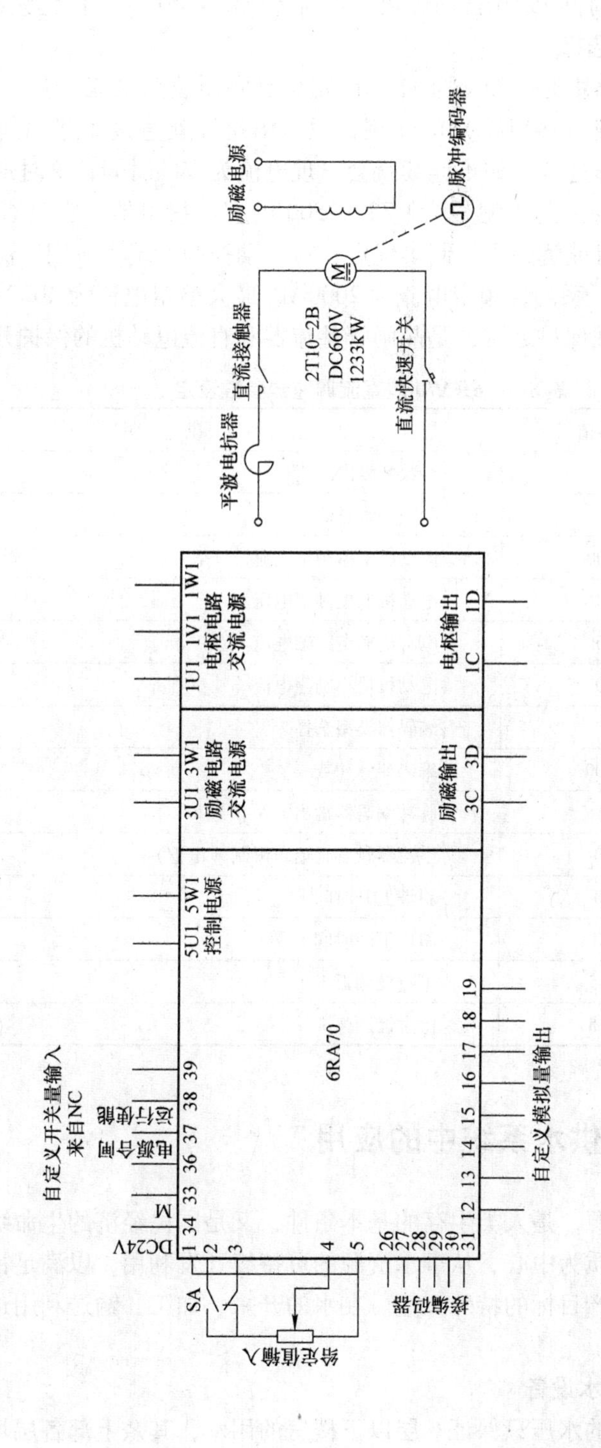

图 8-9　全数字直流调速控制系统组成

载，所设定的参数同所测量的转动惯量有关，整个过程持续大约 6s。对速度调节器比例增益 P225、速度调节器积分时间 P256 自动优化。当面板显示 P051 时，优化完成。

4. 主电路电气元器件选择

平波电抗器在整流电路中是个重要元件，首先具有限制短路电流（逆变晶闸管换相时同时导通相当于整流桥负载直接短路）的作用，没有电抗器就直接短路。其次具有滤波作用，能使整流输出电流波形连续，如不连续就会出现电流为零的时间，这时逆变桥会停止工作，造成整流桥开路的现象。选用型号为 CZ2—2500 的直流接触器，它具有低电压释放保护功能，控制容量大，而且能远距离控制等优点，在自动控制系统中应用广泛。直流快速开关选用型号为 DS14A 20/15 系列，额定电流为 2000A、最大整定电流为 4000A 的快速开关，在直流电路中作短路、过载保护之用，是晶闸管整流器和直流电动机的保护开关。

表 8-4 6RA70 型直流调速器参数设定

参数	调整值	说　明
P051	21	参数恢复出厂值
P082	3	励磁持续有效
P100	2000	电动机电枢额定电流
P101	660	电动机电枢额定电压
P102	40	电动机额定励磁电流
P103	20	电动机最小励磁电流
P140	1	编码器类型选择
P141	1000	编码器脉冲数
P142	1	脉冲编码器输出 15V 信号
P150	60	整流器触发延迟角限制（电枢）
P303	10	斜坡上升时间 1
P304	10	斜坡下降时间 1
P305	0.5	下过渡圆弧 1
P306	0.5	上过渡圆弧 1

8.3 变频器在恒压供水系统中的应用

水是人类最宝贵的资源，是人类生存的基本条件，又是国民经济的生命线。水工业是以城市及工业为对象，以水质为中心，从事水资源的可持续开发利用，以满足社会经济可持续发展的所需求水量作为生产目标的特殊工业。在水的开采、加工、输送利用过程中，供水设备是其必不可少的工具。

1. 供水现状与恒压供水设备

一般规定，城市管网的水压只保证 6 层以下楼房的用水，其余上部各层均需提升水压才能满足用水要求。传统的方法是水塔、高位水箱或气压罐式增压设备，设备一次投资费用高，并且必须由水泵高于实际用水高度的压力来提升水量，其结果往往增大了水泵的轴功率和能量损耗。另外，在使用这些传统的供水方法时，还容易造成水的二次污染。

目前，电动机调速恒压供水系统在技术上已经相当成熟，在各类供水系统中应用得十分普遍。它的优点是不需要水塔就可以维持恒压供水，与不调速供水系统相比，特别是流量比较小的情况下，可以明显节能。

根据工业生产、生活、农业节水灌溉工程等用水的要求，应用 CHV160 型供水专用变频器，可快速配置成恒压供水系统。该系统集变频调速技术、PLC 技术、PID 控制技术等为一体，可组成完整的闭环自动控制系统。

2. 恒压供水的原理

供水自动控制系统工作时，设备通过安装在供水管网上的高灵敏度压力传感器来检测供水管网在用水量变化时的压力变化，不断向变频器传送变化的信号，经过微处理器判断并与设定的压力比较后，向控制器发出改变频率的指令。控制器通过改变频率来改变水泵电动机的转速与启用台数，自动调节峰谷用水量，保证供水管网压力恒定，满足用户用水的需求。采用 CHV160 型变频器的恒压供水原理图如图 8-10 所示。

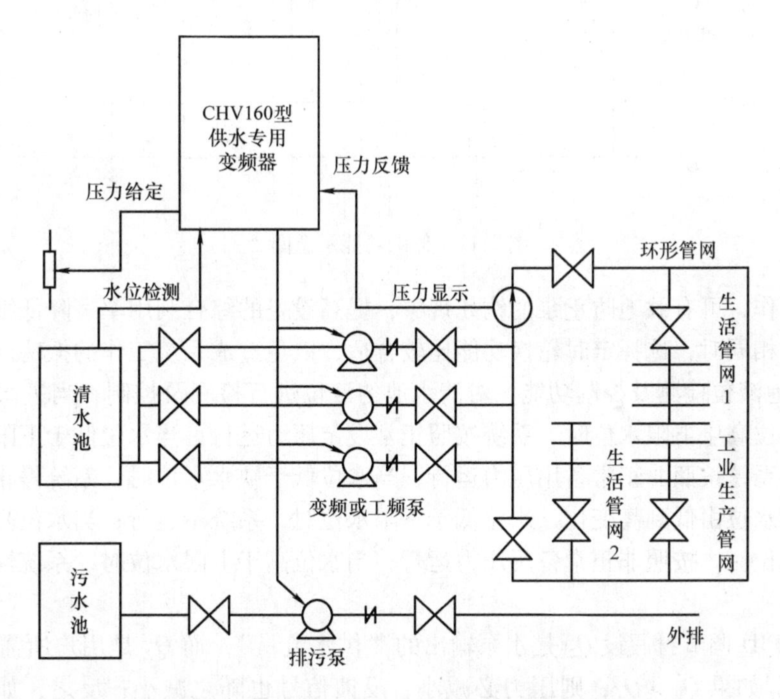

图 8-10　采用 CHV160 型变频器的恒压供水原理图

3. 恒压供水的优点

CHV160 型供水专用变频器设计理念源于丰富的工程实践，相当于将 PLC、变送器、PID 调节器和变频器集成在一起，具有以下优点：

1）多段压力设定：每天可达 8 段压力设定，可随时间不同，更改压力给定量。例如，为适应生活供水中的三个用水高峰期的流量波动，设置 3 个高压力供水时段。

2）休眠控制功能：能使系统进入休眠控制状态，并能控制专用的休眠小泵；若参数设置休眠唤醒使能，则能唤醒变频泵运行，特别适合夜间用水急剧减少的时刻，如图 8-11 所示。

3）定时轮换功能：经过设定时间，让系统中的水泵进行轮换，使系统中的所有水泵轮

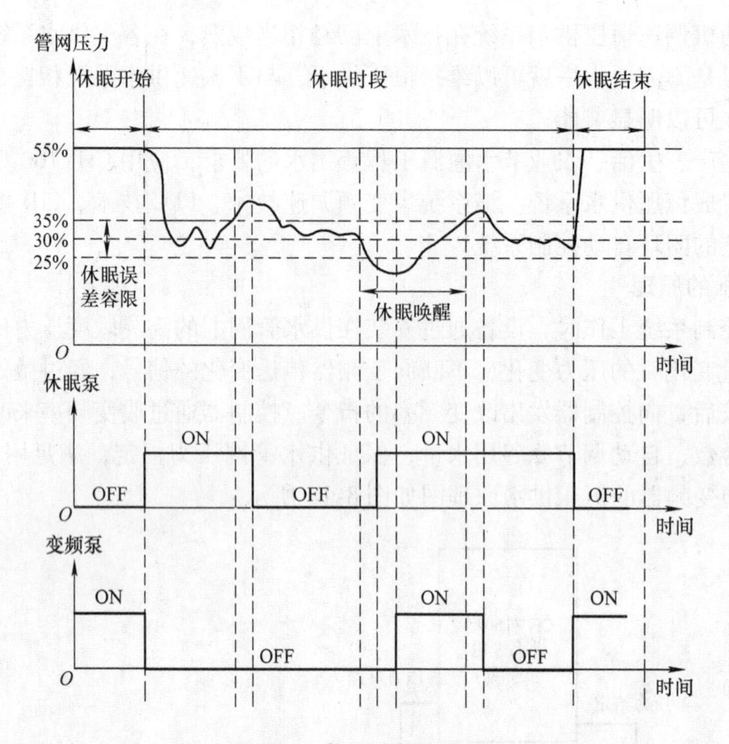

图 8-11　休眠功能示意图

流参与运行工作，可有效地防止泵的锈死现象，提高设备的综合利用率，降低维护费用。当泵的容量基本相同时，选择定时轮换功能比较合适，以免造成系统工作的振荡。

4）进水池液位检测及控制功能：对清水池的液位进行检测及控制，当进水池水位由高到低变化，水位高于下限水位时，系统按照正常设定压力运行；当水位低于下限水位而高于缺水水位时，系统按照非正常备用压力运行；当水位低于缺水水位时，系统停止运行。

当进水池水位由低到高变化，水位低于下限水位时，系统不运行；当水位高于下限水位而低于上限水位时，按照非正常备用压力运行；当水位高于上限水位时，系统恢复正常压力运行。

5）压力 PID 调节：假设 Q_1 是水泵输出的“供水流量”，而 Q_2 是用户所需要的“用水流量”，显然，如果 $Q_2>Q_1$，则压力必减小，反馈信号也随之减小；反之，如果 $Q_2<Q_1$，则压力必增大，反馈信号也随之增大；如果 $Q_1=Q_2$，则压力保持不变，反馈信号也保持不变，则水泵的“供水流量”和用户的“用水流量”之间处于平衡状态。

变频器通过内部的 PID 调节功能，不断地根据给定信号与反馈信号之间的比较结果，调整变频器的频率，从而调整电动机的转速，达到供需平衡，使水压保持恒定。

恒压供水系统的 PID 调节过程如图 8-12 所示。

$0\sim t_1$ 段：流量 Q 无变化，压力 p 也无变化，PID 的调节量 Δ_{PID} 为 0，变频器的输出频率 f_X 也无变化；

$t_1\sim t_2$ 段：流量 Q 增加，压力 p 有所下降，PID 调节器产生正的调节量（Δ_{PID} 为正），变频器的输出频率 f_X 上升；

$t_2\sim t_3$ 段：流量 Q 稳定在一个较大的数值，压力 p 已经恢复到给定值，PID 的调节量为

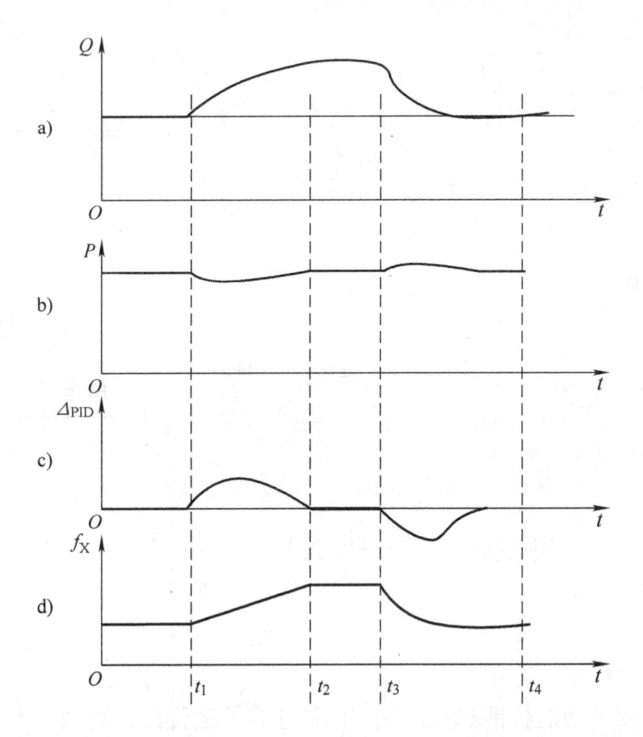

图 8-12 恒压供水系统的 PID 调节过程
a）流量 b）压力 c）调节量 d）频率

$\Delta_{PID}=0$，变频器的输出频率 f_X 停止上升；

$t_3\sim t_4$ 段：流量 Q 减小，压力 p 有所增加，PID 产生负的调节量（Δ_{PID}为负），变频器的输出频率 f_X 下降；

t_4 以后：流量 Q 停止减小，压力 p 又恢复到给定值，PID 调节量为 0，变频器的输出频率 f_X 停止下降。

PID 调节有容差范围，当反馈压力在设定压力值的偏差极限内，压力调节器停止调节，以提高压力调节系统的精度与稳定性。

6）平滑的水泵切换功能：当进行加、减泵时，始终保持一台变频泵在运行中，以使管网的压力不会突变。对变频泵投切到工频泵，可设定变频泵投切频率，先使变频泵运行在较高的频率，再投切到工频运行，保证管网压力的稳定。变频工频切换示意图如图 8-13 所示。

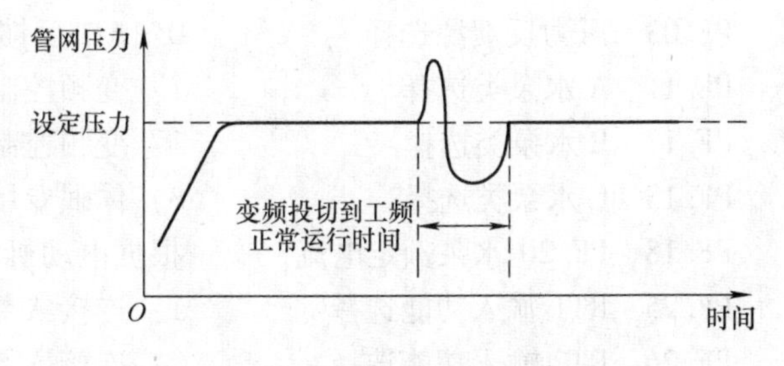

图 8-13 变频工频切换示意图

7）排污泵控制功能：通过对排污泵的控制，实现对污水池的水位进行控制，实现自动排污。

8）丰富的保护功能：可对系统进行全方位的保护。

某公司使用 CHV160 型供水专用变频器，要求拖动两台水泵进行变频恒压供水，并要求使用休眠功能，能够屏蔽故障泵，并能够实现瞬间掉电再起动，其电气原理图如图 8-14 所示。

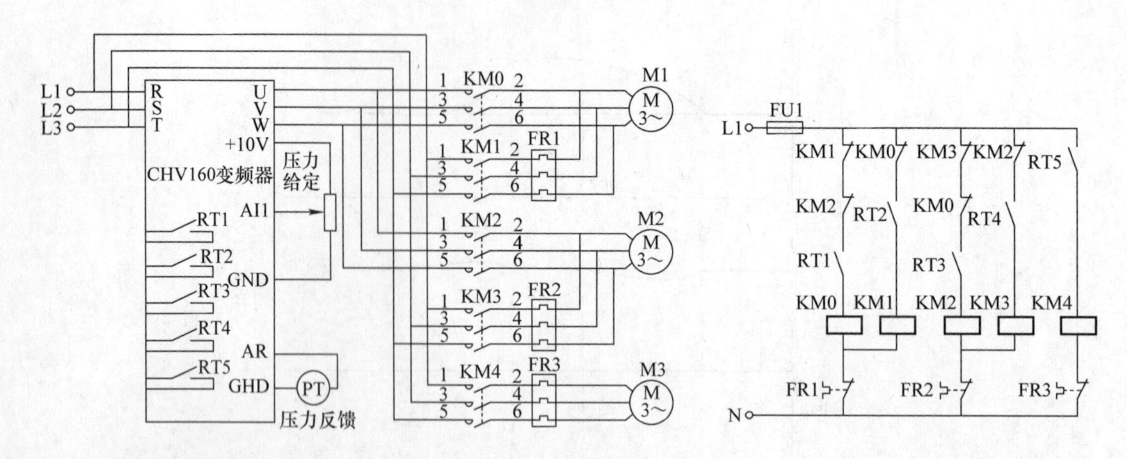

图 8-14　恒压供水电气原理图

根据用户的要求，本例中变频器参数设置如下：

P0. 01	运行指令通道	1：端子指令通道
P1. 15	停电再起动选择	1：允许再起动
P2	整组参数根据实际值输入	
P4. 12	上电时端子功能检测选择	1：上电时端子运行命令有效
P5. 02	S1 端子功能选择	1：正转运行
P5. 03	S2 端子功能选择	41：电动机 A 无效
P5. 04	S3 端子功能选择	42：电动机 B 无效
P5. 05	S4 端子功能选择	43：电动机 C 无效
P5. 17	AI1 上限值	5. 00V
P6. 04	继电器 1 输出选择	3：故障输出
PF. 00	供水模式选择	1：通用供水模式
PF. 01	供水压力设定源选择	0：数字设定
PF. 02	供水压力数定设定	根据实际需求设定（现设为 50. 0%）
PF. 03	压力反馈源选择	0：AI1 反馈设定
PF. 11	A 水泵类选择	1：变频控制泵
PF. 12	B 水泵类选择	1：变频控制泵
PF. 13	C 水泵类选择	3：休眠专用泵
PF. 18	PF. 20 水泵额定电流	根据电动机实际电流值输入
PF. 25	RT1 输入功能选择	1：连接 A 泵变频控制
PF. 26	RT2 输入功能选择	2：连接 A 泵工频控制
PF. 27	RT3 输入功能选择	3：连接 B 泵变频控制
PF. 28	RT4 输入功能选择	4：连接 B 泵工频控制
PF. 29	RT5 输入功能选择	6：连接 C 泵工频控制
PF. 47	当前时间	输入当前时间（使用休眠泵一定要设此参数）
PF. 48	压力段数选择	1
PF. 49	T1 开始时刻	00. 00

PF. 50　T1 时刻压力　根据实际要求输入（现设为 40%）
PF. 51　T2 开始时刻　23. 59
PF. 65　休眠时段选择　1
PF. 66　休眠压力容差　根据实际要求输入（现设为 1%）
PF. 67　休眠加减泵延迟　根据实际要求输入（现设为 6）
PF. 68　休眠唤醒使能　1：有效

根据上述参数调整，恒压供水设备正常运行。两台变频泵根据供水量的需求，进行自动切换，并对新投加的水泵进行变频起动，对管网的冲击小；满足休眠条件，两台变频泵停止运行，休眠小泵投入运行，满足唤醒使能条件时，变频泵重新投入运行。

4. 总结

将变频控制技术运用于恒压供水领域，控制上增加专用的控制模块，提供了一种优化的恒压供水方案。使用此专用变频器组装供水自动控制系统，具有投资少，自动化程度高，保护功能齐全，运行可靠，操作简便，节水节电效果显著，尤其对水质不构成二次污染，具有优异的性能价格比，是取代水塔、高位水箱、无塔上水器的最理想设备。

8.4　机械手关节伺服控制系统

1. 机器人控制概况

在工业化国家，机器人已广泛地应用于工业、国防、科技、生活等各个领域。工业部门应用机器人最多的当推汽车工业和电子工业，如焊接机器人、装配机器人、喷涂机器人、搬运机器人等。当前，机器人已成为某些车间的标准配置，其热点已转向生活服务机器人、危险环境下工作机器人、手术机器人等。

机器人分类方式很多，国际上没有制定统一的标准。例如从机器人的行动能力区分，机器人可分为固定机器人和行走机器人，前者通常被称为机械手。本节仅限于讨论机械手的运动控制。

就机器人结构坐标系特点来看，工业机器人可分为直角坐标型、圆柱坐标型、球坐标型、关节型等。图 8-15 所示为一个具有腰、肩、肘和腕等 4 个关节（Joint）的机械手示意图。机器人的每个关节可以由一个电动机驱动，关节之间的刚性部分是肢体（Link）。

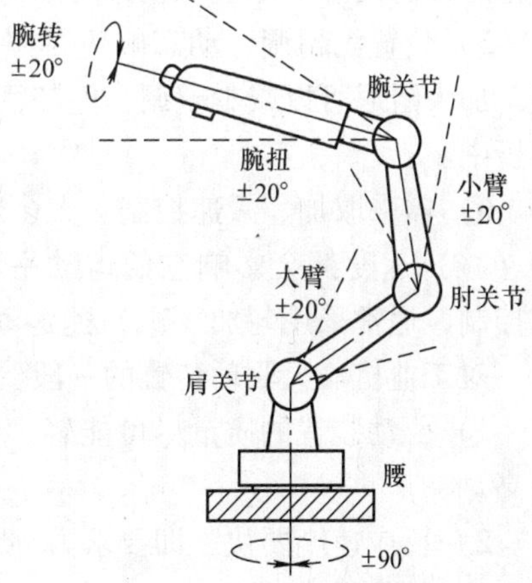

图 8-15　机械手示意图

一个完整的可以运动自如的机器人除了关节和肢体外，还需要如下几个组成部分：

1）控制器。
2）驱动器。
3）末端执行器。
4）传感器。

所谓末端执行器是机器人与工作对象接触的部件，例如喷漆机器人和焊接机器人的喷枪和焊枪，装配机器人的手爪等。

根据受控运动方式，工业机器人又可分为点位控制型和连续控制型。

点位控制为从一个点位目标移向另一个点位目标，只在目标点上完成操作，且要求在目标点上有足够的定位精度；而在相邻目标点间的运动方式是各关节驱动以最快速度趋近终点；各关节视其转动角位移大小不同，到达终点有先有后。点位控制主要用于点焊、搬运机器人等。

连续控制的运动方式是各关节同时趋近终点，由于各关节运动时间相同，所以角位移大的，运动速度最高。机器人各关节同时作受控运动，使机器人末端按预期的轨迹和速度运动，为此各关节控制系统需要通过逆向分析获取驱动电动机的角位移和角速度信号。连续控制主要用于弧焊、喷漆和检测机器人等。连续控制方式有如下特点：

1）多轴运动协调控制，以产生要求的工作轨迹。

2）较高的位置精度，很大的调速范围。除直角坐标式机器人以外，机器人关节上的位置检测元件，不能安放在机器人末端执行器上，而是放在各自驱动轴上，因此是位置半闭环控制系统。此外，由于开链式传动结构的间隙等，使得机器人总的位置精度降低，与数控机床比，约降低一个数量级。一般机器人的位置重复精度为 ±0.1mm。但机器人的调速范围很大，往往超过几千倍。这是由于机器人工作时可能要求以极低的速度加工工件，而空行程时为提高效率要以极高速度运动。

3）系统的静差率要小。由于机器人工作时要求运动平稳，不受外力干扰，为此系统应具有较好的刚性，即有较小的静差率，否则将造成位置误差。例如，机器人某个关节不动，但由于其他关节运动时形成的动力矩作用在这个不动的关节上，使其产生滑动，就会形成位置误差。

4）各关节的速度误差系数应尽量一致。机器人手臂在空间移动，是各关节联合运动的结果，尤其是当要求沿空间直线或圆弧运动时。既然系统有跟踪误差（跟踪误差是系统速度放大系数的倒数），就应要求各轴关节伺服系统的速度放大系数尽可能一致，而且在不影响稳定性前提下，尽量取较大的数值。

5）位置无超调，动态响应尽量快。机器人不允许有位置超调，否则将与工件发生碰撞。加大阻尼可以减少超调，但却牺牲了系统的快速性。所以设计系统时要很好地对两者进行折中。

6）需采取加、减速控制。大多数机器人具有开链式结构，它的机械刚度很低，过大的加（减）速度都会影响它的运动平稳（抖动），因此在机器人起动或停止时应有加（减）速控制，通常采用匀加（减）速运动指令来实现。

对工业机器人驱动装置的一般要求如下：

1）驱动装置的质量尽可能轻，单位质量的输出功率（指功率质量比）要高，效率也要高。

2）反应速度要快，即要求力/质量和力矩/转动惯量大。

3）动作平稳，不产生冲击。

4）控制尽可能灵活，位移偏差和速度偏差要小。

5）安全可靠。

6）操作和维护方便。

7）对环境无污染，噪声要小。

8）经济上合理，尤其要尽量减少占地面积。

机器人驱动方式有气压驱动、液压驱动和电气驱动3种。由于电气驱动具有易于控制、运动精度高、使用方便、成本低、驱动效率高、不污染环境等优点，20世纪90年代以后生产的机器人，大多采用这种驱动方式。

机器人的电气驱动伺服系统主要使用3种电动机：步进电动机、直流伺服电动机和交流伺服电动机。目前在机器人的伺服系统中，90%以上采用交流伺服电动机驱动。

机器人要运动，就要控制它的位置、速度、加速度等，因此机器人至少是一个位置控制系统。机器人模仿人的手臂，由多关节（轴）组成，每个关节（轴）的运动都影响机器人末端的位置和姿态。如何协调各关节（轴）的运动，使机器人末端完成要求的轨迹，与数控机床一样，也涉及插补运算，而且由于关节（轴）比较多，因此更复杂。机器人的基本控制是对单关节角位置的控制，一般在速度环和电流环的外面再增加一个角位置环，构成三环位置控制系统。同时，要求电动机能够承受堵转的情况，或者电动机驱动系统有限幅环节来适应这种情况。

一个机器人的轨迹控制过程，可由图8-16概括。

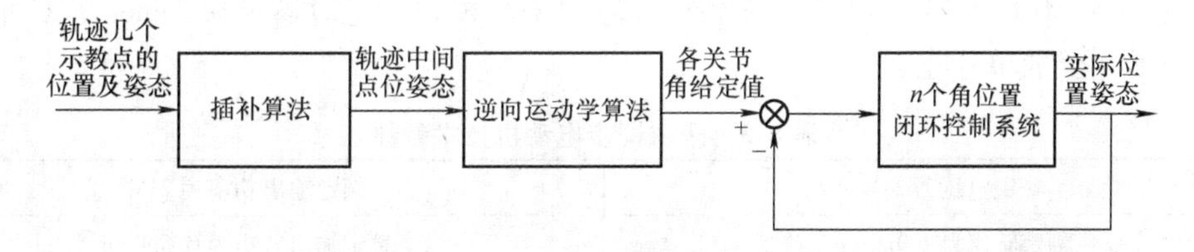

图8-16　机器人轨迹控制过程

目前机器人的一种基本操作方式是通过示教再现的。首先教机器人如何做，机器人就记住了这个过程，然后它可以根据需要重复这个动作。显然，不可能把一个空间轨迹的所有点都示教一遍。实际上，对有规律的轨迹，可以仅示教几个特征点，如直线只需要示教两个点，圆弧需要示教3点。虽然插补算法能获得中间点的直角坐标，但还不是关节角，通过机器人逆向运动学算法，可以把轨迹中间点的位置和姿态，转换为对应的关节角给定值，然后由后面的角位置闭环控制系统去实现。这样就实现了要求轨迹上的一个点，继续插补并重复上述过程，就可以实现整条轨迹。常用的插补方法有定时插补与定距插补、直线插补算法、圆弧插补算法、动态规划、曲线拟合、移动路径的智能决策等。

弧焊、喷漆等机器人作业时，机械手拿着工具沿规定的轨迹运动，机器人与加工对象无直接接触，这是纯运动控制情况。但另一类机器人作业，如装配、抛光、打毛刺等，除需要对末端执行器（工具）施加运动命令外，还要保持一定的接触力，所以还需对力进行控制。对关节的力控制，是通过位移（运动）来实现的，需要使用六维力传感器，构成力控制系统，在此不做赘述。

2. 机械手一体化关节

机械手的机械结构是由一系列刚性肢体通过转动或移动关节相互连接组成的多自由度机构。关节是各肢体间的连接部分，是实现机械手各种动作的运动副。一个关节系统包括驱动器、传动机构、传感器和控制器等，是整个机械手伺服系统中的一个重要环节，其结构、质量、尺寸等参数对机械手的性能有着直接影响，通常采用将伺服电动机、驱动器、控制器、传动机构、热控及布线等进行一体化设计。图8-17所示为某一体化关节结构示意图。电动机转子安装在关节的转轴上，定子与关节的外壳融为一体，控制器也集成于关节内部，利用关节外壳作为系统的散热器，实现控制器到电动机引线最短，且不需要从关节外部引入控制线。

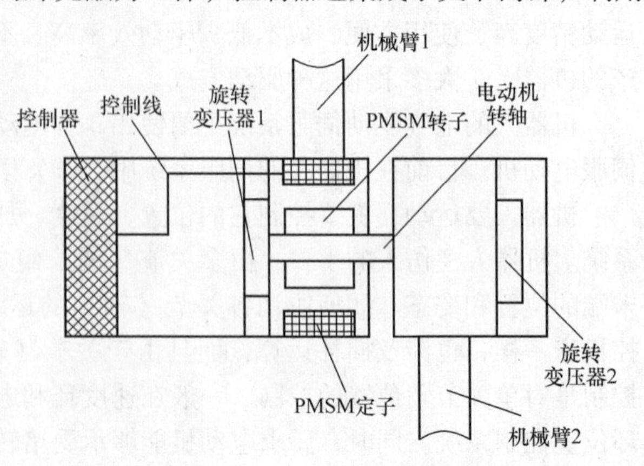

图8-17　一体化关节结构示意图

根据技术要求，选用永磁同步电动机（PMSM）作为一体化关节的执行电动机，其技术参数见表8-5。

伺服控制系统采用电流、转速、位置三闭环控制结构，全数字控制。

控制器选用飞思卡尔公司DSP芯片56F805，它在单一的DSP芯片上集成了通用I/O模块GPIO、异步串行通信模块SCI、同步串行外设模块SPI、控制器局域网模块CAN2.0B，多路A/D变换模块、多路PWM模块、定时器模块Timer等多种外设模块，实现了完全的单片化。

表8-5　永磁同步电动机技术参数

额定电压为24V	额定输出功率为21W
额定转速为400r/min	额定输出转矩为0.5N·m
定子相电阻为1.55Ω	极对数8
连接方式为星形联结	三相输入导线截面积为0.6mm²

主电路为三相逆变器，直流母线电压为24V，选用型号为IRLR014N功率场效应晶体管（$V_{DSS}=55V$，$I_D=10A$）作为开关管，采用IR2136芯片作为驱动电路，逆变器输出三相交流电向电动机供电。

电流检测采用Allegro公司的ACS706电流传感器。

位置检测选用J52XFW001正、余弦无刷旋转变压器，它需要一系列配套电路。首先，需在定子绕组上施加6V、10000Hz的正弦波激励信号，可以选用AD2S99产生该激励信号。AD2S99芯片的可编程改变的输出频率范围为2~10kHz，并具有旋转变压器二次侧信号丢失检测功能。其次，AD2S99输出信号的有效值为2V，考虑到互补输出联合使用，相当于4V，所以还要放大1.5倍，可选择具有高输出电流能力的运算放大器OP279，设计成放大倍数为1.5的反相比例放大电路。此外，旋转变压器的输出需要经过RDC转换成数字信号，这里选用专用的RDC集成芯片AD2S82A。

由于该运动控制系统有多个模块电路，各模块电路的供电电源等级也不尽相同，所以需要设计电源管理模块。控制电路的各种电源等级见表8-6。

表8-6中，1~4项的电源都采用隔离型集成DC-DC模块从24V直流母线变换得到，电源管理模块参数设计见表8-7。

表8-6中第5项的电源采用5V-3.3V电源变换专用芯片LM3940从+5V数字电源变换得到。

由此构成运动控制系统的硬件结构如图 8-18 所示。

表 8-6 控制电路的各种电源等级

序号	用电设备	所需电源等级
1	IR2136 及其外围电路	+15V
2	RDC 电路	+12V、-12V、+5V 数字电源、+5V 模拟电源、-5V
3	ACS706 及其外围电路	+5V 模拟电源
4	OP279 及其外围电路	+5V 模拟电源
5	DSP56F805 及其外围电路	+3.3V 数字电源、+3.3V 模拟电源

表 8-7 电源管理模块参数设计

序号	电源等级	DC-DC 模块型号	输入端电容	输出端电容
1	+15V	B2415S-2W	1μF/35V	1μF/25V
2	+12V、-12V	A2412S-2W	1μF/35V	1μF/25V
3	+5V 模拟电源、-5V	A2405S-2W	1μF/35V	4.7μF/16V
4	+5V 数字电源	B2405S-2W	1μF/35V	10μF/16V

为了降低系统的电磁干扰，在电路板布置上，将系统所有的电源电路集中在一块电路板上，功率部分与位置解算板分开，这样可以避免强电信号对弱电信号的干扰。另外，各电路板内部元器件布局、走线以及重要芯片外围器件的位置等都要考虑抗干扰问题；模拟地与数字地分开；信号线的长度和宽度也做了合理布置。

散热方面主要是利用构成一体化关节外壳的金属材料进行导热，在功耗不是很大的情况下可以满足散热要求。

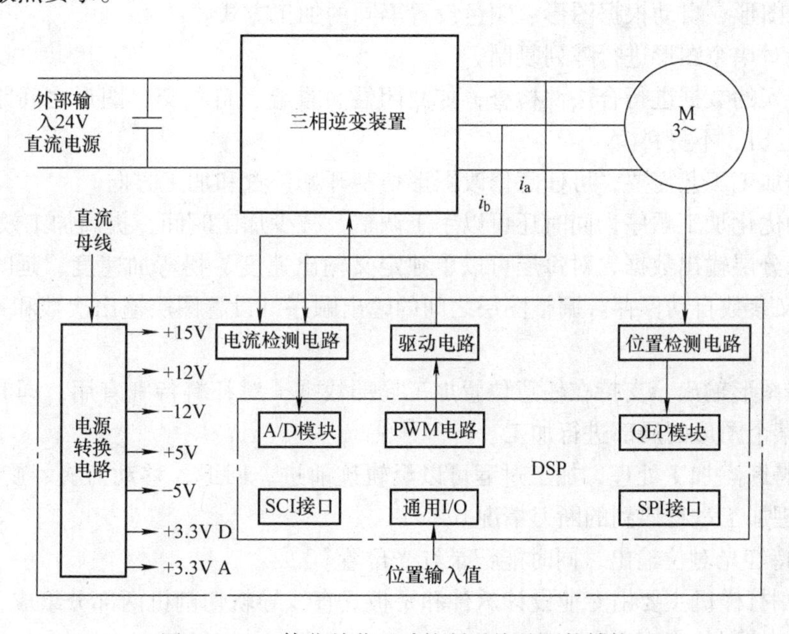

图 8-18 一体化关节运动控制系统的硬件结构

一体化关节运动控制系统的位置、速度、电流三环需要进行动态校正以保证良好的稳、动态性能，依据从内环到外环的方法，先设计电流环，再设计速度环，最后设计位置环，具体方法与第 3 章所述相同。

本控制系统软件需实现位置检测及机械臂夹角计算、转速计算、电流检测及 A/D 转换、永磁同步电动机空间矢量 SVPWM 控制等功能，在此不作详述。

8.5 运动控制器在纸箱切割打样机中的应用

今天，包装行业中传统的手工绘图和手工打样已经不能适应现在行业内的激烈竞争，由于它的精确性和效率都远远达不到现在客户的需求，已逐渐被计算机数字化工具所取代。

纸箱切割打样机无需刀模、模切机即可完成纸品（塑胶品）的模切、压痕、成形，节省大量的刀模、模切机及人力成本；此外，如对设计的盒形不满意，可随时修改，确认产品符合客户要求后再进行大批量生产，既有利于减少生产浪费，又可以更好地服务客户。

该产品切割的材料包括卡纸、瓦楞纸、薄木板、海绵、发泡板、灰板纸等，切割面积可根据用户需求而定制。这套系统可完全代替纸箱、纸盒的手工设计与打样，突出的效果是设计的产品将更科学合理、规范标准，减少设计开发的时间，使开发设计人员从烦琐的手工操作中脱离出来，把最大的精力放在产品开发上。

该控制系统的功能特点如下：

1）支持 AI、DXF、PLT、HPG 等图形数据格式，接受 MasterCam、Type3、文泰等软件生成的国际标准 G 代码。

2）系统调入图形图像数据后，可进行排版编辑（如缩放、旋转、对齐、复制、组合、拆分、光滑、合并等操作）。

3）调入图形，自动根据图形、颜色设置不同的加工方式。

4）支持对单个图形进行阵列复制。

5）对导入的数据进行合法性检查，如封闭性、重叠、自相交、图形之间距离检测，确保加工中不过切、不费料。

6）根据加工工艺需要，可任意修改图形切割开始位置和加工方向。

7）自动优化加工顺序，同时还可以手工调整，减少加工时间，提高加工效率。

8）可以分层输出数据，对每层可以单独定义输出速度、拐弯加速度、延时等参数，并对每层的定义参数自动保存。调整图层之间的输出顺序，设置图层输出次数和是否输出图层数据。

9）选择图形输出，支持在任意位置加工局部数据，对补料特别有用，同时可以使用裁剪功能，对某个图形的局部进行加工。

10）独特断点加工处理，加工过程可以沿轨迹前进、回退、移动刀头、旋转裁刀角度，并能灵活处理加工过程遇到的断刀情况。

11）支持红光对位输出，同时能记录红光位置。

纸箱切割打样机主要由专业设计软件和平板式直线导轨切割机两部分组成，本节主要介绍切割机运动控制的实现方案。

切割机需要控制 X、Y 轴两个方向的伺服电动机以及振动切割刀电动机等，各电动机必须协调动作，而控制软件安装于 PC 或工控机上，所以应当选用基于 PCI 总线的运动控制卡。

MPC2810 运动控制器是乐创公司生产的基于 PC 的运动控制器，单张卡可控制 4 轴的步进电动机或数字式伺服电动机。通过多卡共用可支持多于 4 轴的运动控制系统的开发。

MPC2810 以 IBM-PC 及其兼容机为主机，是基于 PCI 总线的步进电动机或数字式伺服电动机的上位控制单元。它与 PC 构成主从式控制结构：PC 负责人机交互界面的管理和控制系统的实时监控等方面的工作（例如键盘和鼠标的管理、系统状态的显示、控制指令的发送、外部信号的监控等）；运动控制器完成运动控制的所有细节（包括直线和圆弧插补、脉冲和方向信号的输出、自动升降速的处理、原点和限位等信号的检测等）。MPC2810 配备了功能强大、内容丰富的 Windows 动态链接库，可方便地开发出各种运动控制系统。对当前流行的编程开发工具，如 Visual Basic6.0，Visual C++6.0 提供了开发用 Lib 库及头文件和模块声明文件，可方便地链接动态链接库，其他 32 位 Windows 开发工具如 Delphi、C++ Builder 等也很容易使用 MPC2810 函数库。另外，支持标准 Windows 动态链接库调用的组态软件也可以使用 MPC2810。

MPC2810 的性能特点如下：

1）运动模式：提供两种运动模式，即批处理运动和立即运动。

2）小线段连续轨迹运动：提供速度前瞻预处理，实现小线段高速平滑的连续轨迹运动。

3）高速：为了满足高速响应要求，脉冲输出频率可达 2M 脉冲/s。

4）工作行程：脉冲计数器范围为 32 位（±2147483647）符号数。

5）编码器接口：每个 MPC2810 有两路 3 相（A/B/Z 相）辅助编码器输入接口。

6）抗干扰性：所有数字量输入/输出内部都采用光电隔离，确保板卡的抗干扰性。

7）丰富的通用输入/输出：除了各轴专用的输入/输出外，还具备 24 路通用输出（每路最大 500mA 驱动能力），18 路通用输入。原点、限位、减速、报警等专用输入也可设置为通用输入使用，此时通用输入可达 35 路。

8）具有插补功能：MPC2810 具有 2～4 轴线性插补和 2 轴圆弧插补功能。

9）提供事件处理功能：当 MPC2810 接收到正限位、负限位、原点、Z 脉冲、运动停止、报警等信号时，将自动触发内部事件。用户可自定义事件处理程序。

10）具有位置比较输出功能：通过接口函数，可将 MPC2810 通用输出口 1～4 设置为位置比较输出口。位置比较源为指令脉冲或编码器反馈信号。

11）具有编码器高速位置锁存功能：MPC2810 可锁存 1、2 路辅助编码器反馈信号。

12）提供终点位置验证：控制器自动进行终点位置误差补偿。

13）提供加减速定制功能：若系统提供的梯形速度和 S 形速度模式不能满足升降速要求，则用户可根据需要设置升降速过程。

14）运动控制器提供手动脉冲输入。

15）具有电子齿轮运动功能。

16）具有看门狗定时器功能。

17）具有软件限位功能。

18）具有跟随误差超限报警功能。根据需要，事先设置最大跟随误差，当控制轴运动过程中实时的跟随误差超过设置值时，控制卡自动停止控制轴的脉冲输出。

基于 MPC2810 的典型运动控制系统由以下几部分组成：

1）MPC2810 运动控制器、转接板及其连接电缆。

2）具有 PCI 插槽的 PC 或工控机，安装有 Windows2000/XP 操作系统。

3）步进电动机或数字式伺服电动机。

4）电动机驱动器。

5）驱动器电源。

6）直流开关电源，为转接板提供 +24V 电源。

图 8-19 所示为采用 MPC2810 运动控制器组成的两轴运动控制系统。

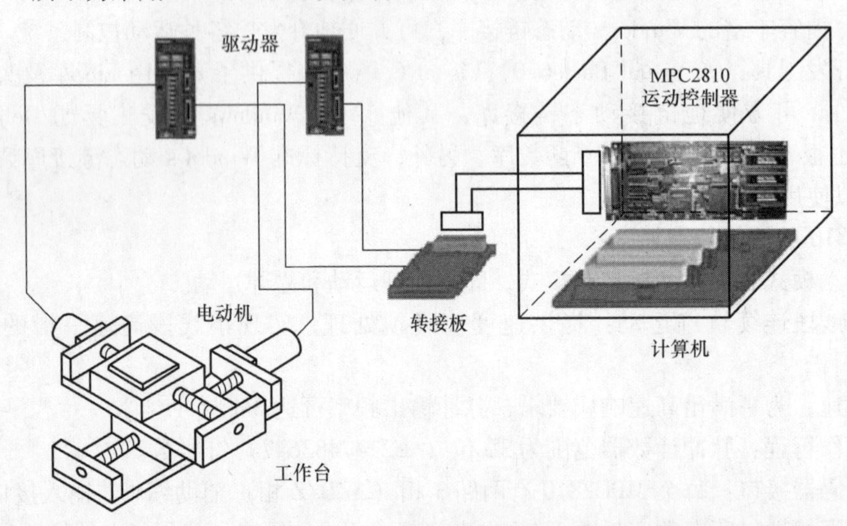

图 8-19　采用 MPC2810 运动控制器组成的两轴运动控制系统

MPC2810 运动控制器的硬件安装步骤如下：

1）关掉 PC 及一切与 PC 相连的设备，将 MPC2810 插入 PC 的 PCI 插槽中，用螺钉紧固。

2）连接 MPC2810 和转接板。

3）连接电动机和驱动器。

4）连接转接板、驱动器。

MPC2810 软件安装过程如下：

在 Windows2000/XP 平台下，由于操作系统支持即插即用，当 MPC2810 正确插入 PCI 插槽时，操作系统启动后将会自动检测到 PCI 卡，此时可按照以下步骤完成驱动程序、函数库以及示例程序的安装：

1）系统检测到 MPC2810 后会提示找到“Unknown PCI Device”，此时单击“取消”按钮。

2）运行安装盘根目录下的安装程序，显示欢迎界面，单击“Next”（下一步）按钮，进入步骤 3）。

3）选择安装组件。用户可选择安装驱动程序（Drivers）和应用程序（Application）两项内容，默认全部安装。

4）选择安装路径。设置安装文件在用户计算机中的位置，默认安装目录为“C：\ Program Files \ MPC2810”。可通过“Browse”（浏览）按钮重新设置路径。选择安装路径后，单击“Next”（下一步）按钮，自动完成安装。

5）安装结束。

安装完成后，系统将提示重新启动。此时，单击“OK”按钮重新起动 Windows 操作系统，单击“Cancel”按钮则不重新启动操作系统。若要使用 MPC2810 运动控制器，则必须重新启动一次。

安装完成后，将在安装目录（默认安装目录为\Program Files）下自动生成“MPC2810”文件夹，其“Demo”目录中是示例程序。

通过 VBDemo1 示例程序，可迅速了解在 VB 环境下如何开发 MPC2810 应用程序，并可对控制系统做简单的测试。其中的“关于”菜单的“板卡信息”按键，可显示系统中板卡数及所使用的软硬件版本号。

VBDemo2 程序提供较为强大的运动控制功能演示，运行界面如图 8-20 所示。

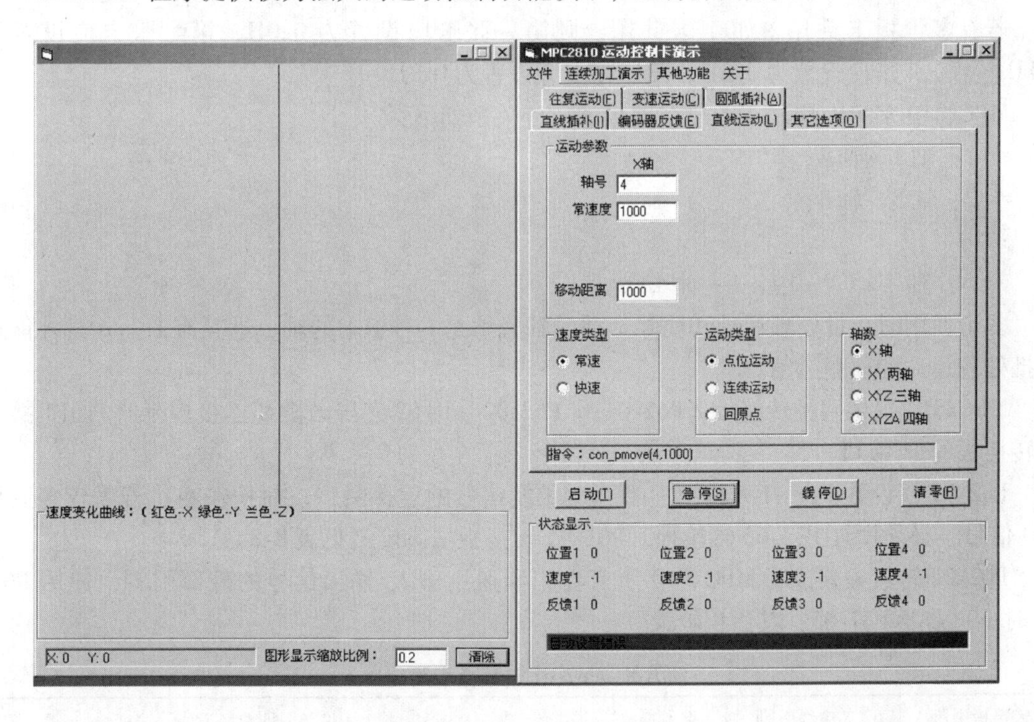

图 8-20　VBDemo2 运行界面

图 8-20 中，左侧界面显示运动轨迹和速度曲线，右侧为直线插补、圆弧插补、往复运动，以及点位运动等运动参数设置。在菜单项的“其他功能”中，可以测试通用输入/输出、专用输入信号。

“VCDemo”目录下包含 7 个示例程序，其中“Demo1”和“Demo2”提供了源代码，“Demo1”是 VC 静态加载动态链接库示例，“Demo2”是 VC 动态加载动态链接库示例。“Demo3”未提供源代码，具有执行 G 代码、读取 DXF 文件、I/O 测试、函数测试等功能。“CmdMove1”是批处理方式与小线段轨迹运动方式的使用示例，“HandwheelorGearHandle”是手脉和电子齿轮的使用示例，“InterruptHandle”是用户中断的使用示例，“FastMove-Demo”是批处理过程中快速运动使用梯形加速度、定制加减速、S 曲线加减速的使用示例。

"Develop" 目录中包含 MPC2810 的驱动程序和函数库，其中：

1）"Common" 文件夹中是 MPC2810 的驱动程序、函数库等。

2）"VB" 文件夹中是开发 VB 应用程序时需要加入的模块文件 "MPC2810. bas"。

3）"VC" 文件夹中是动态加载动态链接库需要使用的文件 "LoadMPC2810. cpp" 和 "LoadMPC2810. h"，以及静态加载动态链接库时需要使用的文件 "MPC2810. h" 和 "MPC2810. lib"。

转动装在板卡上的旋钮开关（U55），可以设定多块板卡共用时各基板的本地 ID。旋钮开关范围为 0x0H ~ 0xFH。目前本板卡只允许 4 卡共用，因此本地 ID 设置范围为允许的最大设定数 0x3H，可同时支持 4 块板卡共用。

若只使用一张 MPC2810 运动控制器卡，则本地 ID 应设置为 0x0H。出厂时设置为 0x0H。

若有多张板卡共用，如 4 卡共用，则第一张卡应设置为 0x0H，第二张卡应设置为 0x1H，第三张卡应设置为 0x2H，第四张卡应设置为 0x3H。

MPC2810 多卡使用时，卡号和轴号的对应关系如下：

卡 1：轴 1 ~ 轴 4；

卡 2：轴 5 ~ 轴 8；

……

卡 N：轴 $4 \times (N-1)+1$ ~ 轴 $4N$。

多卡使用时，批处理运动和前瞻运动的轴必须是 1 号卡上的轴，即只有 1 ~ 4 轴才能进行批处理运动和前瞻运动。

MPC2810 提供两种转接板：P62-01 和 P62-02。用 62 芯屏蔽电缆连接控制器的 JP1 接口和转接板的 J1 接口。

P62-01 只设计了与 MPC2810 主要运动控制信号的连接引脚，面积较小，若需较多通用 I/O 信号，必须增加 P37-05 转接板。P62-01 转接板引脚定义见表 8-8。

P62-02 转接板集成了 MPC2810 所有专用和通用输入/输出信号的外部引脚，使用 P62-02 时不再需要 P37-05，其面积较大。

表 8-8　P62-01 转接板引脚定义

转接板引脚	62 芯电缆引脚	名称	说　明
D1	42	DC5V	5V 电源正，板卡输出（电流不超过 500mA），与 DC24V 共地，可悬空
D2	21	DC24V	24 电源正，外部输入
D3	20	OGND	24 电源地，外部输入
D4	62	SD1	减速 1
D5	41	EL1 -	负限位 1
D6	19	EL1 +	正限位 1
D7	61	ORG1	原点 1
D8	40	SD2	减速 2
D9	18	EL2 -	负限位 2

（续）

转接板引脚	62芯电缆引脚	名称	说　明
D10	60	EL2 +	正限位2
D11	39	ORG2	原点2
D12	17	SD3	减速3
D13	59	EL3 -	负限位3
D14	38	EL3 +	正限位3
D15	16	ORG3	原点3
D16	58	SD4	减速4
D17	37	EL4 -	负限位4
D18	15	EL4 +	正限位4
D19	57	ORG4	原点4
D20	36	ALM	报警
D21	14	IN17	通用输入17
D22	56	IN18	通用输入18
D23	35		
D24	13	- DIN1	编码器A1 -（增减脉冲模式下脉冲1 -）
D25	55	+ DIN1	编码器A1 +（增减脉冲模式下脉冲1 +）
D26	54	- DIN2	编码器B1 -（增减脉冲模式下方向1 -）
D27	34	+ DIN2	编码器B1 +（增减脉冲模式下方向1 +）
D28	33	- DIN3	编码器Z1 -
D29	12	+ DIN3	编码器Z1 +
D30	11	- DIN4	编码器A2 -（增减脉冲模式下脉冲2 -）
D31	53	+ DIN4	编码器A2 +（增减脉冲模式下脉冲2 +）
D32	52	- DIN5	编码器B2 -（增减脉冲模式下方向2 -）
D33	32	+ DIN5	编码器B2 +（增减脉冲模式下方向2 +）
D34	31	- DIN6	编码器Z2 -
D35	10	+ DIN6	编码器Z2 +
D36		COM1_8	吸收电路，接外部+24V
D37	30	OUT1	通用输出1
D38	51	OUT2	通用输出2
D39	50	OUT3	通用输出3

（续）

转接板引脚	62 芯电缆引脚	名称	说　明
D40	8	OUT4	通用输出 4
D41	49		保留
D42	29	OUT5	通用输出 5
D43	7	OUT6	通用输出 6
D44	28	OUT7	通用输出 7
D45	48	OUT8	通用输出 8
D46	27	- DOUT1	1 轴方向 -
D47	6	+ DOUT1	1 轴方向 +
D48	5	- DOUT2	1 轴脉冲 -
D49	47	+ DOUT2	1 轴脉冲 +
D50	26	- DOUT3	2 轴方向 -
D51	4	+ DOUT3	2 轴方向 +
D52	46	- DOUT4	2 轴脉冲 -
D53	25	+ DOUT4	2 轴脉冲 +
D54	45	- DOUT5	3 轴方向 -
D55	3	+ DOUT5	3 轴方向 +
D56	2	- DOUT6	3 轴脉冲 -
D57	24	+ DOUT6	3 轴脉冲 +
D58	44	- DOUT7	4 轴方向 -
D59	23	+ DOUT7	4 轴方向 +
D60	1	- DOUT8	4 轴脉冲 -
D61	43	+ DOUT8	4 轴脉冲 +
D62	22		保留

转接板和驱动器的连接方法如下：

1）控制信号输出连接方法。MPC2810 脉冲输出方式有两种：脉冲/方向模式和双脉冲模式。默认情况下，各控制轴按脉冲/方向模式输出。用户可以通过接口函数“set_outmode”，将某轴的输出设置为两者之一。

信号接线方式有差分接线方式和单端接线方式两种。

2）编码器输入连接方法。MPC2810 提供两路辅助编码器接口给用户使用，接收 A 相、B 相和 Z 相信号。

在增减脉冲模式下，外部脉冲的脉冲信号与板卡对应轴的 A 相脉冲输入口相接，外部脉冲的方向信号与板卡对应轴的 B 相脉冲输入口相接。

3）专用开关量输入的连接方法。MPC2810 的专用开关量输入信号包括：限位、减速、原点以及外部报警信号。可以是触点型开关，也可以是 NPN 输出的传感器接近开关等。

MPC2810 无专用位置比较输出口，可以通过函数“enable_io_pos”，设置通用开关量输出 1 ~ 输出 4 为位置比较输出口。

4）通用开关量输入/输出的连接方法。通用输入信号可以来自触点型开关或 NPN 型接近开关，接法与一般 PLC 输入回路一样。通用输出回路为集电极开路输出，可连接继电器、光耦合器等，单路最大电流为 500mA，电压为 24V。

MPC2810 经 P62-01 转接板与松下 MINAS A4 系列驱动器的接线图如图 8-21 所示。

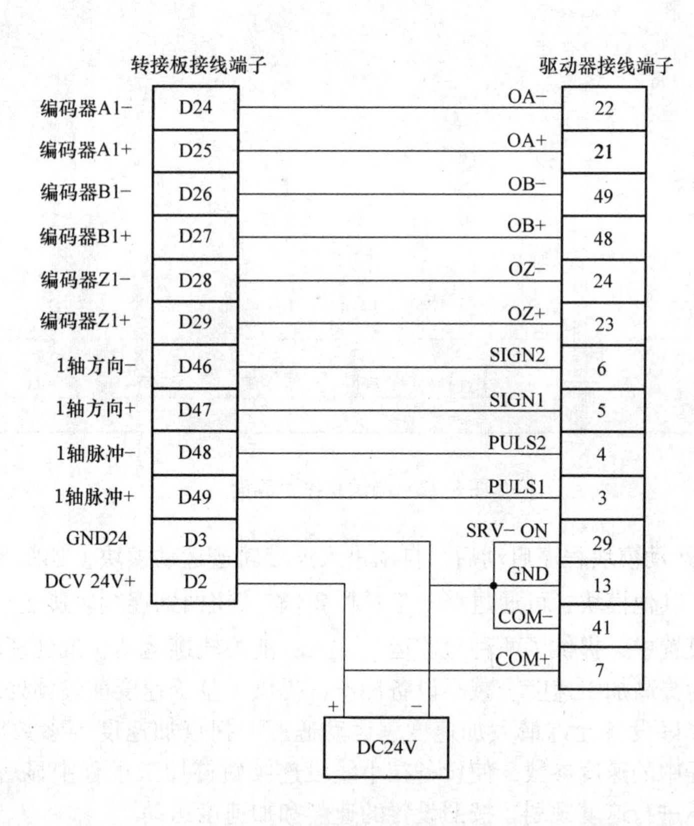

图 8-21　MPC2810 经 P62-01 转接板与松下 MINAS A4 系列驱动器的接线图

MPC2810 运动控制器为用户提供了相应的调试软件。在系统硬件正确设置、连接后，可以通过产品配套软件进行系统调试。在系统调试中，可以确认系统连线是否正确，控制系统是否可以正常工作，并且调试程序可以实现一些简单的轨迹运动。

目录中文件\Program Files\MPC2810\Demo\VCDemo\Demo3 为功能较为强大的调试程序，用户可用它测试 MPC2810 的函数、I/O 接口，并提供连续轨迹运动模块，能接收 DXF 文件，实现二维轨迹运动。运行时建议将显示器分辨率调整为 1024 × 768。

运行 VcDemo3. exe 后，主界面如图 8-22 所示。整个程序由五个模块组成：连续轨迹运动、点动控制、IO 测试、指令测试以及系统参数设置等模块。通过工具栏按钮和菜单可实现各个模块的切换。包括连续轨迹运动模块切换按钮、点动控制模块切换按钮、IO 控制模块切换按钮、指令测试模块切换按钮。

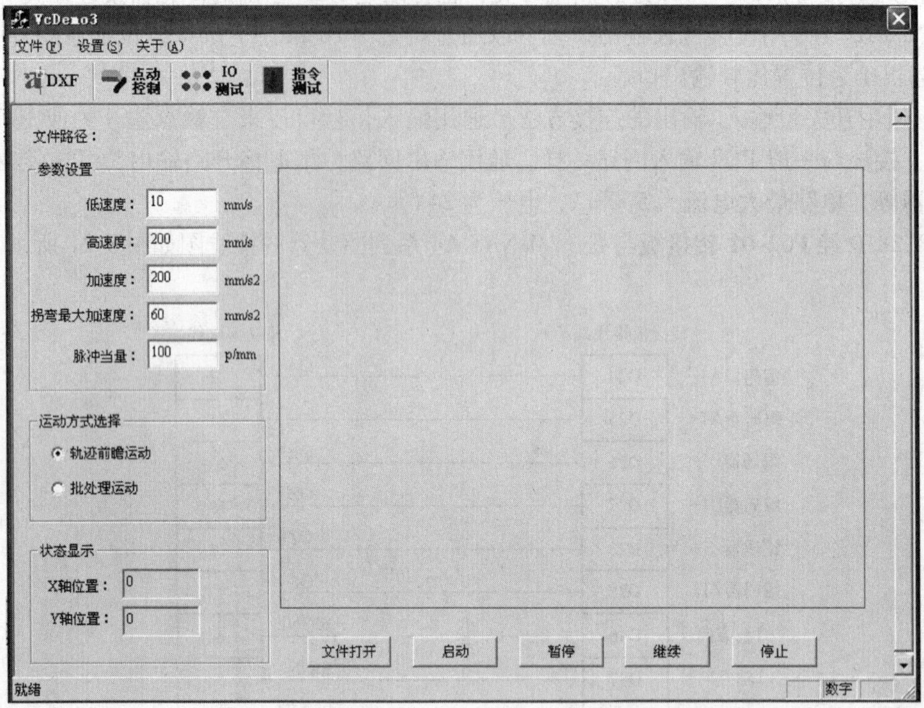

图 8-22　测试程序主界面

1）连续轨迹运动模块程序启动后，自动进入连续轨迹运动模块，如图 8-23 所示。若在调试过程中进入了其他模块，可通过单击工具栏 DXF 按钮回到连续轨迹运动模块。

在运动方式设置中，提供了两种轨迹运动方式：前瞻轨迹运动、批处理轨迹运动。在前瞻轨迹运动中，为提高加工速度、减小设备冲击，提供了基于速度前瞻预处理的速度规划策略。使用人员设置好设备允许最大加速度、运动速度、拐点加速度等参数后，MPC2810 能自动优化加工过程中的速度参数，使设备在小线段连续轨迹加工过程中显著提高加工效率。批处理轨迹运动不进行速度规划，按照设置的速度和加速度运动。

在运动参数设置中，主要有轨迹运动速度、加速度、拐弯加速度以及脉冲当量。拐弯加速度用于前瞻轨迹运动中，拐弯加速度就是轨迹拐弯点允许的加速度，该值越大，表示拐弯点允许的加速度越大，为提高系统运动速度的平稳性，应尽量设置较大的拐弯加速度。需要注意的是，较大的拐弯加速度引起的设备冲击较大。

在运动位置显示区，显示当前运动位置值。该位置值为指令位置。

在运动轨迹显示区，显示打开的 DXF 图形。在运动过程中，动态显示运动轨迹。

在轨迹显示区下部，分别是 文件打开 、 启动 、 暂停 、 继续 、 停止 按钮，用于打开 DXF 文件，并进行运动启动、运动暂停、运动继续及停止运动等控制。

2）点动控制模块。单击 点动控制 按钮进入点动控制模块。该模块主要用于各轴的点动

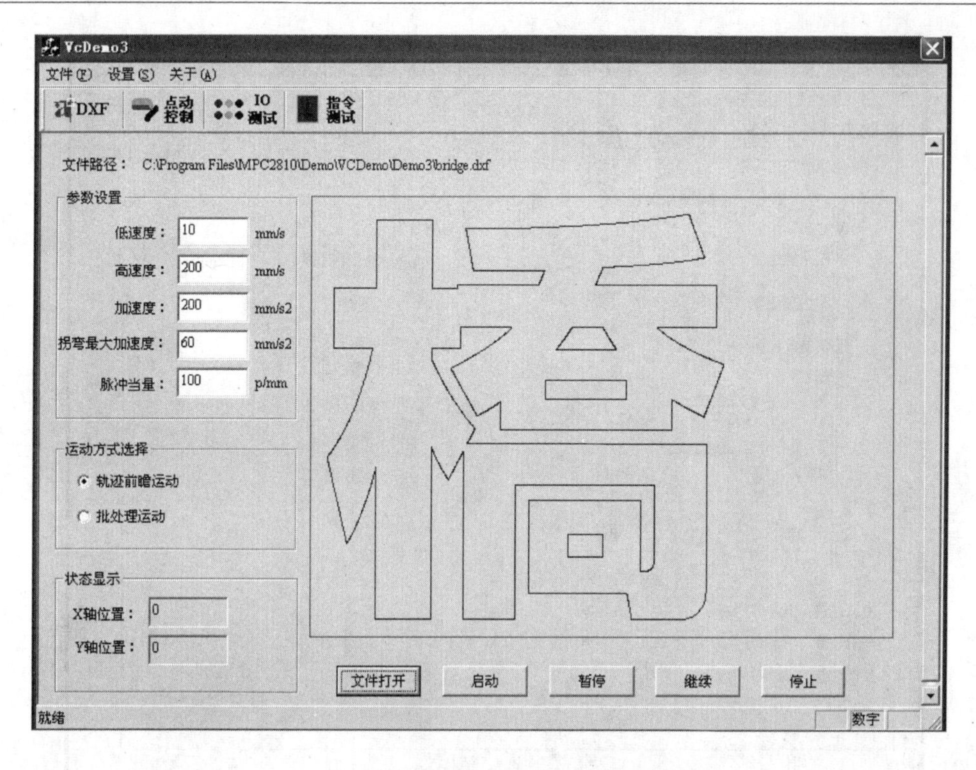

图 8-23　连续轨迹运动模块界面

控制。设置好卡号、轴号及运动参数后，单击 启动 按钮即可，如图 8-24 所示。

3）IO 控制模块。单击 IO 测试 按钮进入 IO 控制模块。IO 测试模块界面如图 8-25 所示。在该模块中，用户可以查看通用输入口、专用输入口状态，红灯表示高电平输入，绿灯表示低电平输入，若出错则亮蓝灯。在专用输入中，信号后面的复选框是用来设置是否使能该专用输入口，选中表示作为专用输入，取消表示作为通用输入口使用。在报警信号后面可以看到有“高电平有效”和“低电平有效”两个单选框，用于设置专用输入信号的触发电平。界面下方的按钮用于设置 24 路通用输出口的信号，初始按钮呈红色，表示对应的输出口处于断开（OFF）状态（所有通用输出口为 OC 门输出方式），单击后变成绿色，表示对应的输出口处于导通（ON）状态（与外部输入的 24V 电源地导通）。

4）指令测试模块。单击 指令测试 按钮进入 IO 控制模块。指令测试模块界面如图 8-26 所示。在该模块中，用户可以查看并测试 MPC2810 提供的所有函数。在使用过程中，用户只需选中列表框中的函数名，双击对应的参数框，输入正确的参数，然后单击 运行 按钮，即可执行对应的指令。如果运行的是运动指令，要使运动停止，只需单击后面几个对应的按钮即可。如果单击运行后，发现函数运行不正常，可以在函数列表框中找到 get_last_err，运行该函数将得到错误代码，查看编程手册中的错误代码表，可了解出错原因。

5）参数设置模块。单击菜单栏里的设置菜单，将弹出参数设置对话框界面。在参数设置模块中用户可以修改脉冲输出模式、反馈等参数设置。修改好参数后单击“确定”按钮完成该操作。其操作界面如图 8-27 所示。

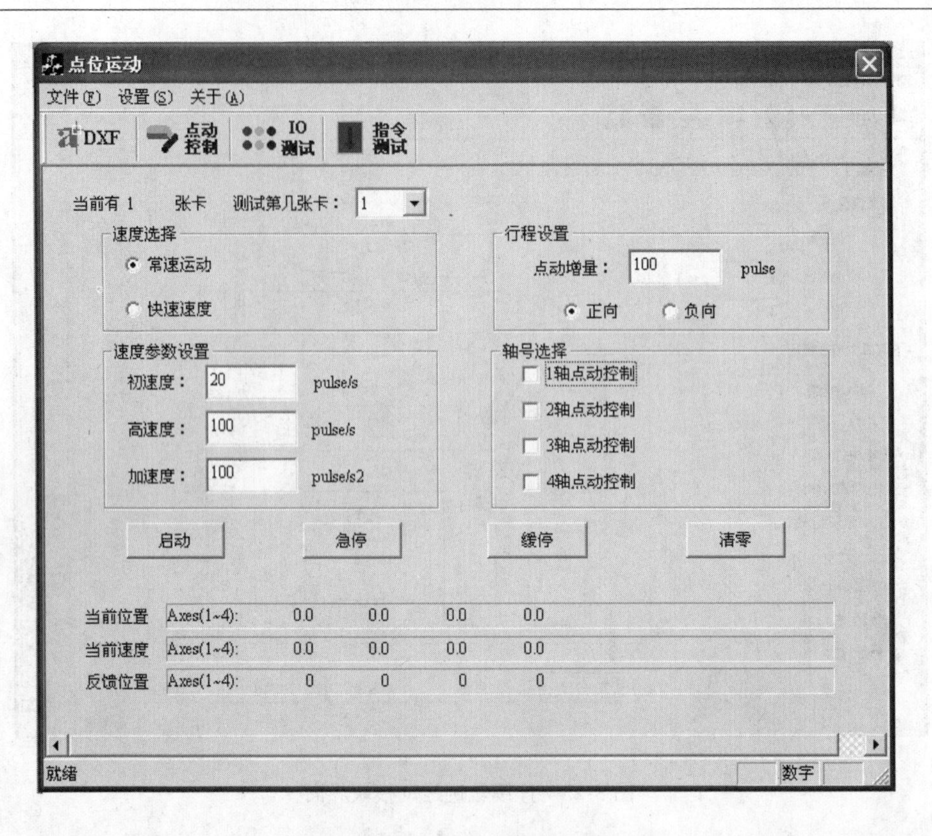

图 8-24　点动控制模块界面

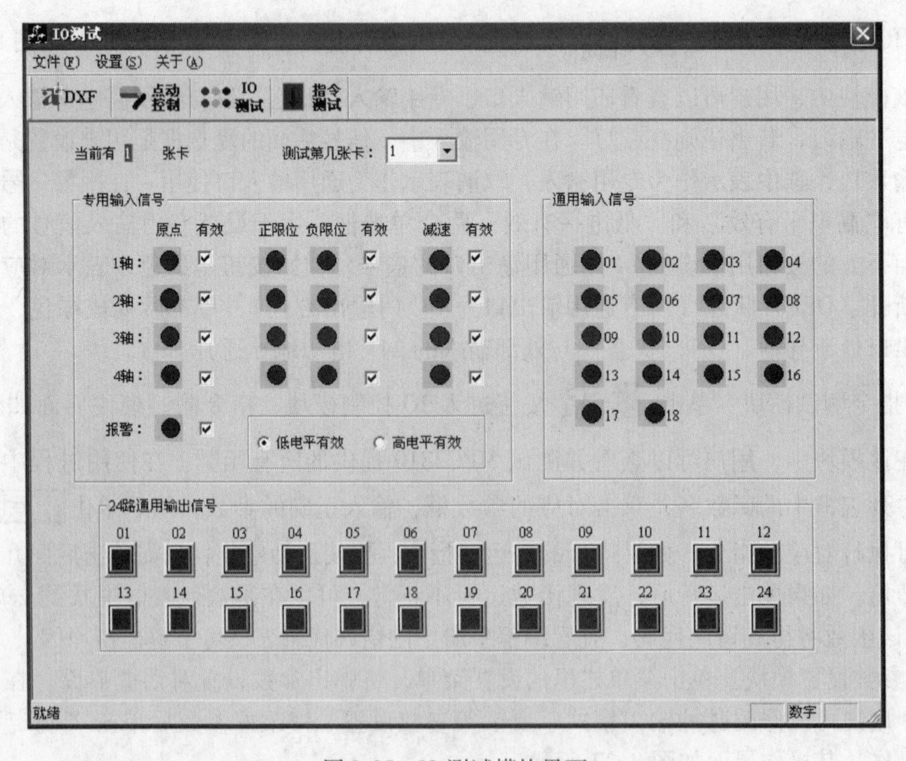

图 8-25　IO 测试模块界面

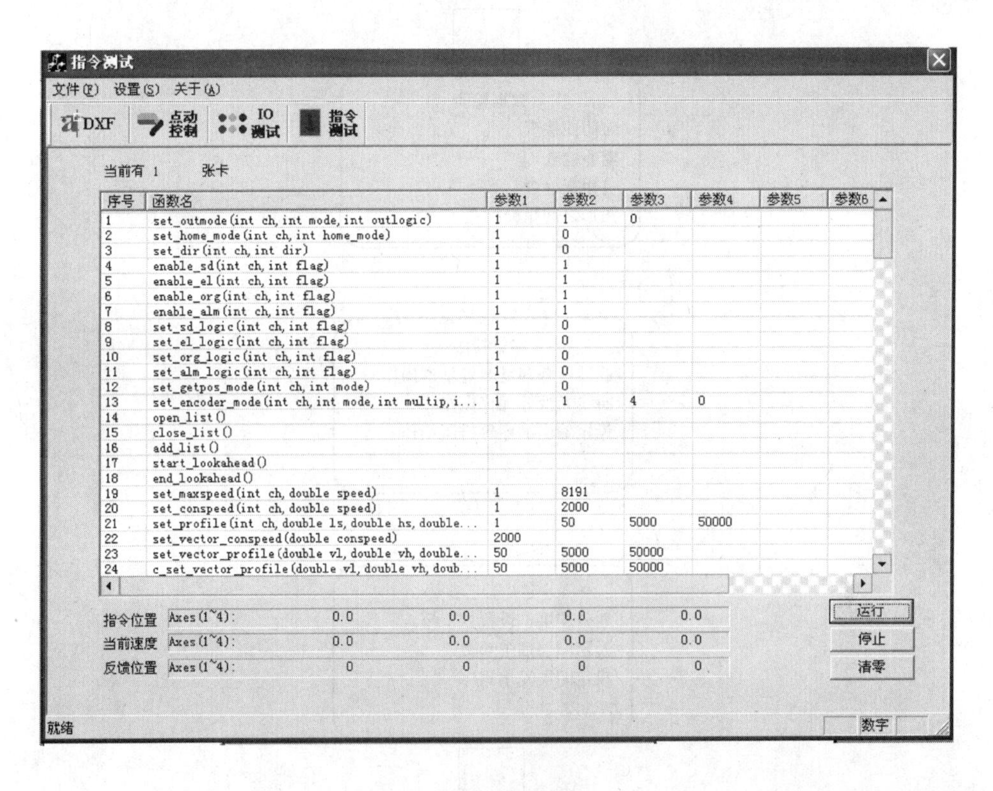

图 8-26　指令测试模块界面

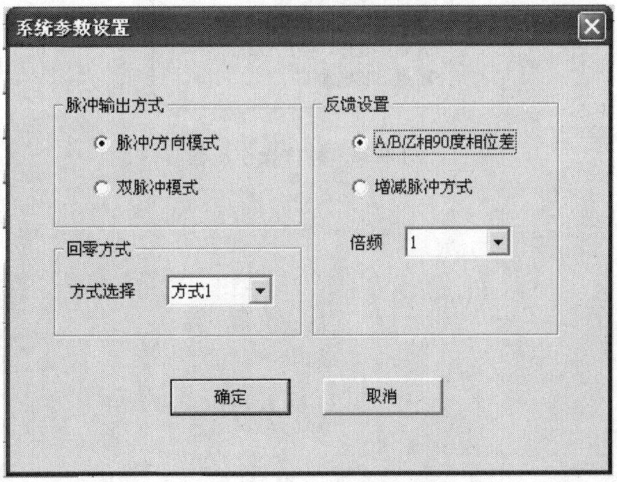

系统参数设置
脉冲输出方式
脉冲/方向模式
双脉冲模式
反馈设置
A/B/Z相90度相位差
增减脉冲方式
倍频　1
回零方式
方式选择　方式1
确定　取消

图 8-27　参数设置模块界面

纸箱切割打样机控制系统还需要一套安装在上位机中的设计与控制软件，其主要功能是制作图形或导入图形数据、编辑排版、设置工艺参数、输出加工信号指令等。软件操作流程如图 8-28 所示。

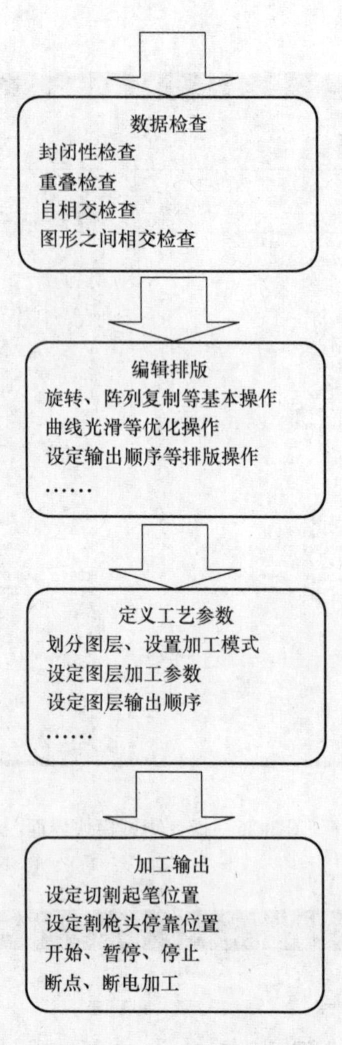
数据检查
封闭性检查
重叠检查
自相交检查
图形之间相交检查
编辑排版
旋转、阵列复制等基本操作
曲线光滑等优化操作
设定输出顺序等排版操作
……
定义工艺参数
划分图层、设置加工模式
设定图层加工参数
设定图层输出顺序
……
加工输出
设定切割起笔位置
设定割枪头停靠位置
开始、暂停、停止
断点、断电加工

图 8-28　软件操作流程

参 考 文 献

[1] 阮毅，陈伯时. 电力拖动自动控制系统——运动控制系统［M］. 4版. 北京：机械工业出版社，2009.

[2] 汤天浩. 电力传动控制系统——运动控制系统［M］. 北京：机械工业出版社，2010.

[3] 张崇巍，李汉强. 运动控制系统［M］. 武汉：武汉理工大学出版社，2002.

[4] 孔凡才. 自动控制系统——工作原理、性能分析与系统调试［M］. 2版. 北京：机械工业出版社，2009.

[5] 曾毅. 现代运动控制系统工程［M］. 北京：机械工业出版社，2006.

[6] 丁红，李学军. 自动控制原理［M］. 北京：北京大学出版社，2010.

[7] 姚舜才，温志明，黄刚. 运动控制系统分析与应用［M］. 北京：国防工业出版社，2008.

[8] 廖晓钟，刘向东. 控制系统分析与设计——运动控制系统［M］. 北京：清华大学出版社，2010.

[9] 罗飞. 运动控制系统［M］. 北京：化学工业出版社，2001.

[10] 李宁，白晶，陈桂. 电力拖动与运动控制系统［M］. 北京：高等教育出版社，2009.

[11] 贺昱曜. 运动控制系统［M］. 西安：西安电子科技大学出版社，2009.

[12] 王广雄，何朕. 控制系统设计［M］. 北京：清华大学出版社，2008.

[13] 任振辉，邵利敏. 现代电气控制技术［M］. 北京：机械工业出版社，2012.

[14] 王名杰. 运动控制系统安装、调试与维修——直流传动系统的安装与调试［M］. 北京：北京邮电大学出版社，2010.

[15] 王茂，申立群. 现代数字控制实践［M］. 哈尔滨：哈尔滨工业大学出版社，2011.

[16] 汤天浩. 电机及拖动基础［M］. 北京：机械工业出版社，2008.

[17] 李华德. 电力拖动控制系统［M］. 北京：电子工业出版社，2006.

[18] 杨黎明，厉虹. 机电传动控制系统［M］. 北京：国防工业出版社，2007.

[19] 周志敏，纪爱华. Profibus总线系统设计与应用［M］. 北京：中国电力出版社，2009.

[20] 侯维岩，费敏锐. Profibus协议分析和系统应用［M］. 北京：清华大学出版社，2006.

[21] 郭建栋. 全数字直流调速系统在热连轧机中的应用［J］. 硅谷，2012（10）.

[22] 鲍丽珣. 6RA70调速装置在热轧带钢主传动控制中的应用［J］. 冶金动力，2009（4）.